常用香料图示

八角

小茴香

丁香

桂皮

草果

陈皮

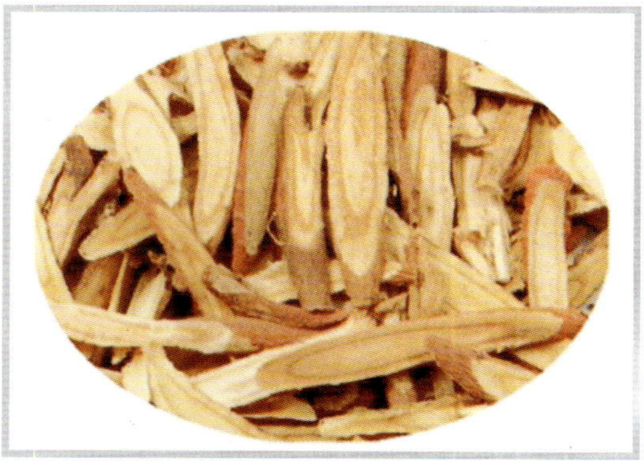

甘草

沙姜

花椒

白豆蔻

香叶

胡椒

薄荷

香茅

蛤蚧

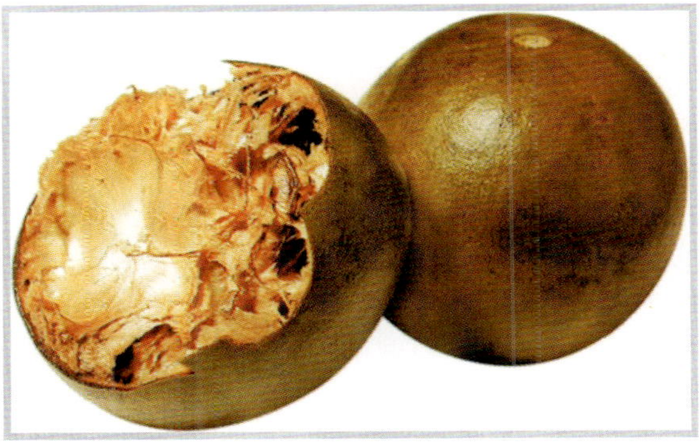

罗汉果

当归

芫荽籽

黄栀子

孜然

百里香

南姜

凉拌菜实例

生拍黄瓜

蓑衣黄瓜

美极野木耳

爽口牛舌笋

飘香花椒鸡

菜根拌耳丝

红油鸡块

蒜泥白肉

夫妻肺片

碧绿葱椒鸡

麻辣鸡丁

生拌苦菊苗

玉米百合拌凉瓜

酸辣猪肚

麻酱重阳笋

卤水类菜肴实例

白切鸡

豉油鸡（桶子油鸡）

卤鸭

卤水金钱肚

卤水乳鸽

蚝油辣鸭掌

白云猪手

啤酒黄鸡

烤炸类菜肴实例

广式烧鸭

蜜汁叉烧

蜜汁烧排

烤乳猪

吊烧鸡

孜然牛肉串

樟茶鸭子

假烧鹅

常用刺身原料

三文鱼

金枪鱼

鲷鱼

比目鱼

鲈鱼

鳜鱼

乌鳢

龙虾

象拔蚌

北极贝

扇贝

贻贝

鲍鱼

海胆

梭子蟹

青蟹

章鱼

乌贼

枪乌贼

刺身类菜肴拼摆方法

锥形拼摆法

平面拼摆法

环围拼摆法

什锦拼摆法

象形拼摆法

刺身类菜肴实例

a）细料装盘

b）粗料装盘

c）味汁装盘

d）鱼片装盘

横县鱼生

a）

b）

顺德鱼生

日式刺身

其他类冷菜实例

水晶肴蹄

香糟鸡

糖醋脆鳝

四川泡菜

韩国泡菜

挂霜花生

滑炝鱼丝

老醋茄子

特殊冷菜实例

蛋松

鱼松

菜松

蛋白糕

鱼糕

包菜卷

紫菜蛋卷

珊瑚玉卷

如意蛋卷

脆皮糯米鸡卷

蛋皮牛肉卷

蛋黄鸡腿卷

蜜汁桂花扎

富贵鱿鱼筒

职业教育烹饪工艺与营养专业系列教材
广西壮族自治区精品课程配套教材

冷菜与冷拼制作技术

主　编　文歧福　韦昔奇

副主编　李哲峰　鲁　煊　庞　杰　朱照华

参　编　梁　敏　林芳茂　罗家斌　王　琼
杨祖念　宋纯夫　赵品洁　葛惠伟
龚兴德　陈书伟

机 械 工 业 出 版 社

本书是在南宁职业技术学院国家示范建设项目核心开发重点建设课程、2010 年广西壮族自治区精品课程“烧卤与冷拼制作技术”最新教学改革建设成果的基础上，按照三星级以上的酒店和知名餐饮企业的厨房冷菜间的岗位工作任务开发而成。全书依据传统与创新相结合的原则，在实用、应用、创新观念和理论方法的指导下，对历史资料和既有成果进行全面、系统、深入的梳理和创新研究，特别是选用历届全国各类烹饪大赛获得金奖的冷拼精品作为实训内容（以前传统冷拼教材只用手绘图进行训练，给教学和实训带来很大的不便），具有较高的理论与实践价值。

本书既可作为高等职业院校、应用型本科院校、厨师培训班学员学习冷菜与冷拼制作的专业教材，也可供酒店厨师学习参考。

为方便教学，本书配备了电子课件等教学资源。凡选用本书作为教材的教师均可登录机械工业出版社教育服务网 www.cmpedu.com 免费下载。如有问题请致电 010-88379375 联系营销人员。

图书在版编目（CIP）数据

冷菜与冷拼制作技术/文岐福，韦昔奇主编. —北京：机械工业出版社，2011.6（2025.1 重印）

ISBN 978-7-111-34660-9

Ⅰ. ①冷… Ⅱ. ①文… ②韦… Ⅲ. ①凉菜—制作—高等职业教育—教材 Ⅳ. ①TS972.114

中国版本图书馆 CIP 数据核字（2011）第 112217 号

机械工业出版社（北京市百万庄大街 22 号 邮政编码 100037）
策划编辑：徐春涛 责任编辑：徐春涛
封面设计：马精明 责任印制：单爱军

保定市中画美凯印刷有限公司印刷

2025 年 1 月第 1 版第 22 次印刷
184mm×260mm · 13 印张 · 10 插页 · 314 千字
标准书号：ISBN 978-7-111-34660-9
定价：45.00 元

电话服务
客服电话：010-88361066
010-88379833
010-68326294

网络服务
机 工 官 网：www.cmpbook.com
机 工 官 博：weibo.com/cmp1952
金 书 网：www.golden-book.com
机工教育服务网：www.cmpedu.com

前　言

冷菜是相对于热菜而言的一类菜肴，各地区称谓不一，南方多称冷盆、冷盘、冷碟和小碟等，北方则多称凉菜、凉盘或冷荤等。冷菜拼盘简称冷拼，它侧重于菜品制作及拼摆的工艺成分。把“冷菜”解释为是制作“冷拼”的材料更为准确，冷拼菜肴的制作是厨房师傅对冷拼原料——“冷菜”进行切配加工、拼摆造型、装饰点缀而成为冷盘菜品的过程。

随着现代餐饮业的蓬勃发展，酒店厨房的生产岗位技术要求有了新变化，冷菜与冷拼制作、热菜烹制、面点制作和菜品创新已成为酒店厨房工作人员的四大核心岗位技术。我们通过多年的餐饮市场的产品观察、调研、分析发现，上述岗位技术的熟练应用与创新发展，是烹饪工艺与营养专业人才培养目标的定位依据。“冷菜与冷拼制作技术”作为该专业的一门核心课程，主要培养学生的冷菜原料的识别选用、冷菜制作技术、冷菜艺术造型设计与拼摆技术、冷菜冷拼的创新开发技术等专业技能和职业素质，因而是一门与职业岗位紧密衔接的专业课程。然而，就目前全国烹饪专业职业技术教育统编的教材来看，还没有一本完全独立的能够包括冷菜制作和冷菜拼摆两大块内容的教材。全国各中职学校、各职业技术学院、各本科院校在这门课程的教学安排上，都还不够科学合理，教学内容都是与食品雕刻合成一门课程，并没有独立出来成为一门完整的课程，而且就目前市面上编写的有关冷菜、冷拼的教材来看，其结构、内容、菜例基本都为理论教学而写，结构并不科学，内容不够完整，教学菜例不够有代表性，特别中国南方地区的特色冷菜——烧卤菜肴（广式烧腊、广式卤水）的制作技术很少被全国通用规划教材所编写。目前国内还没有真正专门训练冷菜与冷拼制作技术的教材，因此我们编写的这本教材和建设的配套教学网站，正好填补了本门学科的空白。

南宁职业技术学院的“烧卤与冷拼制作技术”课程经过了10年的开发与建设，2007年成为国家示范建设项目核心开发重点建设课程；2008年7月，该课程的教学设计成果《冷菜创新品种实训教学方案设计》在中国第二届实训教学创新方案设计大赛中荣获二等奖；2008年12月，该课程的教学设计课例《冷菜创新品种实训教学方案设计》在第二届广西高校教育技术应用大赛中荣获二等奖；2010年，该课程获2010年广西壮族自治区精品课程。本教材正是在我院烹饪工艺与营养专业最新的教学改革建设成果的基础上，按照三星级以上的酒店和知名餐饮企业的厨房冷菜间的岗位工作任务进行开发，结合大学生就业和创业教育，并引入了食品安全质量保护体系——HACCP 体系等最新的理论与实训教学成果编写而成的。

本着针对性与适用性、实践性与实用性、科学性与创新性相结合的原则，本教材从以下几方面体现高职教育特色：

（1）教材内容针对职业教育理论与实践教学的“必需、够用、实践、应用”特征要求编写，全部实训教学内容的设置都以具有典型代表性的实例为主。每一门专业技能所用的每一项实训教学内容的知名度是按照历史文化性、流传广泛性、地方代表性、市场占有率、经济性、民族特色、创新性、营养结构等标准进行界定的。

（2）本教材课程体例的设置彻底打破“老三段”结构，按照认知训练、菜品实训、创新应用、就业创业教育4个模块和6个单元项目，从低到高、从简单到复杂进行教学训练。因此，能最大限度地保证教学的科学性和实践训练的实用性，使学生更容易全面掌握冷菜、冷拼制作技术的知识和各项技能，能培养学生的创新意识、就业和创业的理念，为学生的可持续发展打好基础。

（3）本教材的内容结构依据教学规律和实际工作过程的要求进行设置，章末还配有对应的知识与技能的训练题。

（4）本教材改变了传统的教学方式。教材内容的宽度与深度安排，特别是冷拼实训和创新实训课的教学，彻底打破了“一灌到底”的教学方法，实行启发式、讨论式教学，鼓励学生独立思考，激发学生学习的主动性和积极性，强调学生动手能力的培养。内容上特别注重拓宽加深食文化内涵和工艺过程的科学原理解释，使学生能就所学的内容进行变换、衍生和创新，真正起到触类旁通、举一反三的学习效果。这一点也是与传统的教材最大的区别和进步。

本教材由来自南宁职业技术学院、广西经贸职业技术学院、广西经济职业学院等职业院校具有丰富理论与实践经验的教师编写。全书依据传统与创新相结合的原则，在实用、应用、创新观念和理论方法的指导下，对历史资料和既有成果进行全面、系统、深入的梳理和创新研究，具有较高的理论与实践价值。本教材由南宁职业技术学院文歧福高级技师和四川省商业服务学校韦昔奇担任主编；由南宁市第一职业技术学校李哲峰高级技师、广西经贸职业技术学院鲁煊高级技师、攀枝花经贸旅游学校庞杰高级技师、南宁职业技术学院朱照华高级技师担任副主编；由南宁职业技术学院梁敏，广西经济职业学院罗家斌，南宁市第一职业技术学校林芳茂，四川省商业服务学校王琼、赵品洁、葛惠伟、龚兴德、陈书伟，重庆市商务高级技工学校宋纯夫等老师参与编写。具体编写分工如下：第一章由文歧福、朱照华编写；第二章由鲁煊、庞杰、梁敏编写；第三章第一节由王琼、赵品洁、葛惠伟编写；第三章第二节由韦昔奇、文歧福编写；第三章第三节由文歧福、杨祖念编写；第三章第四节由鲁煊编写；第三章第五节由庞杰、龚兴德编写；第三章第六节由罗家斌编写；第四章由文歧福、朱照华编写；第五章由韦昔奇、李哲峰、林芳茂编写；第六章由鲁煊、宋纯夫、陈书伟编写。全书由文歧福统稿。

本书在编写过程中得到了中国烹饪大师、全国餐饮业国家一级评委、广西烹饪餐饮行业协会常务副会长何逸奎先生和中国烹饪大师、全国餐饮业国家一级评委、广西烹饪餐饮行业协会副会长邝伯才先生的悉心指导，在本课程开发与建设过程中还得到了广西饮食文化研究所所长、南宁职业技术学院周旺教授的大力支持和悉心指导，他们为本教材的大纲编写和章节安排提出了宝贵意见，在此一并表示诚挚的谢意！

由于作者水平有限，加之时间仓促，书中难免存在一些错误及不妥之处，我们热忱希望使用本教材的专家学者、师生和广大读者提出宝贵意见，以便再版时能够进一步完善。

编　者

目　　录

第一章

冷菜、冷拼制作基础

学习目标

1. 知道冷菜、冷盘的概念。
2. 了解中国冷盘的形成与发展过程。
3. 熟悉冷菜、冷盘的作用与特点。
4. 认识冷菜与冷拼制作的主要设备和工具。
5. 掌握冷菜、冷拼主要设备与工具的使用及保养。
6. 能正确选用常见的烹饪原材料。
7. 能正确鉴别常见冷菜原料的质量。

第一节　冷菜、冷盘认知

一、冷菜与冷盘的基本概念

1. 冷菜

冷菜又称凉菜，是将烹饪原料经过加工后先烹制成熟或腌渍入味，再切配装盘为凉吃而制作的一类菜肴。在冷菜的制作过程中，常采用两种基本方法：

（1）冷菜原料需要经过加热工序，一般辅以切配和调味，并散热冷却。这里的加热是工艺过程，而冷食则是目的，如“五香牛肉”、“盐水鸭”、“红油鱼片”、“油爆大虾”、“冻羊羔”、“椒麻鸡丝”等。这是制作冷盘的主要方法。

（2）冷菜原料不需要经过加热工序，而是将原料经过加工整理，加以切配和调味后直接食用，这就是人们平常所称的“冷制冷吃”。这一方法主要用于一些鲜活的动物性烹饪原料，如“腐乳炝虾”、“醉蟹”、“生炝鱼片”等，以及一些新鲜的植物性原料，如“拌黄瓜”、“姜汁莴苣”、“酸辣白菜”等。

2．冷盘

冷盘又称冷菜拼盘、冷拼、彩盘、中盘、主盘，是指将熟制后的冷菜或直接可食用的生食菜，按照一定的食用要求，采用各种刀法处理后，运用各种拼摆手法，整齐美观地装入盛器内，制成具有一定图案的冷菜。它是冷菜师根据宴席的性质和内容，进行选材、构图、命名拼制而成的大型工艺冷菜，用以增添宴席气氛，显示企业烹调技艺水平。在传统宴席中，彩盘和中盘还有一定区别，即中盘必须配上围碟。但在现代宴席中，二者已无实质区别，即无论彩盘或中盘、主盘一般都配上围碟，彩盘多用直径 33cm 以上的大圆盘。冷菜拼摆质量取决于刀工技术的好坏和拼盘技巧的熟练程度。

3．冷菜与冷菜拼盘的区别和联系

如果不从文字角度来理解，而出于习惯或作为人们的生活用语，它们之间并没有什么区别，都是与热菜相对而言的。冷菜，各地称谓不一。南方多称冷盆、冷盘或冷碟等；北方则多称凉菜、凉盘或冷荤等。比较起来，似乎南方习惯于称冷；而北方则更习惯于称凉。

“冷菜”这一称谓似乎更侧重于菜品的物理感观——温度（这也是“冷菜”与“热菜”最主要的区别之一），菜品的装盘工艺几乎没有涵盖，而冷菜拼盘突出了菜品制作和拼摆的工艺成分。“冷菜”称为制作“冷菜拼盘”的材料更为贴切，而冷菜材料经切配加工、拼摆工艺装入盘中才是一道完整的冷盘菜品。这一点从我国各地历届烹饪比赛所列项目中可见一斑，各类烹饪大赛中有“冷盘”（冷拼）的比赛，但很少有“冷菜”比赛这一表述。从不同的层次来理解，冷盘比冷菜的内涵更广泛、更普遍些。从烹饪工艺角度而言，冷盘这一称谓似乎更贴切、更合理、更科学些。

二、中国冷盘的形成与发展

在我国历史上，饮食生活可以说是个社会的等级文化现象，肴馔的丰富也是富贵阶级经济实力和政治权力的直接表现。因此，只有通过上层社会的餐桌，才能理清中国冷盘形成与发展的轨迹。上层社会，尤其是君王贵族的宴席，既隆重频繁又冗长繁琐，宴席之中，杯觥交错，乐嬉杂陈。为适应这种长时间进行的饮食活动需要，在爆、炸、煎、炒等快速致熟烹调方法产生之前，古代人无疑是以冷菜为主要菜品的。由于文字记载远远落后于生活实际的早期历史的特点，也由于今天很难再见到历史菜品实物的原因，我们不太了解商代或更早的夏代的情况，但丰富的文字史料可以让我们比较清楚地了解到周代肴馔的基本面貌。

《周礼》便有天子常规饮食食例以冷食为主的记载：“凡王之稍事，设荐脯醢。”郑玄注：“稍事，为非日中大举时而间食，谓之稍事。……稍事，有小事而饮酒。”贾公彦疏：“又脯醢者，是饮酒肴羞，非是食馔。”这表明早在西周时代人们便已清楚地认识到冷荤宜于宴饮的特点，并形成了一定的食规。

《礼记》一书的《内则》篇详细地记述了一些珍贵的养老肴馔，即淳熬、淳母、炮豚、炮牂、捣珍、渍、熬、肝膋等。这就是古今传闻的著名的“周代八珍”。这些肴馔既反映了周代上层社会美食的一般风貌，也反映了当时肴馔制作的一般水准。但更重要的是，我们从中似乎也可以找出一些冷盘的雏形。

周代八珍又叫“珍用八物”，是专为周天子准备的宴饮美食。它由2饭6菜组成，具体名称是：淳熬（肉酱油浇大米饭）；淳母（肉酱油浇黍米饭）；炮豚（煨烤炸炖乳猪）；炮牂（煨烤炸炖母羊羔）；捣珍（合烧牛、羊、鹿的里脊肉）；渍（酒糟牛羊肉）；熬（类似五香牛肉干）；肝膋（烧烤肉油包狗肝）。

周代八珍推出后，历代争相仿效。元代的“迤北（即塞北）八珍”和“天厨八珍”，明清的“参翅八珍”和“烧烤八珍”，还有“山八珍”、“水八珍”、“禽八珍”、“草八珍”（主要是指名贵的食用菌）、“上八珍”、“中八珍”、“下八珍”、“素八珍”、“清真八珍”、“琼林八珍”（科举考试中的美宴）、“如意八珍”等，都由此而来。

由此可见，中国冷盘萌芽于周代，并经历了冷盘和热菜兼有和兼承的漫长历史。可以说，先秦时代，冷盘还没有完全从热菜系列中独立出来，尚未成为一种特定的菜品类型。

唐宋时期，冷盘的雏形已经形成，并在此基础上有了很大发展。这一时期，冷盘也逐步从肴馔系列中独立出来，并成为酒宴上的特色佳肴。唐朝的《烧尾筵》食单中，就有用5种肉类拼制成“五生盘”的记述。宋代陶谷的《清异录》中记述更为详尽：“比丘尼梵正，庖制精巧，用鲊臛脍脯，醢酱瓜蔬，黄赤杂色，斗成景物。若坐及二十人，则人装一景，合成辋川图小样。”这段记载表明，当时技艺非凡的梵正女厨师，采用腌鱼、烧肉、肉丝、肉干、肉酱、豆酱、瓜类、菜类等富有特色的冷盘材料，设计并拼摆出了20个独立成景的小冷盘，创造性地将它们组合成兼有山水、花卉、庭园、馆舍的“辋川别墅式”的大型风景冷盘图案，发展了我国的冷盘工艺技术。这也充分反映了在唐宋时期，我国的冷盘工艺技术已达到了相当高的水平。

明清时期，冷盘技艺日臻完善，制作冷盘的材料及工艺方法也不断创新。这一时期，很多工艺方法已成为专门制作冷盘材料而独立出来，如糟法、醉法、酱法、风法、卤法、拌法、腌法等。同时，用于制作冷盘菜品的原料也有了很大的扩展，植物类有茄子、生姜、冬瓜、茭白、蕹菜、蒜苗、绿豆芽、笋子、豇豆等，动物类有猪肉、猪蹄、猪肚、猪腰、猪舌、羊肉、羊肚、牛肉、牛舌、鸡肉、青鱼、螃蟹、虾子等，以及一些海产鱼类和奇珍异味，如海蜇、乌贼、比目鱼、蛏子、蚝肉、发菜、象鼻、江珧柱等，这些都是这一时期用于制作冷盘菜品的常用原料。这充分说明了在明清时期，我国的冷盘工艺技术已达到了非常高超的水平。

随着历史的沿革，我国冷盘技艺也在不断提高和发展。冷盘逐渐从热菜之中独立出来，成为一种独具风味特色的菜品系列；由贵族宴饮中独嗜到平民百姓共享；品种由单调贫乏到丰富繁多；工艺技术由简单粗糙到精湛细腻。尤其是近半个世纪以来，我国的冷盘工艺技术更是突飞猛进。烹饪工作者在挖掘、继承我国传统烹饪工艺技术的基础上推陈出新，使冷盘成为我国烹饪艺坛中的一朵鲜艳的奇葩。

三、冷盘的地位和作用

冷盘，无论是在正规的宴席上还是在家庭的便宴中，总是首先与客人“见面”的首道菜色，素有“脸面”之称，因此冷盘也常被人们称为“迎宾菜”，可谓宴席的“序曲”。所以，冷盘的美丑程度直接影响着人们的赴宴情绪，关系着整个宴席程序进展的质量效果，起着“先声夺人”的作用。俗话说：“良好的开端，等于成功了一半。”如果这“迎宾菜”能让赴宴者在视觉上、味觉上和心理上都感到愉悦，获得美的享受，顿时会使气氛活跃，宾主兴致勃发，促进宾主之间感情交流及宴会高潮的形成，为整个宴会奠定良好的基础。反之，低劣的冷盘，则会令赴宴者兴味索然，甚至使整个宴饮场面尴尬，宾客扫兴而终。

如果说在一般宴席中冷盘的“脸面”有“先声夺人”作用的话，那么冷盘在冷餐酒会中的地位和作用就显得更为重要了。我们知道，宴席一般由很多种菜式共同组合而成，冷盘即使在某些方面小有失误，通过其他菜式（如热菜、点心、甜菜或水果等）还能得到一定程度的“弥补”和“纠正”。但在冷餐酒会中，冷盘贯穿宴饮的始终，并一直处于“主角”的地位，可谓“独角戏”。冷盘无论在色彩、造型、拼摆、口味或质感上，哪怕某个方面只是一点小小的“失误”，其他菜式都无法出场“补台”，并始终都在影响着赴宴者的情绪及整个宴会的气氛。由此可见，冷盘的地位与作用在宴会中是非常重要的。

冷菜在促进旅游事业的发展，以及在繁荣经济、活跃市场、丰富人们的生活方面也有不可估量的影响和作用。冷菜具有味道丰富、干香少汁、地方特色明显、方便携带等特点，所以，作为旅游食品，深受广大旅游者的喜爱。再者，由于冷盘造型美观、色彩鲜艳、香味浓郁，用它来装饰饭店酒楼的门面橱窗，可以展示厨师技艺，招徕顾客，并能美化市容。

目前，无论是在宾馆、饭店、酒楼，或是小食店、大排档的菜点销量中，冷菜都占有相当大的比重。我们相信，随着烹饪文化的不断发展和人民生活水平的不断提高，冷盘的地位和作用将会更加显著。综上所述，冷菜和冷拼的主要作用如下：

1. 全面展示菜肴美、筵席美

冷菜本身具有干香、鲜嫩、酥脆、不腻，闻之有香，食之越嚼越香、口味悠长的特点。在筵席中，冷菜、冷拼往往被人们称为“迎宾第一菜”，菜肴质量直接关系整个筵席程序进展的质量效果，起着“先声夺人”的作用。色、香、味、形、质、器俱佳的菜肴作品，一旦展示在餐桌上，就会发挥“特色品牌”的作用，展示精湛的厨艺，活跃整个筵席气氛，使人心旷神怡、兴趣盎然、食欲大增，对展示菜肴美、筵席美起到重要作用。

2. 繁荣餐饮市场，提高企业知名度

餐饮市场各地风味流派纷呈，特色鲜明。冷菜、冷拼、食品雕刻在餐饮市场越来越显示其独特的魅力，具有很强的展示性，不仅菜肴成品可以放在橱窗陈列展示，而且在餐饮企业的“明档”也可以大展厨艺，展示企业的招牌菜、特色菜和厨师的看家菜、拿手菜，进而展示企业的品牌形象，对提高企业的知名度，加快企业的发展具有重要意义。

3. 弘扬祖国传统文化，增进中外艺术交流

冷菜、冷拼与食品雕刻是祖国烹饪文化的一部分，不论从它的历史发展还是从现代实际情况看，一直受到中外人士的青睐。精妙绝伦的作品可以和真正的石雕、木雕、根雕作品相媲美，显示出炉火纯青的高超烹饪艺术，对弘扬祖国烹饪文化、增进中外烹饪艺术交流起到积极作用。

4. 促进烹饪领域的全面发展

冷菜、冷拼与食品雕刻从制作工艺到造型艺术，不愧是中国烹饪的艺术瑰宝，它们的每个发展过程，都从侧面反映出当时的烹饪风格。通过研制独特的冷菜、工艺造型美观的冷拼、审美性强的食品雕刻作品，可以促进烹饪领域的全面发展。

第二节　冷菜、冷拼制作的设备和工具

冷菜、冷拼是我国烹饪艺坛中的奇葩，是我国人民几千年来的智慧结晶，它将艺术与菜肴巧妙地融为一体，造福人类。为了继承和发扬这门技艺，提高制作水平，我们必须认真学好基础知识，将这门技艺进一步发扬光大。

一、冷菜、冷拼制作的主要加热设备（炉灶）

冷菜、冷拼在制作过程中，必须借助一定的设备和工具，当今厨房设备和工具越来越先进、美观、耐用且多功能，这对提高菜肴质量、减轻员工劳动强度、改善工作环境、提高工作效率起到了非常重要的作用。烹调工作人员必须熟练地掌握各种设备和工具的结构、性能、用途及使用方法，这样才能运用自如，使制作出的冷菜、冷拼制品达到理想的效果。

炉灶的种类很多，因全国各地的地理条件、饮食习惯不同，使用的燃料及烹调方法不一样，常用的炉灶也有很大的差别。现主要介绍如下几种烧卤制作间常用的炉灶：

1. 炮台灶

炮台灶（见图 1-1）形如古代的炮台，一般为泥砖结构，火眼周围均用泥砌成。主火眼一个，正对炉堂，下有炉箅及灰膛；支火眼一般有两个或两个以上，在主火眼的炉膛中设有斜形通火道通向支火眼。燃烧时火力从主火眼的炉膛中经过火道，通向各个支火眼。这种灶主要烧煤，适用于多种烹调方法，是目前中、小城市使用较普通的炉灶。

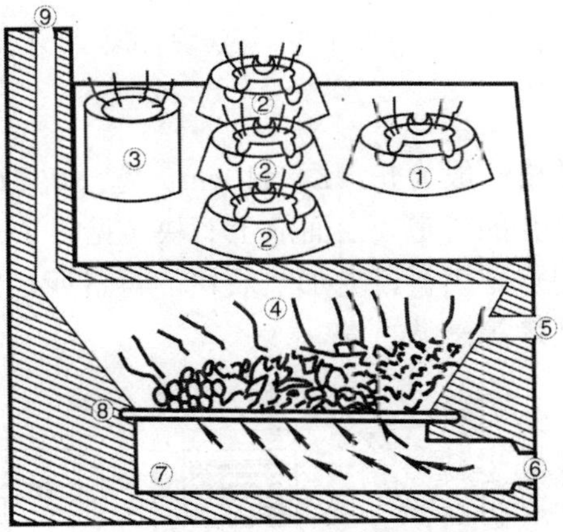

图 1-1　炮台灶剖面示意图

①—主火眼　②—支火眼　③—汤锅　④—火室　⑤—腹眼

⑥—下炉门　⑦—灰膛　⑧—炉箅　⑨—烟道

2. 港式双眼炒灶

港式双眼炒灶（见图 1-2）又称广式炒灶，规格一般为长（L）220cm、宽（W）110cm、高（H）80cm。式样有两个主火眼、两个副火眼，或两个主火眼、一个副火眼等。主火眼

均高出灶面，呈倾斜状。燃料可使用液化气、煤气、柴油等。灶内装有鼓风机，火力大而猛，适宜炒、炸、烧等烹调方法。

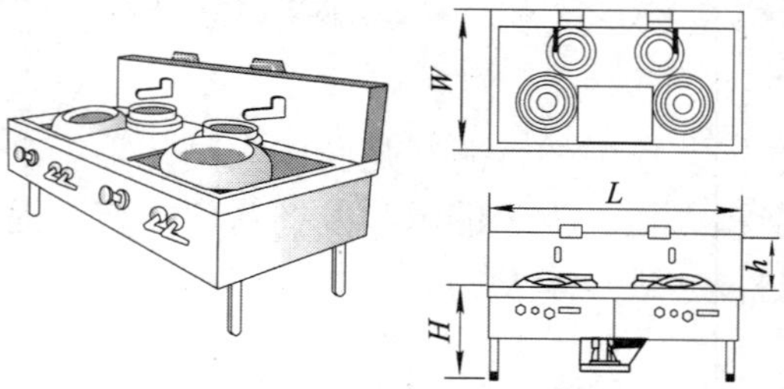

L=220cm　W=110cm　H=80cm　h=40cm

图 1-2　港式双眼炒灶

3. 矮汤炉

矮汤炉（见图 1-3）又名汤灶，一般多为两个炉头，其规格为长（L）110cm、宽（W）65cm、高（H）45cm。燃料以液化气、煤气为主。因炉体矮，一般用于体重大的冷菜的卤、煮、炸等烹调处理，便于工作人员操作，省力省时。

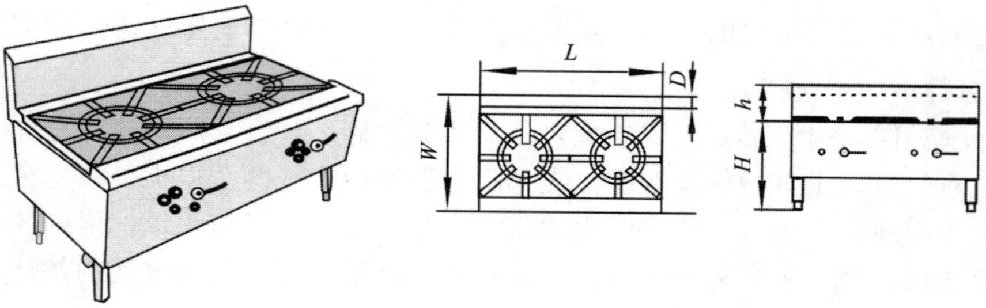

图 1-3　矮汤炉

4. 烤猪炉

烤猪炉又称叉烤炉，规格一般为长（L）110cm、宽（W）62cm、高（H）60cm，其结构是在炉膛内设有多根带小孔的管道，上面放上石块（见图 1-4）。燃料以液化气或煤气为主，烤制食物时，打开阀门点燃燃料，先加热石块，再进行烤制，这样火力均匀，烤制的成品色泽鲜亮，一般用于叉烤等烹调方法。

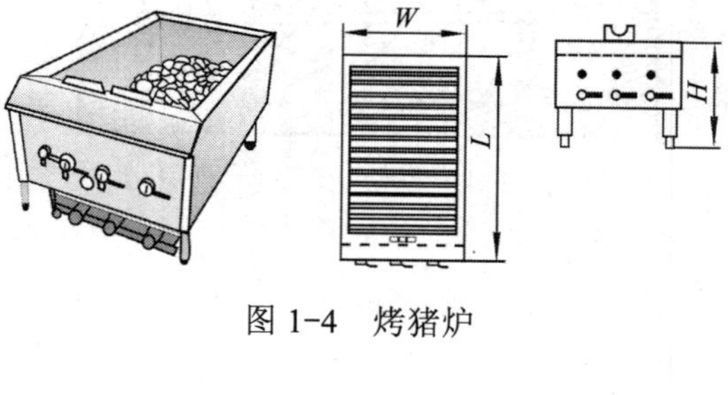

图 1-4　烤猪炉

5. 烤鸭炉

烤鸭炉（见图 1-5）又称挂炉，规格一般为高（H）150cm、圆直径（D）81cm。内部结构中上部四周有轨道式的铁架，铁架上置有活动铁钩，用于挂原料用，在炉体腰部有一个长方形小炉门，可观察原料的成熟度及色泽，炉底有一圈燃气管道作加温之用，炉顶有一个活动盖板，用来调节炉温、取送原料、排烟之用。烤鸭炉利用热的辐射及热空气的对流将原料烤熟。烤鸭炉除用于烤鸭外，还可烤鸡、烤肉等。

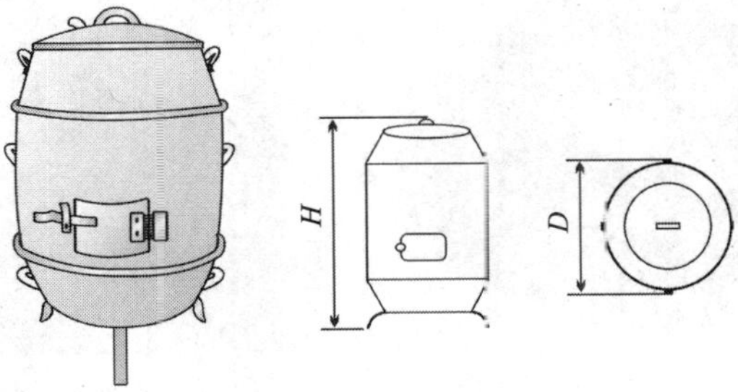

图 1-5　烤鸭炉

二、冷菜、冷拼制作的主要工具

冷菜、冷拼制作的主要工具种类很多，各地也不相同。随着科学技术的不断发展，新工具、新式样越来越多。现将各地广泛使用的几种用具介绍如下：

1．炒锅

炒锅（见图 1-6）又称炒勺、镬子、炒瓢等，有生铁锅、熟铁锅、不粘锅三大类，规格为直径 30～100cm。熟铁锅比生铁锅传热快，不易破损；生铁锅经不起碰撞，容易碎裂；不粘锅烧煮冷菜不易粘锅、焦煳。熟铁锅和不粘锅有双耳式与单柄式两种。

图 1-6　炒锅

2．不锈钢桶

不锈钢桶（见图 1-7）又称圆底桶，常用于烧煮大量的冷菜、熬卤水、豉油鸡水、煨肉料等，如酱鸡、盐水鸭、卤牛肉等。桶形两旁有耳把，上有盖，规格为直径与高度均在 26～60cm 之间。

图 1-7　不锈钢桶

3．砧墩

砧墩（见图 1-8 和图 1-9）又称菜墩砧、砧板，是对原料进行刀工操作时的衬垫用具。冷菜间的砧墩最好选用橄榄树或银杏树（白果树）等材料来做，因为这些树的木质坚密且耐用。质量佳的制墩材料要求树皮完整，树心不空，不烂、不结疤，颜色均匀且无斑，也有冷菜间用白塑料制成的圆形砧墩。无论是木制的还是塑料制成的，其规格一般以直径40cm、高15cm为好。

图 1-8 木砧墩

图 1-9 塑料砧墩

4．刀具

用于制作冷菜、冷拼的刀具种类很多，一般为铁制或不锈钢制成的，常用的刀具有批刀（也叫薄刀）、砍刀（也叫劈刀）、前切后砍刀、烤鸭刀（也叫小批刀）、剪刀等。应根据冷菜原料的性质不同（如有带骨的，有韧性较强硬的，有质地较脆嫩的），选用不同类型的刀具对原料进行刀工处理，这样才能达到理想的形状。

5．乳猪叉

乳猪叉（见图1-10）分三种规格：茶猪叉，席猪叉，奶猪叉。

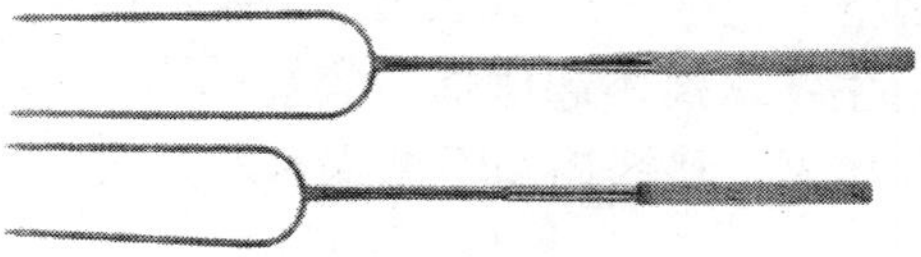

图 1-10 乳猪叉

6．叉烧针

叉烧针（见图1-11）用于烧制蜜汁叉烧、鸡翅、桂花扎、琵琶鸭、琵琶鸽、白鳝等。

图 1-11 叉烧针和叉烧针连环

7．鹅尾针

鹅尾针（见图1-12）用于缝烧鹅、烧鸭、烧鸡，以及排气等。

图 1-12 鹅尾针

8．烧鹅环（长的烧腊钩）

烧鹅环（见图 1-13）用于挂烧鹅、烧鸭、烧鸡等。

9．叉烧环（短的烧腊钩）

叉烧环（见图 1-13）用于钩叉烧、排骨、烧肉等。

10．短手钩

短手钩（见图 1-14）用于钩起烧炉内烧好的物件，避免人手直接接触时烫伤，常见的有木柄和不锈钢柄两种。

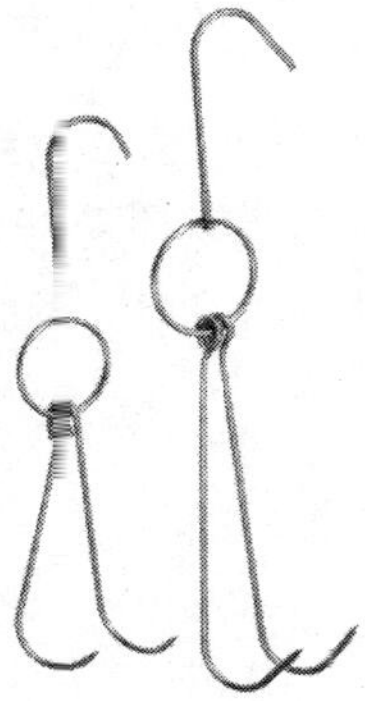

图 1-13　烧腊钩

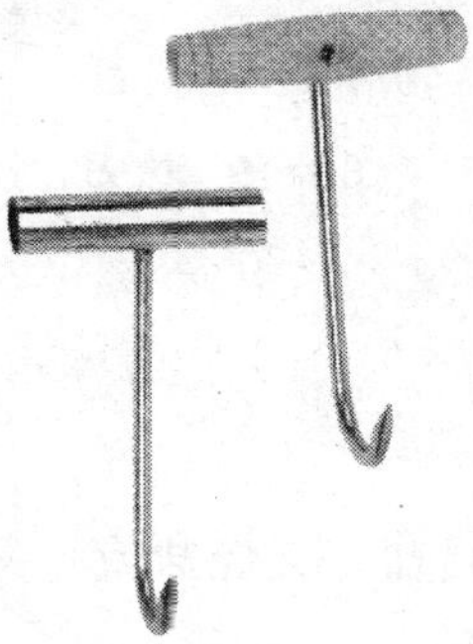

图 1-14　短手钩

11．木柄手钩（长手钩）

烤挂炉烧鹅时，可从窗口处伸入长手钩（见图 1-15），钩住烧鹅使其翻转。

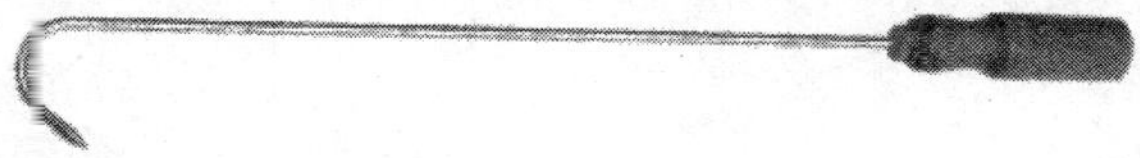

图 1-15　长手钩

12．乳猪针

烧乳猪和烧大猪时，可用乳猪针（见图 1-16）来刺穿气泡。

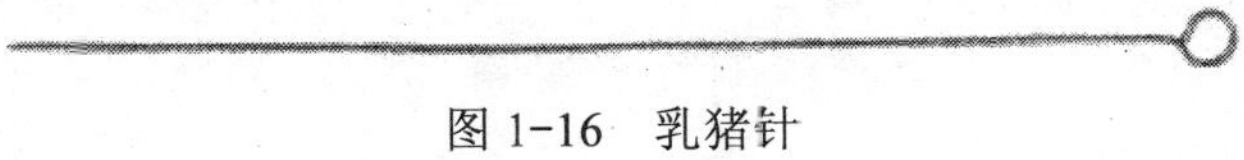

图 1-16　乳猪针

13．不锈钢水壳（水勺）

水壳（见图 1-17）可作量水工具，有 1500g 或 2500g 等规格。

14．油刷

扫猪皮糖水和烤制时用来扫油（见图 1-18）。

图 1-17　水壳（水勺）

图 1-18　油刷

15．双面磨刀石

磨刀石用于磨制厨房刀具（见图 1-19）。

16．剪刀

剪刀主要用于剪去烧好的叉烧上的焦丁等（见图 1-20）。

图 1-19 磨刀石

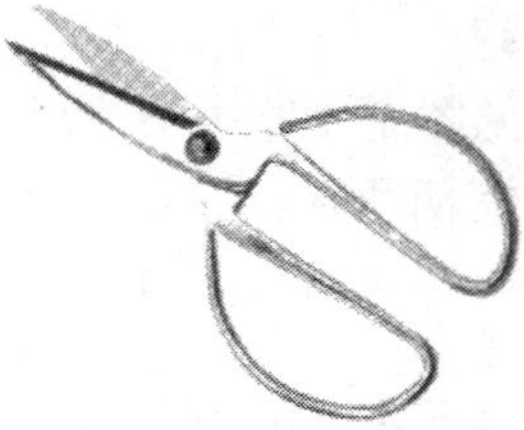

图 1-20 剪刀

17．铁线（17 号）

铁线用于扎猪手。

18．不锈钢盆

不锈钢盆用于拌猪盐、叉烧盐或腌叉烧等。

19．炒壳（炒勺）

炒壳的规格有 500g 或 600g，用于煮汁（见图 1-21）。

20．汤料袋

汤料袋有大、中、小规格，用于装药材熬卤水，以方便捞起（见图 1-22）。

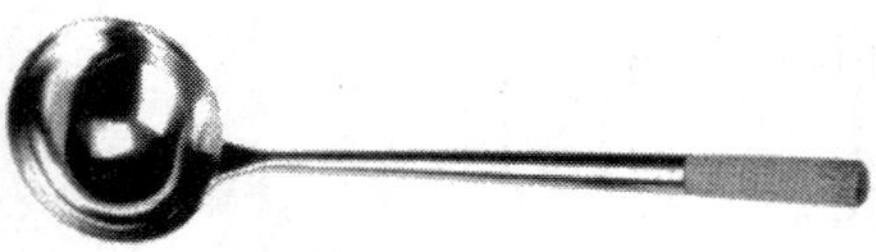

图 1-21 炒勺

图 1-22 汤料袋

21．木条

木条有 6 种规格：①长 30cm×宽 4cm×高 4cm，②长 15cm×宽 4cm×高 4cm，③长 45cm×宽 3cm×高 1.2cm，④长 15cm×宽 3cm×高 1.2cm，⑤长 40cm×宽 2.5cm×高 1cm，⑥长 13cm×宽 2.5cm×高 1cm。

①、②用于上大烧猪，③、④用于上菜猪、席猪，⑤、⑥用于上奶猪。

22．不锈钢层架

不锈钢层架用于挂上好糖皮水的烧鹅、烧鸭、烧鸡和焙干的乳猪等。

23．煤气喷枪

煤气喷枪用于烧猪毛，或在烧猪、鹅、鸭时某部位未够色时作补救用（见图 1-23）。

24．台秤

台秤（见图 1-24）有港秤和市秤之分，港秤 1 斤等于 16 两，市秤 1 斤等于 10 两。台秤用于配制味料。

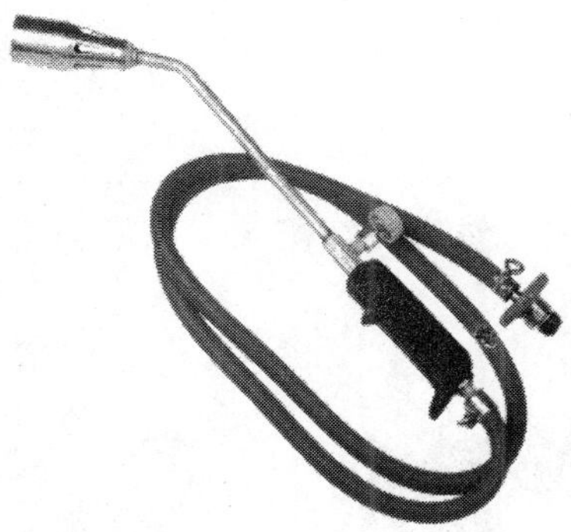

图 1-23　煤气喷枪

图 1-24　台秤

25．琵琶叉

琵琶叉（见图 1-25）有两种规格：烧琵琶鸭专用；烧琵琶乳鸽专用。

26．火钳

火钳（见图 1-26）主要用于夹木炭。

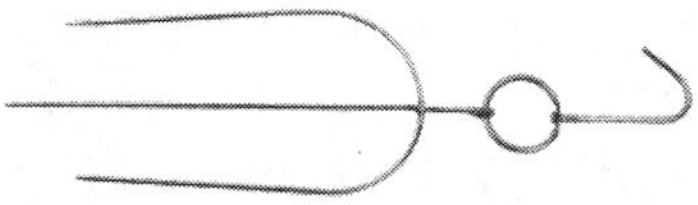

图 1-25　琵琶叉

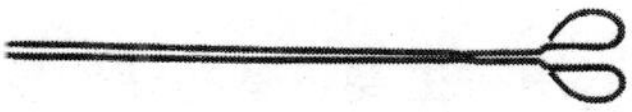

图 1-26　火钳

27．不锈钢笊篱

笊篱（见图 1-27）规格有 8 寸、10 寸、12 寸，用于捞卤好的卤水肉料，如掌翼、大肠、金钱肚、猪舌等，或发好的海蜇丝、煨好的肉料等。

28．S 形鸡钩

S 形鸡钩（见图 1-28）有长短之分，长钩作烧鹅、烧鸭挂档用，短钩作白切鸡、豉油鸡挂档用。

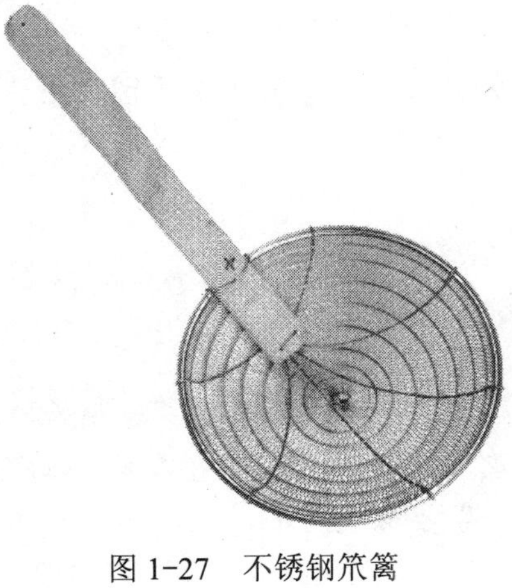

图 1-27　不锈钢笊篱

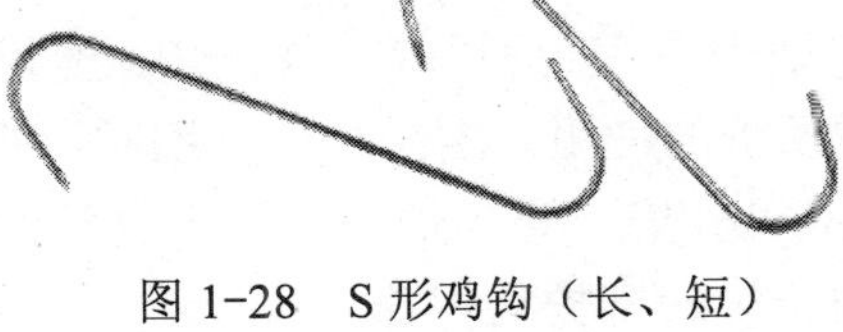

图 1-28　S 形鸡钩（长、短）

29．罐头刀

罐头刀（见图 1-29）用于开罐头。

30．麻油壶

麻油壶（见图 1-30）用于装麻油调味用。

31．乳猪灯

乳猪灯（见图 1-31）用于装在乳猪眼睛内，然后加红樱桃，以增加气氛。

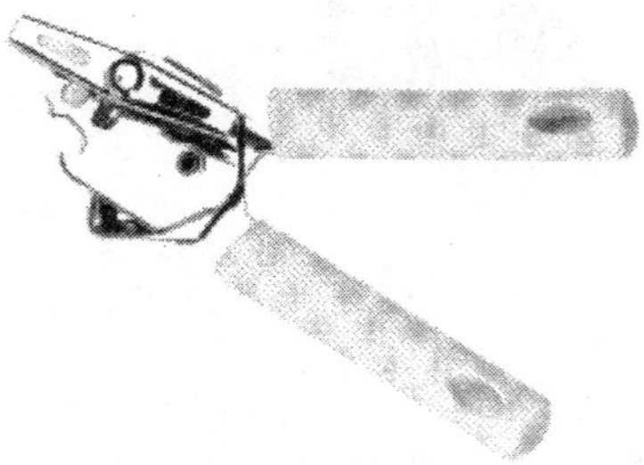

图 1-29　罐头刀

图 1-30　麻油壶

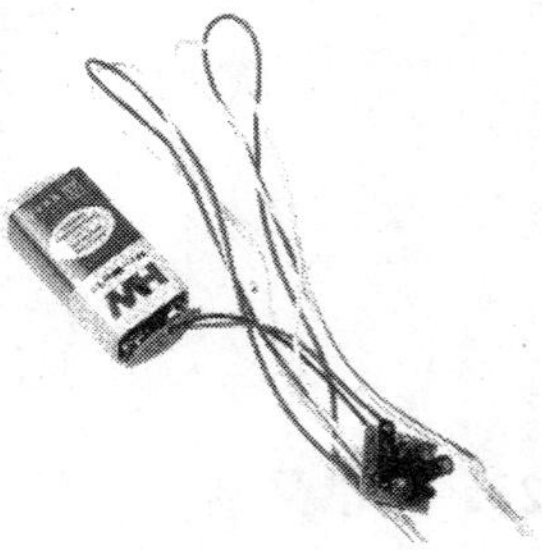

图 1-31　乳猪灯

三、冷菜、冷拼主要设备与工具的使用及保养

1．冷菜、冷拼主要设备的使用及保养

（1）燃气炉灶的使用和保养　燃气炉灶常用的能源有煤气、液化气、沼气等，这种灶火力易于控制，操作方便，常用点火棒点火，有电动鼓风机，火力集中，外表均由不锈钢制成，造型美观，便于清洁，是现代厨房必备的加热设备之一。

1）燃气炉灶的使用。

① 在点前：首先要检查有无漏气现象，各开关是否关好，各种管道或皮管有无破损，如发现漏气，应及时修理，通风换气，严禁火种，避免发生燃烧或爆炸事故。

② 在点火中：在确定没有漏气后，再点燃引火棒，然后打开开关，点燃燃气，并观察火焰颜色。正常的火焰颜色是无烟、浅蓝色，如发现火焰发红、有黑烟、不稳定，应及时疏通火眼。

③ 在使用中：根据菜肴的烹调方法和要求，一边旋转灶具的开关旋钮，一边观察火焰的大小，直至满意为止。

④ 烹调结束后：首先关闭总阀门，再逐个关闭各开关，使管道中不留存气。该程序不能颠倒。关闭各气阀后，再清理灶面、灶具。

2）燃气炉灶的维护与保养。

① 每天必须清洗炉灶表面油污，疏通灶面下水道。

② 每周用铁刷刷净并疏通炉灶火眼上的杂物。

③ 经常检查管道接头处和开关，防止燃气泄漏。

（2）矮汤炉的使用和保养　矮汤炉火势稳定，易于控制，适用于煮、卤、制汤等烹调方法。

1）矮汤炉的使用。矮汤炉在使用时，要注意炊具盛装的汤水不宜太满，以防汤水烧沸后溢出而浇灭火焰。矮汤炉下面用于收集油污的托盘要每天清洗。

2）矮汤炉的维护与保养。

① 每天必须清洗表面的油污、汤汁，疏通下水道。

② 每周必须疏通火眼，清除火眼上的杂物。

③ 经常检查管道、皮管接头处和开关是否有泄漏现象，如发现问题及时修理。

（3）冷藏设备的使用和保养　冷藏设备有冰箱、冰库、冰柜等，其功用有速冻、冷冻、冷藏三种，应根据烹调要求正确使用。

① 开启门不要太频繁或太久，最好是在规定时间开启。

② 冰库、冰箱存放食品要整齐，要分类存放。

③ 要经常检查各部分有无异常，观测温度，一旦发现故障，及时通知专业人员修理，确保正常运转。

2．冷菜、冷拼主要工具的使用及保养

（1）铁制工具的使用及保养　铁制工具具有价廉耐用等特点。在使用时应注意：

1）铁制工具易生锈，用完后要及时擦干水分、保持清洁（如刀具、饮具等）。

2）熟铁锅如油污太多或太厚，可把锅干烧变红，除去油污，再用清水洗净。

3）禁止用金属或其他硬物撞击锅体或用手勺、漏勺敲击，防止变形损坏。

4）铁制烹调用具不可长期盛菜肴或浸泡在汤水中。

（2）不锈钢工具的使用及保养　不锈钢工具（盛器）具有美观、清洁、无毒、光亮的特点。冷菜间使用的不锈钢工具很多，如炒锅、手勺、漏勺、不锈钢锅等，在使用时应注意：

1）选购不锈钢工具时要有鉴别能力。按钢材分，有“13-0”、“18-0”、“18-8”三种：“13-0”是指钢材中含铬 13%，不含镍；“18-0”是指钢材中含铬 18%，不含镍；“18-8”是指钢材中含铬 18%，含镍 8%。其中“18-8”性能最好，不会为磁铁吸附，其他则为磁铁吸附，选购时只要用磁铁鉴别即可。

2）使用不锈钢工具时要及时清洗表面污物、油迹，否则会使表面变暗，失去光泽。

3）不锈钢工具切勿长时间装盛汤水，或浸泡水中，用完后要及时清洗擦干水分，保持光洁。

4）不锈钢工具要防止干烧，否则会出现难看的蓝环。

5）不锈钢工具不可用硬物敲打，否则易变形损坏。

（3）铝制品工具的使用及保养　铝制品工具具有价廉、重量轻、传热快等特点。常用的工具有铝制炒勺、手勺、漏勺等。在使用及保养时应注意：

1）铝制品工具不可干烧，干烧易变形、烧化。

2）铝制品工具要定期擦洗表面油污，才能保持光亮。

3）铝制品工具不可长时间浸泡或盛装汤水或强酸、强碱的溶液，否则易使工具失去光泽，会被氧化而产生有毒成分。

4）铝制品工具质软，不可用硬物敲打等，否则易变形损坏。

（4）不粘锅的使用及保养　不粘锅有较多品种，有不粘锅炒锅、平底锅（俗称法兰板）、不粘锅电饭煲等，这些锅的内壁涂了一层“杜邦”的金属，所以不易粘贴食品，但在使用时必须注意以下几方面：

1）在烹制食品时不可使用金属的炒勺或饭勺，应使用专用的塑料或木制的为好。

2）勿使用醋及碱液。

3）清洁时不能使用去污粉和刷子，应使用软布或海绵轻轻擦洗。

4）不要烹制一些带硬壳的食品，以免碰撞、变形而影响锅内的不粘涂层。

5）切勿将锅直接放在明火上干烧。

（5）刀和砧板的保养

1）刀的一般保养方法。用后必须用干净手布擦拭干净。特别是切过带咸味或有黏性的原料（如咸菜、藕、菱角等）后，粘附在刀两侧的鞣酸容易氧化使刀面发黑，所以用后一定要用水洗净揩干。刀使用后放在刀架上，刀刃不可碰在硬的东西上，避免碰伤刀口。雨季应防止生锈，每天用完后最好在刀口涂上一层油。

2）磨刀的方法。

① 磨刀前的准备工作。把刀放在碱水中浸一浸，擦去油污，再用清水洗净，冬天可用热水烫一烫。磨刀石要放在磨刀架上，如果没有磨刀架，就在磨刀石下面垫一块抹布，以防止滑动。磨刀石要两头略低，中间略高，经磨后若有变形，必须放在石地上磨成平"一"字式样。磨刀石要经常用水浸透。磨刀前，准备一盆清水备用。

② 磨刀。两脚分开，或一前一后站定，上身稍向前倾，右手执刀，左手按在刀面上，刀背朝身体，刀刃向外，左手要按得重一些，以防刀脱手造成事故。开始磨的时候，刀面上、砖面上都要淋水，刀刃要紧贴砖面，当磨得发粘时，需再淋水。推磨时将刀刃推过磨刀石约一半刀面。磨刀时要经常翻转，刀的正反面及前、后、中部都必须轮流均匀地磨到，正反两面磨的次数应保持相等，而且刀的前、中、后各部必须磨得均匀，磨后刀刃才能平直。有缺口的刀，应先在粗磨刀石上磨，把缺口磨平后，再拿到细磨刀石上磨。

片刀：只能在细磨刀石上磨，磨时刀背略翘起 1cm 左右。

斩刀：要在粗磨刀石上磨，磨出锋口后，再在细磨刀石上磨，磨时刀背略翘起 2cm 左右。

③ 磨后的鉴别。将刀刃对直，放在眼前看，如看不到刃口上有白色的亮光即可，然后再用清水洗净，用干布擦干。用手指在刀刃上轻轻拉一拉，若刀已磨好会有指纹好像被拉去的感觉，如觉得刀刃似在手指上滑过去，就是未磨好。

④ 磨刀石。磨刀石有粗磨刀石（马尾石）、细磨刀石、油石几种。前者主要成分是黄沙，质地较粗，后两者主要成分是泥沙，质地较好，容易将刀磨利，同时不伤刀口。用粗磨刀石来磨，对刀口总有一些损伤，容易缩短刀的使用寿命，但对于有缺口的刀，就必须先在粗磨刀石上磨出锋口后，再在细磨刀石上磨利，所以这两种磨刀石各有用处，是必不可少的工具。

3）砧板的一般保养方法。

① 砧板和选用。砧板是对原料进行刀工操作的衬垫工具。最好的砧板是橄榄树或银杏树（俗称白果树）做的，其木材质地坚密、耐用；其次是皂荚树、榆树；其他的如红松也很好。

选用砧板时，应注意砧板的树皮的完整性，树心要不烂、不结疤，以及砧板的颜色（如砧板面微呈青色，且颜色一致，说明是正在生长的活树砍下制成的，质量好；如砧板面呈灰暗色或有斑点，说明是树死后隔了较长时间制成的，质量差）。

② 砧板的作用。

使食物清洁：用砧板垫在案板上切、配原料，能使食品保持清洁卫生。使用时应将切生料的与切熟料的分开，以防止细菌交叉感染。在切熟料时，要注意食材品种、色泽的不同，以及是否有卤汁等，均应分开切，不可混在一起。一种原料切好后，须用刀铲除砧板上的卤汁、油水或污秽，用干净手布揩擦干净后再切其他原料。

使原料整齐均匀：用砧板能使切的食物整齐均匀，如不用砧板，直接在案板上切，案板很快会就凹凸不平，那么切出来的原料也就不能整齐均匀了。砧板凹凸不平时，应随时修整刨平。

对刀和案板起保护作用：砧板的木质是直丝缕，刀刃不易钝，案板的木质是横丝缕，易伤刀刃，而且用砧板可以保护案板，不使案板受损。

③ 砧板的保养。冷菜间砧板有木制和白塑料两种，使用时应注意：

新砧板买进后可浸在盐卤中或不时用水和盐涂在表面上，以使砧板的木质收缩，更为结实耐用。新购进塑料砧板应用 84 消毒液刷洗消毒方可使用。

使用砧板时不可专用一面，应该四面旋转使用，以免专用一面而发生凹凸不平，如有凹凸不平时，应用铁刨刨平，保持砧板表面的平滑。

每次使用完毕后应将菜墩刮洗干净，晾干，用洁布或墩罩罩好。每天要做好消毒工作，最好上笼蒸半小时左右。

砧板忌在太阳下曝晒，以防开裂。

第三节　冷菜、冷拼制作原料的识别与选用

一、烹饪原料选择和鉴别的要点

在切配和烹调中，首先必须善于选择和鉴别原料。因为菜肴的质量好坏，一方面取决于烹饪技术，另一方面则取决于原料本身质量的好坏，以及选用是否适当。用质量较差的原料，其选用部位又不适当，即使烹饪技术再高，也很难想象能做出好的菜肴。

烹饪原料的选择和鉴别，一般应注意以下几点：

1．了解原料的特性

各种原料有它季节性生长的规律，也有它的盛产时期和低产时期、肥壮时期和瘦弱时期。例如，植物性原料一般以春、夏鲜嫩者较多；家畜类原料以秋末、初冬时节为最佳。又如菜心，虽然四季都有上市，但质量最好的是在秋季，这个季节的菜心，鲜嫩青翠。再如广东的特产禾花雀，产期虽然在中秋节前，但这时期的雀身细，肉薄而瘦，不大好食；只有到了农历九月中旬，水稻抽穗扬花，禾花雀才够肥嫩、骨脆、肉厚，但一到了秋末后，禾花雀又变得骨硬了，肉质、食味都远比不上旺产时期。由此可见，不同季节，原料的品质和肥嫩程度也不同，在选择原料时应有所了解，以广东菜“菜胆扒鸭”为例，夏天制作时宜选用芥菜胆，冬天制作时宜选用绍菜胆或生菜胆。

2．原料产地与质量关系密切

随着交通运输的日趋方便，烹饪原料已不局限于本地，而是来自不同地区，各地自然环境、种植、饲植以及捕捞情况不同，原料的质量也大相径庭，加上供、销周期长短不同，因而原料的质量有好次之分。熟悉原料的不同产地，就可以采购到优质的原料；同时也可以根据不同品种的原料，采取相应的烹调方法。例如，北京填鸭适宜做烤鸭，别的鸭子则适合做扒、烧、爆、炒、炖等菜。

3．熟悉原料不同部位的特征

各种原料有其不同的部位，每个部位的质地又有所不同。例如，猪、牛、羊、鹅、鸡、鸭等，体内各部位肌肉都有瘦、肥、老、嫩之分，因而有的适用于爆炒，有的适用于烧煮，有的适用于蒸炖，有的适用于熬汤。以猪为例，猪肘部位的肉，宜卤、酱；贴骨的猪排，

宜做红烧、炸或糖醋的菜肴；猪前腿肉宜作叉烧；近脊部的鬃头，宜做猪扒或咕噜肉；猪后腿肉，肉厚而嫩，瘦肉多，宜切丝、片、丁或制肉丸；猪枚肉（外脊肉）质地幼滑，则宜油爆或熘。再如鲜露笋，前部位碧绿而嫩，且外形美观，不宜斩切成碎料，宜整部位烹制；其后部位则需刨皮后，切成斜刀片（马蹄片）烹制。其他蔬菜的根、茎、叶的质地和色泽也均有不同，选用时也要有所分别。因此，必须掌握原料不同部位的特点，做到物尽其用，这样才能使菜肴精美可口，达到烹调要求。

4. 鉴别原料的质量

原料质量的好坏，不仅关系到菜肴的色、香、味、形，更重要的是关系到顾客的健康，这是烹饪员工应予特别注意的。原料主要应合乎下列几条要求：

（1）不能选用有病或带有病菌的家畜、家禽、水产品等。海产品更要保持新鲜，以防止将病原体传染给顾客。

（2）含有生物毒素的鱼、蟹、虾、野菜、果仁、菌类等，以及含有有机、无机毒素的香料、色素等，均不能选做烹饪原料，以防止食物中毒。

（3）各种原料均不应有腐败、发霉、变味以及虫蚀、鼠咬等变质现象。

关于鉴别原料质量的方法，一般有感官鉴定、理化检验以及微生物检验等，一般常用感官鉴定方法，即用人的各种感官，如鼻、口、眼、耳、手等，来鉴定原料的质量。感官鉴定方法通常是鉴定原料的外部特征，如形状、色泽、气味、质地等。经验丰富的烹饪工作人员，只要看一看原料的表面颜色或用手触摸一下原料的外部，就可以鉴别出它的鲜、陈或有无变质。

二、常用原料的质量鉴别

可供烹饪的原料很多，现将常用的主要原料的质量鉴定方法介绍如下：

1. 植物性原料的质量鉴别

（1）蔬果类　蔬果类原料的种类颇多，其中根菜类以生脆不干缩、表皮光亮润滑、水分充足者为佳；叶菜类以叶身肥壮、色泽鲜艳、菜质细嫩者为好；瓜果类以色泽鲜艳、无斑点、光滑丰满、有该品种特有的清香气味者为好。

（2）豆类和豆制品类　对鲜豆和豆荚原料的选择，要根据季节及时选用，一般以色绿荚嫩、光洁丰满者为好；干豆类一般以粒大、均匀、质地坚实、富有光泽者为好；豆制品如豆腐、豆腐干、豆腐衣等，一般以质地细嫩、大小薄厚一致并均匀、水分适当者为好。

（3）禾谷类　禾谷类原料种类也很多，但鉴别其质量好坏，有一个共同的标准：保持新鲜，没经虫蚀，具有应有的色泽和光泽，没有异味（如酸味、霉味等）。另外，还要看其含水量是否合适，是否有杂质（如小砂石、泥尘、草屑），是否有病粒、虫咬粒、瘪粒等。鉴别各类面粉则是以粉面细、色白、无麸皮和其他杂质者为佳。

2. 家畜肉类的质量鉴别

家畜肉的品质好坏主要是以肉的新鲜度来确定。肉的新鲜度一般可分为三类：新鲜肉、不新鲜肉和腐败肉。在饮食业中一般以感官鉴定方法加以判断。

（1）新鲜程度

外观：新鲜肉的表面有一层微微干燥的表皮，呈淡红色；新切开的肉面稍有湿润而无黏性，肉汁透明，并且有各种牲畜肉的特有光泽。不新鲜肉的表面有一层风干的暗色的表皮，有时附有黏液，有时为霉菌覆盖；切面色泽发暗，潮湿而有黏性，肉汁较混浊。腐败肉的表面过分干燥或过度潮湿和发粘，呈灰色或绿色，常生霉；切面为暗色，有时为淡绿色或灰色，很粘，肉汁很混浊。

硬度及弹性：新鲜肉的切面肉质紧密有弹性，用手指按压，凹陷处能迅速复原。不新鲜肉的肉质松软，弹性小，用手指按压，凹陷处不能迅速复原，有时不能完全复原。腐败肉的肉质松软无弹力，用手指按压，凹陷处不能复原，严重时肉粘手指。

气味：新鲜肉具有各种家畜肉的特有气味。不新鲜肉在肉的表面稍有氨及酸味，但深层中还没有这种气味。腐败肉表面及深层均有浓厚的腐败臭味。

脂肪状况：新鲜肉的脂肪无油腻味，牛肉的脂肪呈白色、黄色或淡黄色，质硬，并可用手捻为碎块；猪的脂肪为白色，有时略发红，柔软；羊的脂肪为白色，质硬。不新鲜肉的脂肪呈灰色，无光泽，用手挤压易粘手，有时发霉并有轻微的酸败味。腐败肉的脂肪带乌灰色或乌绿色，生霉，表面黏滑，质软，有强烈的油脂酸败味。

骨髓：新鲜肉的骨管内充满骨髓，质硬，色黄，骨的折断处有光泽，骨髓与骨腔边缘紧密结合。不新鲜肉的骨髓与骨腔壁微离开，质地较新鲜肉的软，色暗，呈乳白色或灰色，骨折处无光泽。腐败肉的骨髓不能充满骨腔，质软且黏，有时呈泥灰色。

肉汤：新鲜肉的肉汤透明芳香，脂肪气味良好，肉汤表面聚集有大量油滴。不新鲜肉的肉汤混浊不清，无芳香气味，常有油脂酸败气味，肉汤表面油滴少而小。腐败肉的肉汤极混浊，在肉汤内悬浮有絮状的烂肉屑层，有腐臭气味，肉汤表面几乎无油滴。

（2）老嫩程度

猪肉：皮薄膘厚，毛孔细，表面光滑无皱纹，奶头小而发硬，骨头发白者肉质较嫩。皮厚膘薄，毛孔粗，表面粗糙有皱纹，奶头大而有管，骨头发黄者，肉质较老。

牛肉：嫩牛肉呈鲜红色，老牛肉呈紫红色。

羊肉：嫩羊肉纹质细，色浅红；老羊肉质较粗，颜色深红。

（3）脏腑类的鉴别

肝：新鲜肝呈褐色或紫色，用手触摸会感到坚实有弹性，不新鲜的肝颜色淡，呈软皱萎缩现象。

腰：新鲜的腰呈浅红色，体表有一层薄膜，有光泽，表面柔润，富有弹性。泡过水的腰子体积涨大，呈白色，质地松软。

心：新鲜的心用手挤压一下，会有鲜红的血液流出，肌肉组织坚实，富有弹性。

肚：新鲜的肚有光泽，呈白色，略带一点浅黄。肚壁厚的较好。如将肚子翻开，发现内部有硬的小疙瘩现象，系有病症，不宜食用。

3．家禽的质量鉴别

家禽有活杀的和冷藏的两种。活杀的主要看其有无瘟病及是否肥壮、老嫩；冷冻的，其新鲜度为第一鉴别要点。方法都是以感官检验为主。

（1）肥度　家禽的肥度分 3 个等级。

鸡：一级品具有发达的肌肉组织，皮下脂肪较多，皮细嫩光滑，紧贴在肉上，鸡体亦呈圆形，肥胖。二级品为骨稍尖，尾部及背部肌肉肥满。三级品则为胸骨突出明显，鸡皮松弛，较瘦。

鸭和鹅：一级品腰部呈圆形，肌肉十分发达，全身脂肪多，尾部脂肪厚，呈淡黄或黄色。二级品胸部稍有突出，全身脂肪较多，尾部脂肪层稍薄。三级品腰部呈扁圆形，胸骨突出，全身及尾部不肥，尾部脂肪很薄。

（2）新鲜度　家禽的新鲜度是通过对家禽的嘴部、眼部、皮肤、脂肪、肌肉及制成肉汤的感官反应而检验确定的。

嘴部：新鲜的家禽，嘴部有光泽、干燥、有弹性、无异味。不新鲜的家禽，嘴部无光泽、部分失去弹性、稍有腐败味。腐败的家禽，嘴部暗淡、角质部软化、口角有黏液、有腐败气味。

眼部：新鲜家禽的眼部，眼球充满整个眼窝、角膜有光泽。如眼球部分下陷、角膜无光为不太新鲜。而腐败的家禽，其眼球下陷、有黏液、角膜暗淡。

皮肤：皮肤呈淡黄色或淡白色、表面干燥、具有特有的气味为新鲜的家禽。不新鲜的家禽皮肤呈淡灰色或淡黄色、表面发潮、有轻度腐败味。腐败的家禽，皮肤灰黄、有的地方带淡绿色、表面湿润、有霉味或腐败味。

脂肪：新鲜家禽的脂肪色白，稍带有淡黄色，有光泽、无异味。不新鲜的家禽脂肪色泽变化不大明显，但稍带有异味。腐败家禽的脂肪呈淡灰色或绿色，有酸臭味。

肌肉：新鲜家禽的肌肉，结实而有弹性。鸡的肌肉为玫瑰色，有光泽，胸肌为白色或带玫瑰色。鸭、鹅的肌肉为红色，幼禽肉有光亮的玫瑰色，稍湿不粘，有特有的香味。不新鲜的家禽肌肉弹性变小，用手指压时，留有明显的指痕，带酸味及腐败味。腐败的家禽，肌肉为暗红色、暗绿色或灰色，有很重的腐败味。

制成的肉汤：新鲜家禽的肉汤透明、芳香、表面有大的脂肪油滴。不新鲜的肉汤不大透明，脂肪滴小，有特殊气味。腐败的肉汤混浊，有腐败气味，几乎无脂肪油滴。

（3）老嫩　家禽老嫩主要通过看和捏胸骨、喙根、皮肤、脚等部位来判断。

胸骨：以手捏鸡、鸭胸骨的尾端软骨，骨软则嫩，硬则老。

喙根：以手捏鸡、鸭嘴根部，骨软嫩，硬则老。

皮肤：这是指无毛的冻禽，羽毛管软、表皮皮肤粗糙、毛孔大为嫩，羽毛管硬、毛孔细密为老。

脚：鸡脚皮肤毛粗，爪尖尖锐，指长为老，反之为嫩。鸭、鹅可捏拉其蹼，松软为嫩，韧性足且厚实为老。

4．常见水产品的质量鉴别

鱼、虾、蟹等水产品和家畜肉不同，它们含有较多的水分和丰富的蛋白质，较少的结缔组织，因此比家禽肉容易腐坏，尤其是夏、秋季。如果食用不当，往往会发生食物中毒，因此对水产品的质量要求，最主要的是新鲜度。

（1）鱼类的感官检验标准

1）鲜鱼。

新鲜的鱼：鱼鳞新鲜发光，紧贴鱼体不易脱落；鱼鳃清洁鲜红，无黏液和臭味，鳃盖及口紧闭；眼珠清亮凸出，黑眼珠和白眼珠界限分明；鱼体表皮上有一层清洁、透明的黏液；鱼体发硬，用手摸鱼背时感到坚实、有弹性，压下去的凹陷处随即平复；肚腹不膨胀。

不新鲜的鱼：鱼鳞失去光泽，鳞片松散，易脱落；鱼鳃变为暗红、紫红、灰红、绿色或苍白色等，由于细菌的繁殖，鳃片黏液增多，有腥臭味，鳃盖松开；眼珠发混呈灰白色，眼珠下塌；鱼体表皮黏液增多；透明度下降；鱼体发软，失去弹性，用手指压之，其凹陷处不能立即恢复原状；由于细菌的活动，肠内充满气体，肚腹胀大，肛门稍突出。

2）活鱼。活鱼应活泼好动，对外界刺激有敏锐的反应，身体各部分如眼、口、鳃、鳞、鳍等无残缺或病害。如行动缓慢，浮游水面或体不能直立的均为将死特征。

3）冻鱼。鱼体应坚硬，在用硬物敲击时能发出清晰的响声，鱼体温度应在−8～−6℃，体表无污物，色泽鲜亮。解冻后的质量要求应与鲜鱼相似。

（2）虾的感官检验标准

1）新鲜的虾。虾体完整、结实、细嫩，有一定的弯曲度；呈青白色或青绿色，壳发亮；肉质坚实。

2）不新鲜的虾。头尾脱落或易离开，肉质松软，有异味；虾体伸直；体表面呈红色或灰紫色，壳发暗。

（3）蟹的感官检验标准

1）新鲜的蟹。

生蟹：壳青腹白，带有亮光，腿爪完整，腿肉坚实，脐部饱满，分量较重，肉质鲜嫩，无臭味。

熟蟹：活着煮熟的蟹，腿爪卷曲，分量重，肉质丰满。

2）不新鲜的蟹。

生蟹：呈暗红色，腿肉松空，体重较轻，肉质松软，脐变黑色，有异味。

熟蟹：分量轻，腿爪不完整且伸直，蟹黄发苦而不结块。

3）活河蟹的肥瘦质量鉴别。

肥蟹：蟹腿坚实，用手指掐不动的，蟹壳离缝大的为肥蟹。

瘦蟹：用手掐蟹腿，一掐就下陷的，蟹壳离缝小的为瘦蟹。

三、常用香料的识别与选用

1．八角

八角能除肉中臭气，使之重新添香，故又名茴香、大茴、大茴香，颜色为紫褐色，呈八角，形状似星，有甜味和强烈的芳香气味，香气来自其中的挥发性的茴香醛（见图 1-32）。

图 1-32　八角

产地：八角是我国的特产，生于亚热带暖湿山谷中，分布于福建、广东、广西、贵州、云南等省区。台湾、浙江等省区也有栽培。其中，广西藤县八角产量最多，为八角之乡。

作用及用途：性温，味辛。出味后，挥发八角本身油香，经肉料吸收能促进肠胃蠕动，增加食欲。八角是制作烧卤冷菜及炖、焖菜肴中不可缺少的调味品，其作用为其他香料所不及，也是加工五香粉的主要原料。

2．小茴香

图 1-33　小茴

小茴香别名土茴香、野茴香、谷香（见图 1-33）。

产地：产于湿热带地区，古时大多进口，现云南、广东、广西、陕西、山西、内蒙古、甘肃、辽宁等地也有种植，以陕西较多。

作用及用途：性温，味辛。出味后，挥发小茴香本身芬芳香气，经肉料吸收后，可去鱼肉腥，能减轻肉质膻味，具有温肾散寒、和胃理气的作用，是卤味菜肴常用的香料之一。

3. 丁香

丁香别名丁子、丁子香、公丁香、母丁香（见图 1-34）。

产地：马来西亚、坦桑尼亚，广东亦有栽种。

作用及用途：性温，味辛。丁香的醇或醚浸出的液，可缓解腹部气胀，增强消化能力，减轻恶心呕吐症状。其味浸入肉料，食后令人口齿留香，但用量不能过多，否则会有苦涩味和“碱”味。

图 1-34 丁香

4. 桂皮

桂皮又称肉桂皮、官桂或香桂，为樟科植物天竺桂、阴香、细叶香桂、肉桂或川桂等树皮的通称，是最早被人类使用的香料之一。在公元前 2800 年的史料记载中就曾提到桂皮，在西方的《圣经》和古埃及文献中也曾提及肉桂的名称。秦代以前，桂皮在我国就已作为肉类的调味品与生姜齐名，是五香粉的成分之一（见图 1-35）。

图 1-35 桂皮

产地：广东、广西、云南等地，以广西较多。

作用及用途：性大热，味甘辛。桂皮因含有挥发油而香气馥郁，可使肉类菜肴祛腥解腻，芳香可口，进而令人食欲大增，但用量不宜太多，香味过重反而会影响菜肴本身的味道。在日常饮食中适量添加桂皮，可有助于预防或延缓因年老而引起的Ⅱ型糖尿病。

5. 草果

草果别名草果仁、草果子，是姜科豆蔻属植物草果的果实。干燥果实呈椭圆形，具三钝棱，长 2～4cm，直径 1～2.5cm。顶端有一圆形突起，基部附有节果柄。表面呈灰棕色至红棕色，有显著纵沟及棱线。质坚硬，破开后，内为灰白色。气味微弱，种子破碎时才会发出特异的气味，味辛辣。以个大、饱满、色红棕、气味浓者为佳。10～11 月果实开始成熟，变为红褐色而未开裂时采收，晒干或微火烘干（见图 1-36）。

图 1-36 草果

产地：主产于云南、广西、贵州等地。

作用及用途：味辛、性温。出味后，味带辛辣，肉料吸收后，可减少肉腥味，亦可祛湿、消滞、除痰、健胃、化积。由于草果加热后散发出一种特殊的香味，因此在烹调中常用于制作卤水的香料，亦可用于需要增加香味的烧菜或炖菜之中。

6. 陈皮

陈皮为芸香科植物橘及其栽培变种成熟的果皮。一般在 10 月份以后采摘成熟的果实，剥取果皮，阴干或通风干燥（见图 1-37）。

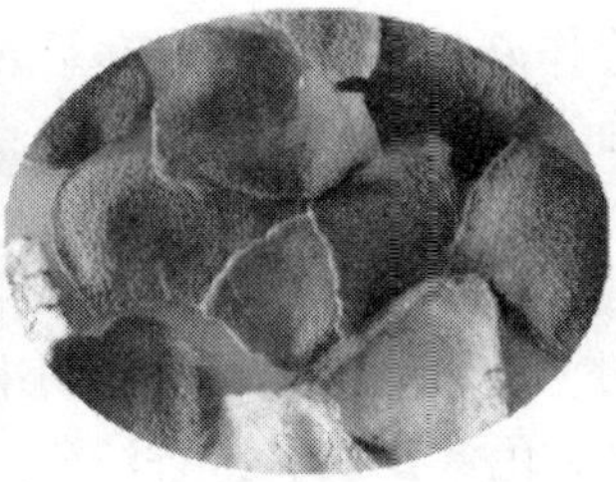

图 1-37　陈皮

产地：主要产自广东、广西、四川、浙江、福建。江西、湖南等地亦有生产。

作用及用途：性温，味苦辛，可顺气化痰，可解鱼蟹毒，能消膈气，和脾止嗽，帮助消化。出味后，经肉料吸收，可减少肉腥味，去除异味，是一些异味较重的烧卤菜肴常用的香料，但用量不宜过多，否则会使菜肴味道发苦。广东所产陈皮是广东三宝之一，能下气、除痰、止咳，在大多数的野味菜式中都可用于去除膻味，是烩蛇羹的必备材料，以陈旧为佳。

品质鉴别：以皮薄、片大、色红、油润、香气浓者为佳。

7. 甘草

甘草别名甜草根、生甘草、炙甘草、粉干草、甜根子、国老草。甘草多生长在干旱、半干旱的荒漠草原、沙漠边缘和黄土丘陵地带，在引黄灌区的田野和河滩地里也易于繁殖（见图 1-38）。

图 1-38　甘草

产地：主要分布在内蒙古、山西、甘肃、青海、陕西、新疆、东北、河北等地。

作用及用途：性平，味甘，可和中缓急、润肺、解毒。据现代科技分析，甘草内含大量肾上腺皮激素，对慢性肾上腺机能低下症和胃部、十二指肠溃疡病等症状疗效显著。甘草出味后，挥发甘草本身甜味，肉料吸收后，可减少肉的膻腥味，在烹调中主要用于调制卤水，利用其加热后的香味使卤水更加甘香，有综合味道和缓和刺激性味道的作用。

品质鉴别：一般以外皮细密有皱沟，色泽带棕红色，质坚实而粉味足，具特异香气，味甜者为佳。

8. 沙姜

沙姜又名三萘子、三萘、山辣（见图 1-39）。

产地：主要分布在广东、广西、云南、台湾等地。广东省化州市的南盛有“中国沙姜之乡”的美誉，广东省阳春市的双滘镇有“中国沙姜第一镇”的美誉。

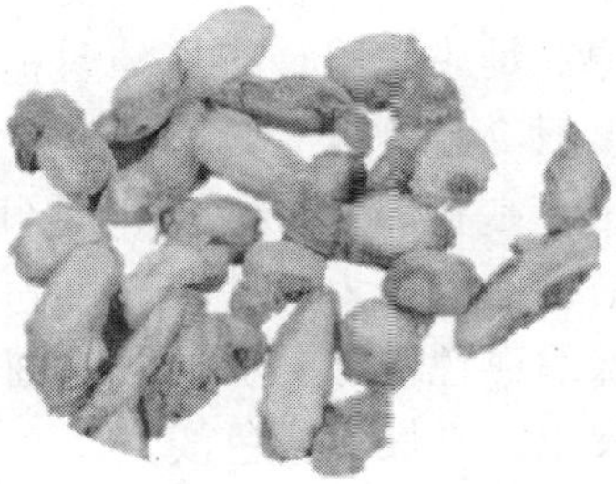

图 1-39　沙姜

作用及用途：性热，味辛，可略散脾、胃寒气，刺激消化道，促进肠胃的蠕动，增进食欲。在烹调中生沙姜一般用来制作味碟，干沙姜一般用在调制卤水或用在一些烧菜、炖菜中，出味后经肉料吸收，可减少肉的膻腥味。沙姜在烹调时，穿透力非常强，所以沙姜粉在烧卤中的使用非常广泛，特别是用在烧鸭、烤乳猪、叉烧中，有助于增加味的渗透作用，使原料更易入味。

9. 花椒

花椒别名香椒、山椒、蜀椒、川椒、大红袍，产于陕西省的称为秦椒，因其味麻，又称作麻椒（见图 1-40）。花椒的主要制品有花椒油和花椒面。

产地：我国西南、华北、华中、华南均有分布。山西运城、陕西合阳是国内花椒最大产地，陕西省韩城市是著名的“花椒之乡”，驰名中外的韩城大红袍花椒具有油重粒大、色泽红润、芳香浓郁、香麻可口的独特风味，素有“中华名椒”之称。四川省汉源县的清溪乡和富林乡，也有“花椒之乡”的称誉，这里的产品取名清溪椒（又称贡椒）、富林椒，颗粒饱满，色艳肉厚，油重质佳，麻香味浓。另外，甘肃省临夏地区也已经成为是我国花椒的第二大产区。

图 1-40 花椒

作用及用途：味辛，性热，可促进唾液分泌，增加食欲；扩张血管，从而起到降低血压的作用；服花椒水能去除寄生虫；有芳香健胃、温中散寒、除湿止痛、杀虫解毒、止痒解腥的功效。花椒是四川菜使用最多的调料，在烹调中，花椒位列“十三香”之首，也是“五香粉”原料之一，常用于配制卤汤、腌制食品或炖制肉类，有去膻味、去除各种肉类的腥气、增香等作用。无论红烧、卤味、小菜等菜肴均可用到它。

品质鉴别：以粒大、均匀、鲜红、皮细、油足、香气浓、无杂质为佳。

10. 白豆蔻

白豆蔻别名多骨、壳蔻、白蔻、百叩、叩仁（见图 1-41）。

产地：主要产于云南、广东、广西。

作用及用途：性味辛温，有温胃行气、止吐逆反胃、消谷下气之功效。白豆蔻具有强烈的芳香气味，可去腥膻气味，除油腻，抑制微生物生长，防止肉制品变质。白豆蔻为五香调料之一，可去异味，增香辛，常用于配制各种卤汤及制作卤猪肉、烧鸡之用，以提高肉质香气和增加菜肴的回味，有综合味道和缓和刺激性味道的作用，特别是用在一些麻辣味的卤水或火锅料中，这种效果更加明显。白豆蔻也是咖喱粉原料之一。

图 1-41 白豆蔻

11. 香叶

香叶又称月桂叶、香艾、桂叶，是桂树的叶子。桂树原产地中海沿岸，属樟科植物，为热带常青乔木。香叶一般 2 年采集一次，采集后经日光晒干即成。桂树之叶呈灰绿状，以体无霉癍、香气浓郁为上品（见图 1-42）。

香叶可分为两种，一种是月桂叶，呈椭圆形，较薄，干燥后颜色淡绿。另一种是细桂叶，其叶较长且厚，叶脉突出，干燥后颜色淡黄。

图 1-42 香叶

产地：现广泛栽培，我国广西是香叶的主要产地之一。

作用及用途：性温，味辛。出味后，味淡辛带甘，肉料吸收后，可使肉质鲜甜，亦具有暖胃、消滞、润喉止渴的功效，还能解鱼蟹毒。在烹调中，主要作用是增香去异味，促进食欲，多用于酱卤类菜肴或汤类的调味，但因其味道很重，所以不能加太多，否则会盖住食物的原味。此外，煲仔菜亦多使用香叶。干香叶亦可作罐头的矫味剂。香叶为西餐常用芳香调味料之一。

12．胡椒

胡椒别名白胡椒粒，压成粉末后称胡椒粉，简称“古月粉”（见图 1-43）。

图 1-43　胡椒

产地：国内产于广东、广西、云南、台湾等地。国外产于马来西亚、印度尼西亚、印度南部、泰国、越南等地。

作用及用途：性热，味辛，有温中、下气、消痰、解毒功效，可治寒痰食积、脘腹冷痛、反胃、呕吐清水、泄泻、冷痢，还可解食物毒。出味后，味带辛辣，有开胃增食的功效，又能解鱼、蟹、荤等食物毒，在烹调中用于去腥解膻及调制浓味的肉类菜肴。另外要注意的是，无论黑胡椒、白胡椒皆不能高温油炸，也不宜在锅中煮太久，以免香味挥发掉，应在菜肴或汤羹即将出锅时添加少许，均匀拌入即可。鲜胡椒可以放在冷藏短储，粉状胡椒应密封在容器中，避免受潮和光照，保存时间也不宜太长。

13．薄荷

薄荷别名野薄荷（各地），夜息香、南薄荷（山东），水薄荷（云南），鱼香菜（四川）、狗肉香（贵州）、水益母、接骨草（云南昆明），土薄荷，仁丹草，野仁丹草、见肿消（江苏），苏薄荷，蕃荷菜，在广西全州石塘镇一带也被称为“五香”等（见图 1-44）。

图 1-44　薄荷

产地：广泛分布于我国各地，如云南、广西、广东、江苏、浙江、江西等地都有出产。中国是薄荷油、薄荷脑的主要输出国之一。

作用及用途：具有特殊的芳香、辛辣感和凉感，出味经肉料吸收后，可减少其他配料的辛味，激发肉料的鲜味。

14．香茅

香茅别名大风茅、柠檬草、柠檬茅、姜草等（见图 1-45）。

产地：我国广东、广西，以及越南、泰国。

作用及用途：性温，味辛。治疗风湿效果颇佳，可治疗偏头痛，抗感染，改善消化功能；除臭、驱虫；收敛肌肤，调理油腻、不洁皮肤；赋予清新感，恢复身心平衡（尤其生病初愈的阶段）。香茅是芳香疗法及医疗方法中用途最广的精油，也可用于室内当芳香剂。在烹调中，出味经肉料吸收后，可增加肉质芬芳的香气，刺激味蕾，增进食欲。

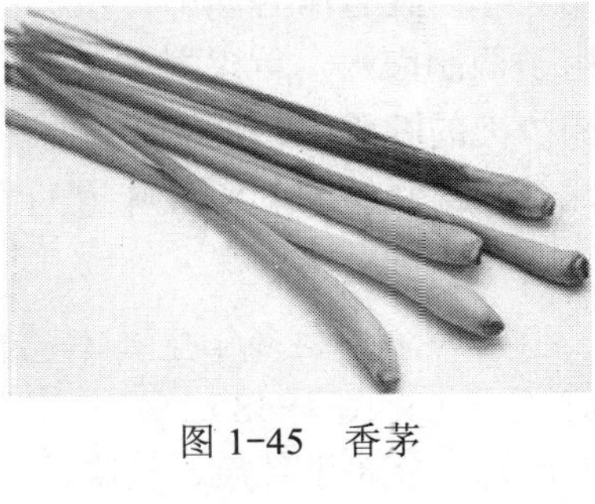
图 1-45　香茅

15. 蛤蚧

蛤蚧别名大壁虎、仙蟾，台湾称为大守宫（见图1-46）。

产地：原产于广西梧州，现主要分布于亚洲北回归线附近的亚热带地区，包括中国、越南、泰国和老挝。在中国主要分布在广东、广西、云南、贵州、江西、福建和台湾等地。

图1-46 蛤蚧

作用及用途：味咸，性平。补肺益肾，纳气平喘，助阳益精。在烹调中，主要用在广式卤水中，加入蛤蚧煮出味道，经肉料吸收后，可减轻酸味，能使卤水料保存得较久，同时可以增加卤水的回味。

> **提示：** 制作烧卤食品时，上述的香料药材都是经常使用的，但如何配搭却要视肉质和客人的口味而定。例如：一般情况下都是沙姜鸡、香茅猪扒、陈皮蒸鲜鲍等配合，但也可以相互使用制作成香茅鸡或陈皮蒸鸡。但要注意药材和物料的特性是否配合，如沙姜蒸鲜鲍或香茅蒸鲜鲍便不是好的选择。

16. 罗汉果

罗汉果别名拉汗果、罗晃子、茶山子、红毛果，被人们誉为“神仙果”，为葫芦科多年生宿根藤本植物。相传200多年前，这种植物是野生藤蔓，一位名叫罗汉的瑶族医生发现它的果实有药用价值，便进行人工种植，用来治愈了一些疾病。后人为纪念这位医生，便把此果取名为罗汉果（见图1-47）。

图1-47 罗汉果

产地：主要分布在我国南方的广西、广东、湖南、海南、江西等地，主产于桂林市临桂县和永福县的山区，是桂林名贵的土特产。永福县是正宗的罗汉果发源地和主产地，至今已有200多年的种植历史和一套完整成熟的种植加工技术。1995年永福县被国家农业部命名为“中国罗汉果之乡”。

作用及用途：罗汉果味甘、性凉，果实营养价值很高，含丰富的维生素C（每100g鲜果中含400～500mg）以及糖甙、果糖、葡萄糖、蛋白质、脂类等，其甜度约为蔗糖的300倍，是卫生部首批公布的药食两用名贵中药材，是饮料、糖果行业的名贵原料，是蔗糖的最佳替代品。常饮罗汉果茶，可防多种疾病，现代医学证明，罗汉果对支气管炎、高血压等疾病有显著疗效，还可防治冠心病、血管硬化、肥胖症的作用。桂林人常用其制作待客的高级饮料，方法是用手掰几片罗汉果的果瓤泡于热开水中，五六分钟后即可饮用，其味清甜醇香，止渴生津，具有清心润肺、止咳化痰、清热解暑、降低血压、润肠通便等功效。在烹调中主要用于调制卤水，罗汉果味浓甜，煮出味后经肉料吸收，可减少肉的膻腥味，利用其加热后的香味使卤水更加甘香，有综合味道和缓和刺激性味道的作用，也可以用于煲汤。

17. 当归

当归为伞形科多年生草本植物当归的根，是最常用的中药之一（见图1-48）。

图1-48 当归

产地：分布于甘肃、云南、四川、青海、陕西、湖南、湖北、贵州等地，各地均有栽培，主产于四川大部分地区，秋末采挖。除尽芦头、须根，烘干切片，生用或用酒炒。

作用及用途：味甘、辛、微苦，能补血调经，活血止痛，润肠通便。对于血虚所致的头昏目眩、疲倦、心悸、脉细等症，常与熟地、白芍等配伍。血虚气弱者常与黄芪、党参同用。血虚腹痛者与白芍、甘草配伍。当归对月经量少、经闭、痛经、跌打损伤、风湿痹痛、阴血虚少等病也有一定疗效。当归有浓郁的香气，含有挥发油（油中主要成分为藁本内脂、正丁烯、内酯、当归酮等）、亚叶酸、烟酸、维生素、蔗糖、多糖、多种氨基酸，以及锰、锌、铜、镍等微量元素等。在烹调中可用于炖汤（如当归乌鸡汤）或卤水中，是常用药材之一，因其味道过重，使用时要严格控制其用量。

18. 芫荽籽

芫荽籽别名胡妥子、香菜子、松须菜子等（见图1-49）。

图 1-49　芫荽籽

产地：我国各地。

作用及用途：性平，味辛、酸。它具有温和的辛香，带有鼠尾草和柠檬混合的味道，似香菜和铃兰的香气，香味柔甜而辛，味微辣，是肉制品特别是猪肉香肠、波罗尼亚香肠、维也纳香肠、法兰克福香肠常用的香辛料。出味经肉料吸收后，可减少膻腥味，也具有健胃消食、散寒理气的作用。芫荽籽是配制咖喱粉等调料的原料之一。芫荽籽也可用于食用香精中，主要是提取芫荽籽油作为调配香精的原料。芫荽籽主要用于配制复合调味料，也是酱卤类菜肴常用的香料。

19. 黄栀子

黄栀子别名黄箕子、黄枝子、水栀、栀子、山枝子、红枝子（见图1-50）。

图 1-50　黄栀子

产地：在丘陵山地能普遍生长，分布于江西、浙江、福建、湖北、四川、贵州、广西等地。

作用及用途：性寒，味苦，用于清热、泻火、凉血，因其含有黄色素，可以用作调色，令食物色味俱佳，促进食欲。

20. 孜然

孜然别名安息茴香、阿拉伯茴香（见图1-51）。

产地：目前世界范围内种植孜然的地区主要是印度、伊朗、土耳其、埃及、中国和前苏联的中亚地区，基本上分布在从北非到中西亚的干旱少雨地区。孜然在我国仅产于新疆和甘肃河西走廊。印度是世界第一孜然大国，它的西部地区普遍种植大粒孜然，品种与别的国家有所不同。

作用及用途：性热，味辛。中医认为，孜然气味甘甜，辛温无毒，具有温中暖脾、开胃下气、消食化积、

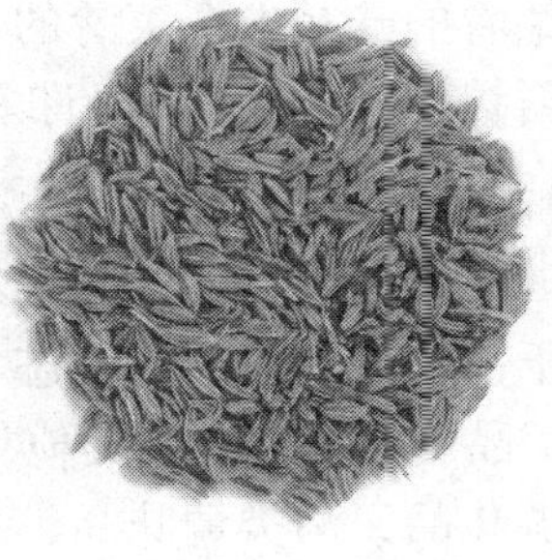

图 1-51　孜然

醒脑通脉、祛寒除湿等功效。烹调中一般用在浸卤水、串烧等菜肴中，气味芳香，因其富有油性、气味芳香而浓烈、促人食欲，是烧、烤食品必用的上等佐料，具有除腥膻、增香味的作用。孜然也是配制咖喱粉的主要原料之一。用孜然调味菜肴还能防腐杀菌，炒菜时放点不容易变质。

提示： 用孜然调味，用量不宜过多。孜然性热，所以夏季应少食。便秘或患有痔疮者应少食或不食。

21．百里香

百里香别名地椒、地花椒、山椒、山胡椒、麝香草等（见图1-52）。

图1-52　百里香

产地：主要分布于内蒙古、宁夏、青海、山西等地。

作用及用途：性温，味辛，有强烈芳香气味，有抗微生物、抗风湿、抗菌、抗痉挛、抗腐败、抗昆虫毒液、开胃、催情、杀菌、镇咳、利心脏、祛肠胃胀气、促结疤、利尿、通经、升高血压、杀虫、强身、驱蠕虫等功效。在烹调各式肉类、鱼贝类料理中，叶片用作调味料，可减除食物异味，食后令人口齿留香，但有小毒，应少量使用。

22．南姜

南姜又称潮州姜、高良姜（见图1-53），是一种混合型的香料，除了有强烈的姜味外，还具有肉桂、丁香和胡椒的香味特征。

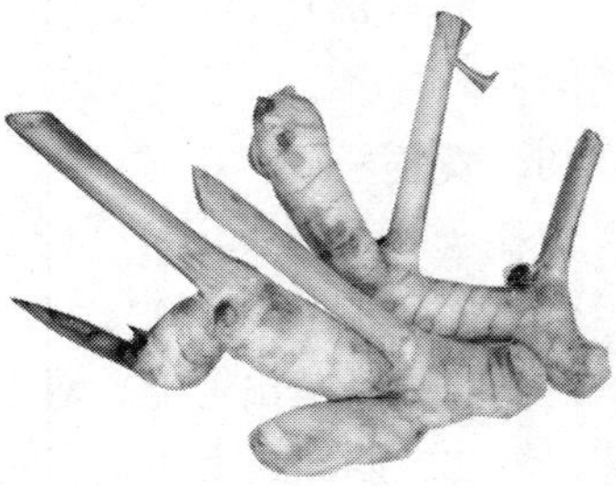
图1-53　南姜

产地：除了我国潮汕地区外，还广泛分布于东南亚各地。在泰国，南姜又称为“可哈”和“暹罗姜”，是与香茅一样被普遍使用的香料。

作用及用途：性热，味辛。出味经肉料吸收后，可减少膻腥味，亦能促进肠胃蠕动，引人食欲。潮式卤味素以味浓香软著称，关键是卤料中加入了大量的南姜。以常见的卤鹅配方来说，如果加入10g八角、10g川椒和5g丁香，就要相应加入150g南姜，而且南姜要塞入光鹅的腹内，卤熟后才取出。

四、常用调味料及其用法

菜肴的味是整个菜肴的灵魂，除了原料自身具备的风味和质感之外，菜肴的味主要靠调味料提供。同时，由于许多调料具有颜色，所以调料对确定菜肴的颜色发挥着重要作用。

1．调味品的分类

调味品种类繁多，有天然的也有人工制造的，有动植性产品也有矿物性产品，有鲜品也有干品，还有液态、油态、粉状、粒状、膏状等。按商品分类为酿造类、腌渍类、鲜菜类、干品类、水产类及其他类。按原料的味感分为咸味调味品、甜味调味品、酸味调味品、鲜味调味品、酒类调味品、香辛调料、复合及专用调味品。

2．调味品的作用

中国民间有“开门七件事，柴火油盐酱醋茶”、“五味调和百味鲜”的说法，足见调味的重要性。现将调味品基本作用总结如下：

（1）赋味　许多原料本身无味或无良好滋味，但添加调味品后，可赋予菜点各种味感，达到烹调的要求。

（2）除异矫味　许多原料带有腥、膻、臭、异、臊等不良气味，添加适当调味品后，可矫除这些异味，使菜点达到烹调要求。

（3）确定菜点口味　加入一定调味品后，可赋予菜点特定的味型，如鱼香味型、麻辣味型等。

（4）增添菜点香气　当添加适当调味品后，会使菜点中香气成分得以突出，产生诱人的气味。

（5）赋色　在食品中添加有颜色的调味品，会赋予菜点特定的色泽，从而产生诱人而美观的效果。

（6）增添营养成分　调味品中含有种类不一的营养素，放入食品中，可增加食品的营养价值。

（7）食疗养生　许多调味品含有药用成分，尤其是香辛调料，可起到一定的食疗、养生作用。

（8）杀菌、抑菌、防腐　许多调味品中含有的化学成分，具有杀菌、抑菌、防腐的作用。

（9）影响口感　有些调味品可影响烹饪成品的黏稠度和脆嫩程度等。

3．咸味调味品

咸味是一种能独立存在的味道，烹饪中把它作为调味的主味，人们称之为“百味之王”。咸味是绝大多数复合味型的基础味。不仅一般菜品离不开咸味，就是糖醋菜肴或酸辣味菜肴也要加入适量食盐，从而使其味柔和浓郁。因为咸味在烹调中的重要作用，所以在实际运用中，应首先掌握咸味调味品的作用方法以及与其他味道的相互作用原理。

（1）分类　咸味调味品种类繁多，大体分为盐、酱油、酱类、豆豉等四大类。腐乳、海干货或其他盐腌渍品都含盐，也属咸味调味品之列。

（2）咸味与其他味的关系

1）咸味与鲜味的关系：咸味溶液中适当加入味精后，可使咸味变得柔和。鲜味溶液中加入适量的食盐，则可使鲜味突出。

2）甜味对咸味的影响：在以咸味为主的菜肴中放些糖，可以使咸味变得更加柔和。

3）咸味与酸味的关系：添加少量的醋酸（≤0.1%），则咸味增加；添加多量的醋酸（≥0.3%，pH 值在 3.0 以下），咸味减弱。

4）咸味和苦味的关系：苦味以咖啡因为例，咸味与咖啡因混合产生相互削弱味道的现象，即咸味因添加咖啡因而减少；咖啡因中因添加食盐而苦味减弱。

（3）常用的咸味调料

1）盐。盐是烹调必不可缺少的调料，盐之所以被食用，首先是人体生理的需要，其次是盐溶液有高度的渗透力，能提出原料中的鲜味，同时它还能刺激味觉，增加唾液，促进胃肠消化，增进食欲。另外，盐还具有防腐杀菌的作用，用于食品的腌浸，可延长保管时间，同时也可以防腐。

食盐在烹调运用中的特点主要有：

① 赋味作用。给予食品咸味，增强风味，并可控制食品 pH 值，调节酸味和甜味等。许多味的形成都离不开盐。调咸鲜味以盐为主，咸鲜适宜，但是为了保持原料的本味，一般不放酱油等味道醇厚的调料。凉拌菜放盐定味，加味精、花椒油拌匀即可食用，炒热菜时加高汤、料酒，放盐定味，最后加味精调鲜。

② 提鲜作用。味精实际是氯化钠助味剂，不与食盐配用便不鲜。牛肉汤、鱼汤一点盐不放，鲜味也差，并会感觉到臊味和腥味，若加入适量食盐，味道马上鲜美。

③ 一定的凝固、粘结作用。如制蓉泥、做馅、和面等，加入适量盐，就能吸水“上劲”，面团韧性增加。挂糊上浆菜，事先用盐码味，可使浆、糊和原料粘结紧密，不致发生“脱袍”现象。烹制鱼、虾、肉等鲜嫩菜肴时，常在切好的原料内放上一些盐搅拌均匀，然后放湿淀粉和蛋清，就是饮食行业称的“上浆”。烹调前入盐为的是增加菜的底口，即菜的咸味，湿淀粉和蛋清把原料包住又保持了原料的营养成分。上浆以后菜肴软滑嫩、味鲜、美观。以鱼虾类做原料的菜肴，如干炸、软炸等，大都先把原料用酱油等调料喂口，然后裹糊现炸，待吃的时候还要蘸椒盐。

④ 调节原料质地口感。如使动物性原料增加软嫩度，使植物性原料增加脆嫩度等。如在食用淡水鱼时，容易有土腥味，如果在烹调前把鱼放入 5%的盐水中浸泡，土腥味就可大大减弱。盐还可以发制蹄筋、鱼骨、肉皮等干货，称为盐发。另外，用盐把原料烹热称作盐焗，就是把生料或半熟的原料经腌渍或喂制晾坯后，用薄纸包裹，埋入灼热的盐粒中，直到把原料烹熟。

⑤ 杀菌防腐作用。利用盐的渗透压作用，抑制微生物生长，防止原料腐败变质。把原料洗净切成片、块等形状，在上面撒上少量的食盐，可以短期保鲜。把原料洗净晾干，浸在浓盐液中长时间腌制的蔬菜咸度大，保存时间长，俗称腌菜。用盐腌渍后再加工的食品也很多，如南京的板鸭、金华的火腿、四川的腊肉等，均要先放盐腌制再日晒、发酵、烘烤。此外，食盐还具有贮热作用，可做传热介质，对一些原料进行加热或成品加工。

食盐质量以色白、结晶小、疏松、不结块、咸味纯为佳。

2）酱油。酱油是一种常用的调味品，它赋予食品以适当色、香、味。世界上很多地方都有使用酱油的习惯，只不过由于口味不同所使用的酱油种类也有所不同。现在世界上的酱油大致可以为三大类：一是欧洲习惯使用的以蛋白质酸水解产物，添加焦糖、白糖配制而成的，还有添加醋及香辛料的；二是泰国、越南、马来西亚及我国福建、汕头地区习惯使用的鱼露，就是把海鲜的各种小杂鱼加盐腌制，利用鱼体的蛋白质水解而成；三是我国绝大部分地区和日本习惯使用的酱油，就是以大豆或豆饼、面饼、麸皮等，经发酵加盐酿制而成的液体调味品。

酱油品种很多，按颜色分有红酱油、白酱油；按风味分有辣味酱油、口蘑酱油、虾子酱油、芦笋酱油、五香酱油、鱼汁酱油、荞麦酱油等；按形态分有液体酱油、固态酱油、粉末酱油等。

酱油在烹调运用中的特点有：

① 定味作用。代替食盐，起到确定咸味、增加鲜味的作用。

② 增加色泽。除上色外，其包含的氨基酸、糖类和醋酸等成分，在烹调过程中也有上

色、起色的作用。

③ 增添香气。酱油含有较为复杂的芳香物质，通过加热烹制，可使食品散发酱香气味。

④ 除腥解腻。用酱油对原料码味或一起烹制时，通过所含氯化钠、乙醇、醋酸等物质的作用，也起到一定的除腥臊异味的作用。

烹调应用酱油时，要注意菜肴的品味要求及上色要求。色浅、汁清、味醇的酱油多用于加热烹调。要注意的是，酱油加热时间过久会变黑，影响菜品的色泽，因此加热时间长的菜肴应以糖色代替上色。常用的酱油品种有辣酱油、生抽王、老抽王、宴会酱油、海鲜酱油、鱼露等。

宴会酱油是一种花色酱油，是以天然酿造的优质酱油，配以多种香料、调料精制而成，可以直接用于菜肴中蘸食佐餐，比一般酱油滋味更丰富，且质量上乘。

生抽是一种浅色酱油，原为广东地区对不用焦糖（即糖色）增色的一种酱油的称呼。其中质量上乘、鲜香味突出的，叫生抽王。生抽的制法是以精选的黄豆 7 份和面粉 3 份调和为原料，用米曲霉制曲，加入 18～19℃的盐水 1 份，拌和成酱，经曝晒发酵约 3 个月，成熟后淋取而成，并以淋取次数的先后，分为特级、一级和二级 3 种规格。成品酱香浓郁，色泽淡红，滋味鲜美，有独特的华南酱油风味，现在已经在全国普遍使用。生抽适合拌菜、蘸食。

老抽是香港对浓酱油的称呼，特色是色泽较深，呈棕褐色并带有光泽，以及味道较为浓郁鲜甜。老抽是在生抽酱油的基础上，把榨制的酱油再晒制 2～3 个月，加入焦糖增色，经沉淀过滤而成。其产品质量比生抽酱油更加浓郁。烹调中，老抽一般用来给菜肴着色用，如做红烧类菜肴、熬制红卤水等都需要用老抽来调色。

虾子酱油是酱油的花色品种之一，而且是著名的蘸料，既可直接佐餐，也可与其他调味料调和成鲜美的复合汁。虾子酱油是先用优质的本色酱油，加热煮沸，除去泡沫，加入清洗沥干的新鲜虾子 10%、白砂糖 4%、高粱酒 4%及生姜 1%，继续加热至虾子上浮为止。冷却后装入洁净干燥的瓶中，即成为一种鲜美别致的酱油。虾子一般用海产的红虾或白虾的卵加工制成，主产地为苏北和河北唐山地区。杭、沪等盛产河虾之地则喜用河虾之卵。虾子酱油滋味非常鲜美，且富含蛋白质、大量的无机盐和维生素 A 等营养成分。在烹调中作为有特殊海河香味的增鲜调味品，是许多上档次菜肴调味必需之物。

美极酱油又称美极鲜味汁，是以小麦和月桂叶、百里香等香料酿制之汁，采用现代工艺和特殊原料制得的增香剂，构成强烈的鲜味，再调入食盐、白糖、增味剂、天然酸味调味汁、焦糖色等成分。

3）豆瓣酱。豆瓣酱也称豆瓣辣酱或蚕豆辣酱，原产于四川资中、资阳和绵阳一带。豆瓣酱或蚕豆辣酱，主要原料为大豆（蚕豆）面粉、辣椒、食盐等，辅料有植物油、糯米酒、味精、蔗糖等。酿制豆瓣酱的辣椒以鲜辣椒为好。豆瓣酱口感鲜稍辣，可以做汤、炒菜，也可以蘸食。四川豆瓣酱历史悠久，采用生料制曲的特殊工艺，精工酿制而成，以鲜辣著称。例如，郫县生产的郫县豆瓣酱和重庆生产的元红豆瓣酱，都是四川烹饪不可缺少的调味料。郫县豆瓣酱是国内名牌酿造食品之一，以辣味重、瓣子酥脆、色泽油润红亮、味道香醇等特点著称，用以烹调，分外增色、提味，在国内享有盛誉。豆瓣酱烹制方法很多，可炒菜、烧菜，如烧豆瓣鱼、麻婆豆腐等；可做粉蒸菜，如川味粉蒸肉就要略加豆瓣于蒸粉中；可做水煮菜，如川菜中的水煮肉片；火锅中有时用重辣的豆瓣作调料，如重庆火锅。

4）黄酱。主要原料是黄豆、面粉、食盐等，经发酵制成，有甜香味，颜色棕褐，不易生蛆，以不发苦、不带酸味者为佳。黄干酱采用大豆、面粉制曲，固态低盐发酵，经过30天生产周期成熟；黄稀酱用大豆、面粉制曲，成熟后加入盐水进行发酵捣缸，是固态低盐发酵而成的液态调味品，在烹调中用途较广，尤为京菜所用。黄酱着水后容易变质，因此用后应加盖，防止着水和沾染灰尘。

5）豆豉。豆豉又名香豉，是用大豆、蚕豆等豆类经蒸制发酵后，利用霉菌、蛋白酶和淀粉酶的作用酿制而成。豆豉味鲜香，咸淡适口，在菜肴制作中加入可使菜肴有特殊的香味。因此，粤菜中广泛使用豆豉，但使用时常将其剁为茸，并加入其他的调味料制成豉汁，再作使用。

豆豉不仅味美、可口，而且它的营养丰富，含有蛋白质、脂肪、糖类及钙、铁、磷、钴、硒、硫胺素、核黄素、尼克酸等。据现代营养学研究表明，豆豉的营养几乎与牛肉相当，它含蛋白质39%，脂肪8.2%，钴的含量是小麦的50倍，硒的含量比高硒食物大蒜、洋葱还高。现代医学发现，豆豉中还含有大量能溶解血栓的尿激素，能有效地预防脑血栓形成，对改善大脑血流量和防治老年性痴呆症很有效果。现代医学认为，豆豉具有解表清热、透疹解毒之功效，适用于风热头痛、胸闷呕吐、痰多虚烦等症。

6）柱侯酱。柱侯酱是佛山传统名产之一，创于清代嘉庆年间（公元1796～1820年），当时佛山是三水、四会、清远、广宁等县的土特产集散地，各行会馆云集佛山。逢年过节，客籍工商人士，多到酒楼聚餐，当时在祖庙邻近的三元市的三品楼酒家厨师梁柱侯，为了满足顾客所需，在酱料不多的情况下，别出心裁，用面粉发酵加糖类、油脂制成酱料，用作各种肉类涂色调味之用，美味可口，甚得顾客赞誉，营业大增。初时此酱料只作店内自己调味之用，并无外售，以后顾客多自带容器请求相让，不久，此酱料即名扬佛山附近各乡以及港澳一带。由于它是厨师梁柱侯所创制，因而得名为柱侯酱。

此后，佛山各酒家纷纷以柱侯食品为招牌，柱侯鸡、柱侯鸭、柱侯鹅、柱侯大鳝等菜式纷纷出现。佛山市内各酱园亦竞相仿制柱侯酱，精心研究，不断改进，质量更为完美。

柱侯酱的制法，是将豆豉磨烂，再和以猪油、白糖、芝麻，再蒸煮即成。以之制菜肴，特别香浓。由于其原料为豆类和糖类、油脂，所以更富含营养，为调馔中最上乘的酱料。又因其含氨基酸、糖类等人体所需的营养成分，且成本不高，所以适合大众化，深受广大群众所喜爱。其销路以顺德、南海、广州为最多，遍及广东省内各地，新中国成立后还有出口外销。在粤菜中柱侯酱主要用于调制酱汁，如红烧酱等味道较浓的酱料，其味比海鲜酱更咸，因此调制时常要加入一定量的白糖以中和其咸味。

4．鲜味调味品

（1）味精　又称味粉、味素，液态的称味汁或液体味精，味精是小麦面筋蛋白质或淀粉经过水解法或发酵法而生成的一种液态、粉状或结晶体的调味品。其主要成分是谷氨酸钠，还含有食盐、水分、脂肪、糖、磷、铁等营养物质。烹调中主要起增鲜提味的作用，且能直接被人体吸收，并具有维持人体正常生理机能，调节血液渗透，溶解纤维素及钙、磷等物质，改善神经缺陷，增长智力，促进发育等功用。但味精的鲜味只有与食盐并存时才能显示出来。味精在使用过程中应适当掌握温度、用量、投入时间及应用范围，其最适溶解温度为70～90℃。若长时间在温度过高的条件下，味精会变成焦谷氨钠，不但无鲜味，且有轻微毒素产生，故一般提倡在菜肴成熟时或出锅前加入，以便突出鲜味，更不宜在油锅中煎炸。用于凉拌菜品时，宜提前放入味汁中，便于溶解，溢出鲜味。

（2）蚝油　蚝油是两广菜中较常用的鲜味调味品，是利用鲜牡蛎加工干制时煮的汤汁，经浓缩后调制而成的一种液体调味品。因广东习惯称牡蛎为蚝，故名为蚝油。蚝油含有牡蛎肉浸出物中的各种呈味成分，具有浓郁的鲜味，其蛋白质中含有人体所必需的多种氨基酸，并含有促进人体生长发育和对性功能有促进作用的微量元素锌（每100g蚝肉含量高达100mg）。

蚝油是我国广东等地的特产，其质量以色泽棕黑、汁稠滋润、鲜香浓郁、无异味、无杂质为佳。蚝油在烹饪中既可炒、烧菜肴，又可作菜品味喋使用，主要起提鲜、增香、厌异味的作用，还有提色补咸的功效。

蚝油可烹调鸡、猪、牛肉、香菇等名菜佳肴，也可作腌料、芡汁，并可蘸食及捞拌粉面直接食用。粤菜中有许多的菜式都用到蚝油，并有多款菜式以蚝油命名，可见蚝油在粤菜中的作用。蚝油除用于调味外，还用于调制许多酱汁及制馅，以提升鲜味。但常用的蚝油因味道较咸，应在使用时适当加入白糖，以中和其咸味。蚝油应保存在无阳光照射的阴凉地方，保存期一般不超过1年，如发现沉淀、混浊、有气泡等现象，应立即加以煮沸浓缩处理。开封后，宜早日用完，如认为太稠，可用少量熟水稀释，以便于使用。

（3）鱼露　又名鱼酱油，是用七星鱼等小杂鱼为原料，拌入食盐腌制1年以上（时间越长越好），鱼料已腐化，加入盐水进行水浴保温约15天，再经过1个星期浸渍，滤过渣质便成色呈赭红色的味道鲜美香醇的清汁。鱼露含有丰富的蛋白质和氨基酸，以福州产的最为著名，闽南、潮汕、港澳等地区的居民及东南亚各国的华侨都喜欢使用鱼露调味。20世纪80年代以来鱼露还销往美国。

鱼露用于腌菜与炒菜，具有保持蔬菜本色的作用。同酱油相比，用鱼露炒的菜不仅滋味鲜美，而且相对久放也不易发酸和变黄。鱼露因提取的浓度和制作过程不同，一般分为特等鱼露、优等鱼露和一般鱼露。但近年来也常发现有一些假冒的劣质鱼露，因此在使用时一定要注意，劣质鱼露一般是用盐水与酱色冲入一些鱼露残渣，然后过滤而得，或用腐败的原料加工制成。

1）优质鱼露的特征。

色泽：将样品放入透明的瓶子对光观察，为橙红色或橙黄色，不发乌，透明。

气味：微微摇动瓶子，嗅其气味，具有独特的荤鲜香气。

滋味：取少量样品放入口内，滋味鲜美，余味悠香。

泡沫：均匀摇动瓶子，促其产生泡沫，停止摇动后，泡沫很快消失。

2）劣质鱼露的特征。

色泽：不透明，有悬浮颗粒，混浊。

气味：有腐败臭味。

滋味：有苦涩及异味，或非常咸。

泡沫：摇动产生的泡沫消失缓慢。

（4）鸡精　采用高科技和新工艺，以上等肥鸡为主要原料，经科学方法提炼出有效成分，再辅以蔬菜干粉、植物蛋白质、肌苷酸钠、多种氨基酸等营养成分精制而成，具有鸡的天然风味和自然鲜味。它不仅鲜度大于味精，而且含有人体必需的核苷酸、氨基酸和铁、磷、钙，鲜香可口。鸡精保质期长，口感甘美、丰润，质量稳定，集鸡的鲜美和营养于一体，尤其适合烹饪汤类菜肴，不但能提高菜肴的调味质量，而且富有营养价值。

（5）虾子　又称虾蛋、虾卵，烹调中常见的是虾子的干制品，虾子及其制品均可用作鲜味调料，味道很鲜美，烹饪中虾子常用作肉类、蔬菜、豆腐、汤类等多种菜肴的调味增鲜。

（6）虾油　又名虾油露，是将加工虾酱时抽出的卤汤盛入缸中，在夏季经过 3 个月左右的曝晒，或保温发酵 15 天左右，并在发酵后期加入占卤汤 20%～30%的虾酱熬炼后，控出过滤而得。虾油含有鲜虾浸出物中多种呈味成分，比鱼露的营养价值更高，其谷氨酸和呈味核苷酸等氨基酸含量更高，所以鲜味也更美。虾油是沿海各地人民喜爱的鲜味调料，富含营养，易于吸收，在烹调中一般用于汤类，也可用于烧或拌菜，主要起提鲜和味、增香厌异味的作用，也可以浸制咸菜。

虾油的质量鉴别：色泽应金黄，透明度高，没有任何絮状悬浮物或沉淀物；有特殊的荤鲜清香气，没有腐败酸臭气味，没有苦涩味，极鲜美，余味绕口，不太咸。

（7）虾酱　又称虾糕，是以各种小鲜虾为原料，加入适量食盐发酵后，再磨制成的一种黏稠状、具有虾米特有鲜味的酱。

（8）蟹酱　蟹酱是用新鲜的海蟹（梭子蟹）为原料制成的一种加盐发酵调料，味道很鲜，具有海鲜风味，是我国沿海地区常见的一种鲜味调料。

（9）蟹油　蟹油色黄而味鲜美，为秋、冬时令调料之一。荤素菜肴均适用。

5．酸味调味品

食醋又称醋，是酸性调味料，包括酿造醋和人工合成醋两大类。酿造醋，即发酵醋，是将所需原料经过醋曲发酵后，采用固体发酵法制作而成的，其中以米醋最佳，著名的有山西老陈醋、镇江香醋、浙江米醋、福建永春老醋、四川保宁醋等。人工合成醋，即化学醋，是用食用冰醋酸、水或加食用色素配制而成，品种主要分色醋（淡茶色）与白醋两种，其醋酸的含量高于酿造醋，酸味极大，但无香味，为醋中下品。

醋不但是一种调味品，而且有一定的保健作用。在营养卫生方面，醋能分解食物中的钙、磷、铁等无机盐，保护维生素 C 在加热中少受破坏或不受破坏，溶解植物纤维及肉、鱼骨刺，并有开胃健脾、促进食欲、清心益神、降胝血压、治疗风湿及防治流感等作用。

（1）食醋在粤菜烹调中的作用

1）调和菜肴滋味，增加菜肴的香味，去除不良异味。

2）能减少原料中维生素 C 的损失，促时原料中钙、磷、铁等矿物成分的溶解，提高菜肴营养价值和人体的吸收率。

3）能够调节和刺激人的食欲，促进消化液的分泌，有助于食物的消化吸收。

4）在原料的加工中，具有一定的抑制细菌、杀菌的作用，可用于食物或原料的保鲜防腐，如用醋腌渍某些食物，使其放置时间更长。

5）许多酸甜菜肴中，都要用醋进行调味，使口味的变化更加多种多样。

醋的作用虽多，却有不耐高温，易于挥发等特性。因此，烹调时，在不影响菜品风味特点的情况下，还需注意：①用于除异增鲜，分解脂肪、钙质，保护维生素 C，激发菜肴出香等，应在烹调开始时加入；②用于开胃健脾、促进食欲及杀菌等，宜凉拌菜肴；③要保持蔬菜脆嫩质感时，应在放盐前加上几滴；④要表现醋的味感时，应注意在咸味基础上，待菜肴成熟时加入，或用于蘸食。

（2）常用的食用酸味调料品种

1）米醋：是指以米、麦及其副产品麸皮、谷糠、高粱壳等为原料，经过糖化和酒精发酵作用，再经醋酸菌发酵而酿成的可食用醋酸液体。米醋具有纯粮制作所特有的香气，酸香诱人，不苦涩，无异味，无任何化学添加剂。米醋具有开胃消食、去腥增香、提鲜解油腻的调味作用，还有分解钙质、保护维生素C、帮助人体吸收营养成分以及杀菌消毒的功能。品质优良的纯粮制作的米醋，不仅仅是一种调味品，还可以用纯净水稀释后作为美容健身饮料。

2）香醋：又名熏醋，是用优质糯米经过20多道工序制成，颜色略深，香味浓郁，酸而不烈，回味鲜甜醇厚，可用于凉拌菜和腥味较浓咸鲜味的热菜，如醋中加入姜丝或姜末，其提鲜解腻的作用更佳，如“凉拌毛豆”、“凉拌莴苣丝”等菜肴用香醋调味，其味会更香鲜。

3）陈醋：是我国北方著名的食醋，是以高粱、麸皮、谷糠和水为主要原料，以大麦、豌豆所制大曲为糖化发酵剂，经酒精发酵后，再经固态醋酸发酵、熏醅、陈酿等工序酿制而成。其主要酿造工艺特点为：以高粱为主的多种原料配比，以红心大曲为主的优质糖化发酵剂，低温浓醪酒精发酵，高温固态醋酸发酵，熏醅和新醋长期陈酿。陈醋的典型风味特征为：色泽棕红，液体清亮，有光泽，较浓稠，酸香浓郁，食之绵酸，醇厚柔和，酸甜适度，微鲜，口味绵长，而且不发霉，冬不结冻，越放越香，久放不腐。在冷菜制作过程中，多用于糖醋、酸辣、麻辣等味型的菜肴，因其能改变痢疾杆菌偏碱性的生存环境，并将其杀死，酸性环境又能使大蒜的杀菌功能增加4倍，所以醋与大蒜经常在凉拌菜中合用，对预防食物中毒有一定的效果。

4）番茄酱：是由新鲜的成熟番茄去皮籽磨制而成，可分两种：一种颜色红，具有酸味，较常见；另一种是由番茄酱进一步加工而成的番茄沙司，为甜酸味，颜色暗红。番茄酱主要用作炒菜的调味品，番茄沙司可以蘸食。

5）柠檬汁：是以柠檬经榨挤后所得到的汁液，在行业中一般是使用现成的罐装浓缩产品，其色泽金黄或微黄，酸味较浓，被认为是很好的治疗药物，能够止咳、化痰、生津健脾，且对于人体的血液循环以及钙质的吸引有相当大的助益。柠檬汁营养成分很丰富，含有糖类、维生素C、维生素B_1、维生素B_2及烟酸、钙、磷、铁等成分。柠檬汁在烹饪中常用于西式菜肴和面点制作中，它的酸味主要来自于柠檬酸和苹果酸。柠檬汁能减少原料中维生素C在烹调过程的损失，提高营养价值。

粤菜中柠檬汁具有甜酸可口、开胃消滞的功能，是盛夏的佳品。由于浓缩柠檬汁味道较浓和较稠，因此在调制时要加入白糖及白醋，为提高其鲜味，也可在汁液中加入鲜柠檬汁，使其味道更加纯正。

6）苹果醋：是以苹果汁为原料，先经酒精发酵，后经醋酸发酵而制成。苹果醋除含醋酸外，还含有柠檬酸、苹果酸、琥珀酸、乳酸等。

7）酸梅：又称梅子、梅实等，主产于长江流域和珠江流域，尤以江苏、浙江、福建、广东居多。其鲜果以个大肉厚、味酸微甜、核小香浓者为佳，但因先天味酸，故较少鲜吃，一般均加工成果酱、炅汁、果脯或酒食用。酸梅酱可用作蘸食炸类食品，或用作复合类调味汁的原料。

6．甜味调味品

食糖有红糖、白糖、冰糖等，由甜菜或甘蔗的糖汁制成。食糖是主要甜味调料之一，也是制作面点、小吃的重要原料。此外，食糖还具有一定的保持原料水分的作用，对肉类原料可减轻加盐脱水所致的老韧；对腌肉可保持肌肉软嫩，防止板硬；对部分面食品种能使之起松泡、软嫩等不同质感的作用。在加热烹调过程中，利用糖的炭化作用制成糖色，可增加菜品的色泽；利用其水溶液加热再蒸发结晶的成形作用，用于制作挂霜或拔丝菜品。食糖在使用中，要视其品质，适当加以选用，如制糖色宜用冰糖，色红光亮；若用于糖粘、拔丝等菜式，宜选用白糖，易熔化，不易变化；一般调味也宜用白糖，熔化快，色白味正。

（1）白糖　又名白砂糖、糖霜、白霜糖等，主要为本科植物甘蔗的茎汁经精制而成的乳白色结晶体，以广西、广东、台湾等省的产品为佳，色泽洁白，杂质少。白糖有益气健脾、润肺生津的功效，糖能增加人体的热量，但过量食用则可引起消化不良，食欲减退，甚至体重增加，造成肥胖、高脂血症等，对健康不利，故应适量食用。在冷菜制作中，白糖主要有以下作用：①增甜。在制作冷菜时，加入适量的白糖，能使食品增加甜味。②缓和酸味。在制作酸味的冷菜时，加入少量白糖，可以缓解酸味，并使口味和谐可口，避免成品寡酸不利口。③制作糖醋味冷菜必不可少的调料。制作糖醋菜肴，主要的调料就是糖、醋以及精盐，糖和醋混合，可产生一种类似水果的酸甜味，十分开胃可口。④能使食品霜化，可制作挂霜类冷菜。白糖入锅，加入适量清水，熬至水近干时，倒入经烘烤或油炸过的原料，离火，翻拌，冷却后，成品表面即似白霜状。⑤可制成调色剂。白糖入锅，加入少量油，炒至呈酱油色时，加入 3 倍的水，熬至糖块溶化后，即成糖色。糖色广泛用于冷菜的着色、卤菜的调色。

（2）红糖　红糖又名赤砂糖、紫砂糖、黑砂糖，是禾本科植物甘蔗的茎汁精炼而成的赤色结晶体，产于我国南方。红糖性温、味甘，有益气补血、健脾暖胃、缓中止痛、活血化瘀的功效。红糖的成分为蔗糖，蔗糖经分解，可变为葡萄糖及果糖。红糖含有较为丰富的铁质，因而对失血较多的产妇而言，可以起到补血的作用。红糖还含有丰定的葡萄糖，因此易被机体消化吸收，一般服红糖汤 3～5min 后，血糖就会增加，很快使人感到温暖，有利于活血舒筋，能起促进血液循环的作用。红糖内含有微量的钙、锰、锌等元素，对男女老幼都有一定的益处。红糖色泽赤红，颗粒较大，营养丰富，烹调中应用较广，主要用于制馅及蒸、炖、煮补品。红糖含杂较多，使用前多需溶成糖水，滤去杂质。

（3）冰糖　冰糖由禾本科植物甘蔗的茎汁炼制而成，是白砂糖煎炼而成的冰块状结晶。冰糖性味甘、平，可补中益气、和胃润肺、止咳化痰。冰糖以蔗糖为主，可分解为葡萄糖及果糖。冰糖比白砂糖滋补，其味甘甜，但性味比较平和，甜味纯正。冰糖多用于制馅和制作高级冷点。一般服用补药、补品时，如煎制各种膏滋药、蒸煮白木耳、烧煮桂圆汤时，用冰糖为佳。

（4）饴糖　又称麦芽糖、糖稀，是以米、麦芽为原料，将米蒸熟，用淀粉酶液化后，再用麦芽使原料中所含的淀粉糖化，经过滤、浓缩制作而成的一种浓稠状调味品。饴糖有软硬之分，前者呈淡黄色，后者为黄褐色。以颜色鲜明，浓稠味纯，洁净无杂质，无酸味为佳。饴糖含丰富的麦芽糖、葡萄糖及糊精，味甜软爽口，富含营养。饴糖在烹饪中广泛应用于面点、小吃及烧、烤菜品之中，主要起增加色泽的作用，并使成熟点心松软，不易变硬，如“烧烤乳猪”、“挂炉烤鸭”、“叉烧猪方”等。

（5）蜂蜜　是蜜蜂采集的花蜜酿造加工而成的一种浓稠状调料。成熟的蜂蜜含丰富葡萄糖、果糖及蛋白质、有机酸、酶、芳香物质、维生素等营养物质。由于蜜源不同，其色泽、气味和成分等均有差异。总体上以色白黄、半透明、水分少、味纯正、无杂质、无酸味为好。蜂蜜在中医学上有补中润燥之功，主治便秘、咳嗽等症，并可解毒，调和诸药。在烹调中可用于矫味、增添酥香的作用。蜂蜜主要以转化糖为主，转化糖中的葡萄糖、果糖有很大的吸湿性，可促使成品达到松软爽口、质感均匀、不易变硬、保持柔软弹性的效果。

（6）糖精　是一种人工合成的无营养价值的甜味剂，为无色晶体，难溶于水。糖精本身并无甜味，而有苦味。其甜产生于糖精钠在水中溶解后形成的阴离子具有很强的甜度所致。糖精钠的甜度相当于蔗糖的500～700倍，虽无营养，却可供糖尿病患都代替食糖食用。在烹调中，糖精主要用于制作甜点制品及调味酱汁、酱果等食品中，以代替食糖增加成品的甜味，并可保持其色形不变、性能稳定。

（7）甘草　也称蜜草、灵通、粉草，属豆科植物，可用作甜味及芳香型调味料，具有增香、增甜作用，常用来配制卤汤或调制港式复合味卤汁，也可以制作食疗食品等。中医认为，甘草味甘、性平，可用于补脾益气、润肺止咳、缓急止痛、解毒、调和诸药。

（8）海鲜酱　又称甜酱，是由白砂糖、番薯、水、面豉、食盐、改良玉米淀粉、芝麻酱、香料、南乳、蒜、咸辣椒、醋酸、焦糖色、赤藓红、苯甲酸钠及各种香料配制而成。海鲜酱咸中带甜，含有丰富的蛋白质、脂肪、糖、碳水化合物及多种维生素。海鲜酱色泽暗红，甜中带酸，味道鲜美，在粤菜中常用于调制酱汁之用，如“煲仔酱”等，亦可配制粉面等美味可口食品，是“片皮鸭”、“啫啫煲”、“杂菜煲”、拌食薄饼或烧食品等必不可少的调味佳品。例如，用于“片皮鸭”的做法是，烧鸭起出鸭皮，在碟中倒入适量海鲜酱，放鸭皮于面皮上，涂匀海鲜酱，放适量的葱丝即可。

7．辣味调味品

（1）生姜粉　姜是重要的调味品之一，在烹调上用途广泛，能将自身的辛辣和芳香渗入菜肴中，味道鲜美，清香可口。生姜粉是生姜的干制品磨成的粉，是各种混合调味粉的配料之一。生姜粉香气辛辣，可替代干姜调味，去腥解膻。生姜粉适用于烹调鲜鱼、虾蟹、羊肉等，也可加糖烧煮或用开水泡成生姜茶，饮之有祛寒、发汗、暖胃之功效。

（2）辣椒　也称番椒、大椒，属茄科一年生草本植物，在热带则为多年生灌木，原产于南美洲，明末输入我国，现在各地均有栽培，著名品种有上海的甜椒、北京的柿子椒、湖南的灯笼椒、四川的朝天椒等，以光滑、端正、大小均匀、无杂质、无虫洞者为佳。

成熟的辣椒富含维生素C，辣味系辣椒素的挥发油所致。根据辣味之强弱，分甜椒和辣椒两大类。辣味强的以朝天椒为代表，具有强烈的辛辣味，果形较小，末端呈尖刺状，以供调制辣味为主，并可加工成辣椒酱、干辣椒或辣椒粉，均供调味用，而且有很好的药效功能。辣味弱的以灯笼椒为代表，肉质厚实，味甜，果形较大，主要供做蔬菜炒食，并在烹调中作为具有天然色彩的原料，也可腌渍、酸渍及制罐头食品。

辣椒性热，味辛辣，能温中除湿，去寒发汗，治腹痛泻痢，还有预防癌症的功效。但辣椒不宜过量食用，凡阴虚火旺有热或眼部、气管、肠胃有炎症者均忌食。

（3）干辣椒　又称干海椒，是用新鲜尖头辣椒的老熟果晒干而成。干辣椒主要产于云南、四川、湖南、贵州、山东、陕西、甘肃等地区，品种有朝天椒、线形椒、七星椒、羊角椒等。其品质因产地和加工不同略有差异，总体以色泽紫红、油光晶亮、皮肉肥厚、身干籽少、辣中带香、无霉烂虫蛀者为好，在保管中应放在干燥通风处，注意清洁，防止霉变和虫蛀，保证辣椒不失风味。

干辣椒在烹调中应用很广，不仅有去腥味、压异味的作用，而且有和味解腻、增香提辣的效果，主要用于炒、烧、煮、炖、炝等方法烹制的菜肴。不论烹调植物鲜蔬还是动物肉类均可运用。在使用过程中要注意其主要成分辣椒碱不溶于冷水，微溶于热水，易溶于醇和油脂中，因此在烹制时要注意投放时机、加热时间，准确掌握所用的油温，从而保证辣椒味道和鲜艳色泽。

（4）泡辣椒　又称鱼辣子，泡辣椒所选用的辣椒必须是鲜品，色泽全红的为佳，通常选用青辣椒。一般的做法是，每1000g鲜红辣椒放100g食盐，20g红糖，20g白糖，5g花椒，少许老姜，加冷开水，以没过辣椒为宜，放入坛内腌数天即可。

泡辣椒在烹调中多适用于炒、烧、蒸、拌等技法，是烹调鱼香类菜肴的重要调味品，能起到提辣补咸、提鲜增香等作用。

（5）辣椒粉　辣椒粉是干辣椒制成的粉，我国各地均有生产。辣椒的果实含有辣椒素，是一种挥发油，有辣味，可刺激口腔中的味觉神经和痛觉神经，从而感到特殊的辛辣味道。辣椒粉是以尖头红辣椒干，辅以少量桂皮混合制成，桂皮含量不超过1%。辣椒粉艳红，质红腻，口感辛辣，能刺激食欲，解腻开胃。辣椒粉在烹制菜肴时有调味、开胃、压腥的作用，还可增加菜肴色泽。辣椒粉撒、烧、拌、蘸均可，也是加工鲜辣食品和榨菜的主要配料。

（6）辣椒油　又名红油，是用辣椒和植物油制成，有鲜红的颜色，味道辣香可口，是烹制辣味菜肴的“明油”。辣椒油的制法是：①将干辣椒去蒂洗净，剁成碎末，倒入热油锅中，加上适量的盐，炸出香味即成。②先把油烧至八成熟，再将事先备好的葱、姜投入锅中，然后加入切成丝的干辣椒，用小火煎熬，待辣椒呈焦色时，捞出锅中的葱、姜和辣椒丝，这样剩下的油即是辣椒油。辣椒油颜色鲜红，味香辣，色鲜红美观，拌菜、炒菜、烧菜均可，适用于四川、云南、贵州、湖南、湖北等地的辣味菜肴等。

（7）辣椒酱　是以鲜红辣椒经盐腌后，捣碎磨细的加工品。辣椒酱以四川为多，有油制和水制两种。辣椒酱除含丰富的维生素C、胡萝卜素外，还含有蛋白质、糖、磷、铁、钙等营养物质。辣椒酱成品色泽金红，常用于佐食面条、饺子、饭菜等。

（8）芥末　芥末为十字花科一年生或越年生草本植物白芥（白芥子）或黄芥（黄芥子）的成熟种子碾磨制成的酱，主要产于安徽、江苏、河南、北京等地。其中以北京产的为佳，含油多，辣味主要来源于其黑芥子甙成分，经酶解后产生的挥发油（芥子油）具有强烈的刺鼻辣味。芥末性味辛、温，归肝、胃经，有润肺除痰、益气祛疥之功效，可增进食欲、解膻祛腥，在粤菜中主要用于凉拌，也可用于蘸食。

习题与实训

一、主要概念和观念

1. 主要概念

冷菜　冷拼（冷盘）　味素　人工合成醋

2. 主要观念

（1）冷菜与冷盘的区别与联系。

（2）冷盘常被人们称为“迎宾菜”。

二、基本训练

1. 素质题

（1）冷盘具有怎样的地位和作用？

（2）冷菜、冷拼制作的主要设备和主要工具有哪些？

（3）分述冷菜、冷拼主要设备与工具的使用及保养。

（4）分析各种辣椒的用途。

（5）常用烧卤香料有哪些？各有何优缺点？

2. 知识题

（1）简述冷盘的基本概念。

（2）简述中国冷盘的形成与发展历史。

（3）菜刀在保养时要注意哪些问题？

（4）调味有何作用？

（5）常用的调味品有哪些？

（6）糖有何特性？

三、观念应用

1. 分析题

（1）冷盘在不同种类的宴席中的作用有何异同？

（2）怎样判断菜刀是否磨锋利？

（3）新买回来的木砧板要怎么处理？

（4）试分析老鸡与嫩鸡的区别。

（5）试分析鉴别注水牛肉与正常牛肉的区别。

（6）糖在烹饪中有何用处？

2. 实训题

（1）调查一个酒店或酒楼，了解冷菜间的主要设备和主要工具及其保养方法，并写一份调查报告。

（2）某餐厅准备为一家婚庆公司提供30只白切鸡，请问白切鸡选购原料时有什么要求？

第二章

冷菜的营养平衡与卫生管理

学习目标

1. 了解冷菜营养搭配的概念及目的。
2. 熟悉冷菜制作过程当中的营养保护措施。
3. 熟练掌握冷菜制作过程营养搭配的方法与技巧。
4. 熟悉《中华人民共和国食品卫生法》的相关规定在冷菜卫生管理方面的要求。
5. 熟悉冷菜卫生管理制度及其操作标准。

第一节　冷菜的营养平衡

一、冷菜营养平衡的内涵、意义

1. 冷菜营养平衡的内涵

营养平衡，就是按人们身体的需要，根据食物中各种营养物质的含量，设计一天、一周或一个月的食谱，使人体摄入的蛋白质、脂肪、碳水化合物、维生素和矿物质等几大营养素比例合理，即人体消耗的营养与从食物获得的营养达成平衡。

冷菜营养平衡是一种科学健康的饮食方式之一，它以科学的营养理论为指导，根据《中国居民膳食指南》制定的基本原则搭配相应的肉类、根菜类、果类、叶菜类等，使蛋白质、脂肪、碳水化合物、维生素和矿物质等几大营养素均衡摄入，有利于人体消化吸收，以达到平衡营养、保持健康的目的。

平衡膳食、合理营养是健康饮食的核心。平衡且合理的营养可以保证人体正常的生理功能，促进健康和生长发育，提高机体的抵抗力和免疫力，有利于某些疾病的预防和治疗。平衡膳食主要从膳食结构方面保证营养素的需要，以达到合理营养，它不仅需要考虑食物中含有营养素的种类和数量，而且还必须考虑到烹饪加工过程中如何提高消化率和减少营养素的损失等问题。合理营养要求膳食能供给机体所需的全部营养素，并不发生缺乏或过量的情况。

2. 冷菜营养平衡的意义

营养搭配的目的是维护和保持人体健康，人体健康不仅包括没有疾病的存在，而且还包括具有良好的工作状态和身心健康，以及对各种环境的适应能力。合理营养是健康的基石，不合理的营养是疾病的温床，因此，科学合理的营养搭配是人类发展的一项关键目标，也是一个社会进步的重要标志。虽然有些疾病是由生活方式等多种因素作用所致，但膳食结构不合理、营养不均衡是其中特别重要的因素。通过营养搭配使食物中营养素提供给机体一个恰到好处的量，这个“量”既要避免某些营养素的缺乏，又不会使机体摄入某些营养素过多而引起营养失衡。

在实际工作中对冷菜进行营养搭配具有以下意义：

（1）可将各类人群的膳食营养素参考摄入量，具体落实到用膳者每天的膳食中，使他们能按需要摄入足够的能量和各种营养素，同时又防止营养素或能量的过高摄入。

（2）可根据群体对各种营养素的需要，结合地域特点及食物的品种、生产季节、经济条件和厨房烹调水平，合理选择各类食物，达到平衡膳食。

（3）通过编制营养食谱，可指导餐饮管理人员有计划地管理膳食产品质量，也有助于家庭有计划地管理家庭膳食结构，并且有助于成本核算。

（4）冷菜营养搭配能更好地满足消费者对营养的需求，减少铺张浪费，树立起健康、包容、和谐的餐饮企业形象，增强企业市场竞争力。

二、冷菜制作中营养素的保护

1. 营养素流失途径

食物营养素可因烹制方法不当而受到一定损失，主要是通过流失和破坏两个途径损失的。

（1）流失　流失是指菜品中的营养素失去了其完整性，如日光、盐渍、淘洗等因素影响下，使营养物质通过蒸发、渗出或溶解于水中而被丢失，致使营养素损失。

1）蒸发。由于日晒或热空气的作用，使食物中的水分蒸发、脂肪外溢而干枯。阳光中紫外线作用是造成维生素破坏的主要因素。在此过程中，维生素C损失较大，同时还有部分风味物质被破坏，因而食物的鲜味也受到一定的影响。

2）渗出。由于食物的完整性受到损伤，或添加了某些高渗透压物质如盐、糖等，改变了食物内部渗透压，使食物中水分渗出，某些营养物质也随之外溢，从而使营养素如脂肪、维生素等不同程度地受到损失，主要见于盐腌、糖渍等菜品。

3）溶解。食品在初加工、切配烹制过程中，因方法的不当，可使水溶性蛋白质和维生素溶于水中，这些营养物质可随淘洗水或汤汁而被丢弃，造成营养素的损失。例如，蔬菜切洗不当可损失20%左右的维生素类；大米多次搓洗可丢失43%左右的维生素B_1和5%左右的蛋白质；动物性原料焯水不当可失去部分脂肪和5%左右的蛋白质等。

（2）破坏　食物中营养素的破坏，是指因受物理、化学或生物因素的作用，使营养物质分解、氧化、腐败、霉变等，失去了食物原有的基本特性。其破坏的原因主要有食物的保管不善或加工方法不当等，致使霉变、腐烂、生芽等。蛋品的胚胎发育、烹制时的高温、不适当的加碱、加热时间过长，以及菜品烹制后放置的时间过长等，都可使营养素遭到破坏。

1）高温作用。食品在高温环境烹制时，如油炸、油煎、烟熏、烘烤或长时间炖煮等，菜品受热面积大、时间长，使某些易损营养素破坏。例如，油炸菜品，其维生素 B_1 损失60%，维生素 B_2 损失40%，尼克酸损失近一半，而维生素C几乎全部被破坏。

2）化学因素。

① 配菜不当。将含鞣酸、草酸多的原料与含蛋白质、钙类较高的食物原料一起烹制或同食，这些物质可形成不能被人体消化吸收的鞣酸蛋白、草酸钙等，从而降低了食物的营养价值，甚至还可以引起人体的结石症。

② 不恰当地使用食碱。在菜品的烹制过程中，食碱的不恰当使用（如绿色蔬菜焯水时加碱等），可使原料中的B族维生素和维生素C遭到很大程度的破坏，若需加碱的菜品一定要限量添加。

③ 脂肪氧化酸败也是营养物质受损的一个因素。动植物类脂肪，在光、热等因素的作用下氧化酸败，失去其脂肪的食用价值，同时还能使脂溶性维生素受到破坏。

3）生物因素。这主要是指食物自身生物酶的作用和微生物的侵袭。正如蛋类的胚胎发育、蔬菜的呼吸作用和发芽，以及食物的霉变、腐败变质等，都可造成食物食用价值的改变。

2．营养素保护措施

（1）调味对营养素的影响　调味是冷盘制作工艺中的重要组成部分，各种调味原料在运用调味工艺进行合理组合和搭配之后，可以形成多种多样的风味特色。倘若调味方法、调味原料、味型选择得当，则会使烹饪原料中各种营养素充分被人体消化、吸收。相反，如果调味方法、调味原料及味型使用不当，则会使原料中的营养素遭到很大程度的破坏。有的不但影响菜品的消化吸收，甚至还会对人体健康产生影响。

1）加醋或其他酸味调味品有利于保护维生素C。对于含维生素C较为丰富的植物性原料，如黄瓜、青椒、萝卜、青笋、白菜等，在调味过程中适当用醋或者酸味调味品有利于维生素C的保护。因为维生素C对光很敏感，且易遭氧化破坏，但在酸性环境中较为稳定，可避免破坏损失。所以，像凉拌菜中"酸辣黄瓜"、"酸辣萝卜丝"、"糖醋薄荷"、"糖醋萝卜皮"等菜品，都最大限度地保护了食物中的维生素C。

2）加醋有利于食物中钙的溶出。例如，常见的"糖醋排骨"、"豆豉鲫鱼"等冷菜，在制作过程中加醋来调味，增加了肉骨、鱼骨中钙离子析出，便于人体消化吸收。

3）适量添加香油（芝麻油）。在凉菜中适量添加香油，有利于脂溶性维生素的消化吸收，这不仅增加菜肴的光泽、香味、口感等感官性，香油中还含有丰富的亚麻酸、维生素E等，维生素E被称为防止衰老的维生素，而亚麻酸对改善血液循环、促进新陈代谢、调节胆固醇有很好的效果。

（2）制作方法对营养素的影响　食物经过烹调，发生了复杂的物理和化学变化，组织结构也发生了变化。例如，加热动物蛋白凝固，部分蛋白质分解为多肽和氨基酸等，增加了食物的鲜味；植物食物经过高温作用可使细胞内果胶软化，其坚韧的细胞壁被破坏，有利于人体的消化吸收；水溶性物质的浸出、芳香物质的挥发使食品散发出诱人的香味。但是，由于烹调的方法、时间和烹调用具及食物耐热性不同，也可使营养素有不同程度的流失和破坏。

我国制作冷菜的技法繁多，如拌、卤、烤、冻、炸、腌、泡、挂霜、炝、蒸等，这些烹调技法与食物中营养素的保存率有密切关系，现将常用冷菜烹调技法对营养素的影响作简要介绍。

1）拌。在冷菜的制作中，拌制菜肴分为生拌、熟拌、生熟拌、干拌。

生拌的原料大多是新鲜的瓜果蔬菜，如“蒜香黄瓜”、“糖拌番茄”、“酸辣萝卜丝”等，这类菜肴的制作要注意，在清洗的时候不要浸泡过长的时间，以防止水溶性维生素的流失。在浸泡清洗时可适当加些盐，有利于杀菌消毒，时间控制在 1～3min。这样生拌就能最大限度地防止营养素流失。

熟拌的原料都要经过先焯水或者煮熟冷却。对于新鲜的蔬菜原料在焯水的时候遵循“沸进沸出”的原则，这样能最大限度地减少维生素和无机盐的流失。在餐饮行业中，为了保持新鲜蔬菜稳定绿色，习惯加一些碱，此法虽然对绿叶中绿色有稳定作用，但对维生素 C、维生素 B_1、维生素 B_2 等不耐碱的营养素会有一定的破坏作用，因此不值得提倡。可以采用淋浮油代替食碱，蔬菜在焯水的时候，加入适量的植物油，使浮油均匀地包裹在原料外表，减少原料与空气接触的机会，同时起到保色和减少原料水分外溢的作用。焯水还可以使一些富含草酸、植酸等有机酸的烹饪原料，如菠菜、牛皮菜、苋菜等，除去部分有机酸，既能保持一定的口感，又利于无机盐的吸收。

生熟拌和干拌中，注意加入一些大蒜或者蒜水，不仅可以提高菜肴风味，还具有杀菌消毒的作用。

2）卤、腌腊。在卤制菜肴和腌腊菜肴的制作中，如香肘、五香牛肉、酥皮卤鸭、卤猪蹄、风鸡、风鱼、腊肉等菜品深受人们的青睐，但这些菜品在加工过程中均是先用盐进行腌制。在腌制过程中，肌肉中蛋白质在微生物和酶的作用下分解产生大量的胺，或者腌制用的粗盐中含有杂质亚硝酸盐，胺与亚硝酸盐结合成亚硝胺，使这些腌腊制品中亚硝基化合物含量增高。况且，在我国传统的烹饪工艺中，很多的肉类冷盘菜品为了增色的需要，在腌制加工过程中常加入一定量的发色剂——亚硝酸盐（烹饪界称之为“硝”），这就更增加了腌腊制品中亚硝胺的含量。亚硝基化合物对人体有较强的致癌作用，不仅多次长期摄入体内能产生肿瘤，一次多量摄入也可产生。

3）烤、烟熏。在冷菜材料的制作过程中，烟熏和烘烤是我们常用的两种制作方法，在一些地区使用非常普遍，烟熏和烘烤制品是我国一些地方风味特色的典型代表。在烟熏或火烤过程中，燃料的燃烧会产生稠环芳烃类物质而使菜品受到污染，冷菜材料的油脂在高温下热解也可产生苯并（a）芘，苯并（a）芘等稠环芳烃类物质具有强烈的致癌作用。

4）冻。常在凉菜中见到“皮冻”、“蹄冻”及“水晶类”菜肴，利用的就是胶原蛋白水解后生成明胶，它提高了蛋白质的消化率。

5）炸。在冷菜炸制类菜肴制作中，如“土豆松”、“酥皮鸭”、“芝麻鱼排”、“玻璃腰果”等，油炸食品可增加脂肪含量，在胃内停留时间长，不易消化，饱腹作用强。高温加热后 B 族维生素破坏较大，蛋白质严重变性，脂肪发生一系列反应，使营养价值降低。反复使用的油脂，在持续高温中脂肪的聚合反应和分解作用加强，产生对人体有害的低级酮和醛类，使脂肪味感变差；肉中蛋白质焦化，产生强烈的致癌物。因此，温度的控制是油炸菜肴制作的关键，最好控制在 200℃以内，以减少有害物质的生成。

6）泡、腌。泡菜是一种常见的食品，最受欢迎的是四川泡菜和韩国泡菜。现在国内有一些人担心常吃泡菜会危害身体健康，可能主要是因为泡菜发酵过程中会产生对人体有害的亚硝酸盐。其实只要腌制的时间充分合适，产生的亚硝酸盐是非常少的。此外，为了避免腌制食品时产生有害物质，只要加入维生素 C 和苯甲酸就可阻断亚硝酸盐的形成。每

100g 腌制食品中加入 400mg 维生素 C 和 50mg 苯甲酸，其阻断率即可达 80%～95%，还可使腌制食品不长霉菌、不易变质、无酸败异味。另外，泡菜中大量的辣椒、大蒜、生姜和葱等刺激性佐料，也可起到杀菌和促进消化酶分泌的保健作用。

7）挂霜。在挂霜菜肴的制作中，原料要先经过初步熟处理，然后再裹熬制好的糖浆。在初步熟处理中，有油炸、盐炒、烤等。相对来说，盐炒烹调法对营养素的破坏要略少些。

8）炝。在炝菜肴的制作中，原料多为新鲜蔬菜及海鲜等，经过焯水或者低油温滑熟，断生后调味炝入热的花椒油。炝制菜肴的维生素和矿物质流失和破坏相对较少。油、蛋白质、碳水化合物均没有过多中间异物产生，可更好地保护食物中营养素。

9）蒸。蒸是以水蒸气作为传热媒介，利用高热将原料蒸熟，温度在 100℃以上。因为原料与水蒸气处于基本密闭的锅中，成菜原汁原味、原形原样、柔软鲜嫩，所以菜肴中的浸出物及风味物质损失较少，营养素保存率高，且容易消化。

三、冷菜营养平衡的方法

营养平衡是指营养素供给量达到全面的平衡。这种全面平衡包括就餐者在营养素上达到生理需要及其各种营养素间建立起一种生理上的平衡。例如，碳水化合物、脂类、蛋白质营养素作为热能来源比例平衡，食物蛋白质中各种必需氨基酸构成比例平衡，饱和脂肪酸与不饱和脂肪酸比例平衡。营养平衡的观点运用于冷菜制作、搭配过程当中，主要体现在以下几个方面。

1．原料选择多样化

近年来，我国在农业、畜牧业、水产养殖业、食品加工等方面都有了长足的发展，这为烹饪选用丰富而广泛的原料提供了物质基础。加之我国冷菜工艺的不断发展以及与热菜工艺的有机融合，使得冷盘菜品所采用的原料也越来越丰富广泛。就一般情况而言，冷盘菜品所选用的原料存在着这样的倾向性，即动物性原料如禽类、水产类及畜类肉制品比例较大，而乳制品、豆及豆制品和植物性原料所占的比例较小。虽然肉类制品含有丰富的优质蛋白质和饱和脂肪酸以及一些脂溶性维生素，但是，这种以肉制品为主要原料的冷盘往往会缺乏碳水化合物、水溶性维生素、膳食纤维。所以，为使冷盘菜品中各种营养素都能满足人体的需要，在进行原料的选择时，最基本的要求是所选择的原料种类应多样化。只有选用多种类型的原料进行搭配使用，才有可能使冷盘菜品所含的营养素种类较为齐全。人们不能从单一的烹饪原料中得到所有的营养素，在选择原料时必须多样化。因此，在冷菜的制作过程中，应按照每种原料所含的营养素种类和数量进行合理选择和科学搭配，使各种原料在营养素的种类和含量上取长补短，相互调剂，改善和提高冷盘菜品的营养水平，以达到营养平衡的要求。用现代营养学的观点来说，就是要合理膳食，这对保持人体健康是非常重要的。因此，原料品种的多样化和营养素种类的齐全是衡量冷盘质量的一个非常重要的标准。

2．保持各种营养素之间功能和量上的平衡

冷菜的营养平衡还要求各营养素之间在功能和数量上的平衡，这主要包括以下几方面的内容：

（1）碳水化合物、脂类、蛋白质热能营养素比例的平衡　一般情况下，在一组冷菜中，菜品所含的蛋白质、脂肪含量较高，而碳水化合物则一般较低，特别是淀粉所占热能比例较少。虽然冷盘菜品中这三种营养素的比例很难达到中国营养协会制定的《中国居民膳食

营养素参考摄入量》所建议的比例供给，但应尽量保持它们之间的比例基本平衡，以便适应人们日常的生活习惯，不至于给胃、肠及消化系统增添过重的负担。只有这样才能有利于营养素的消化和吸收。

（2）热能消耗量与硫胺素、核黄素及尼克酸之间的平衡　由于硫胺素、核黄素、尼克酸与能量代谢有密切关系，其需要量都是随着热能需要量增高而增加。维生素之间也存在相互影响的关系。动物实验表明，白鼠缺乏硫胺素时，其组织中的核黄素水平下降而尿中的排出量增高。因此，硫胺素、核黄素及尼克酸之间保持平衡非常重要，如果摄入某一种营养素过多或过少，可能引起或加剧其他营养素的代谢紊乱。

（3）各类脂肪酸之间的平衡　目前，国内外专业的营养学家都在倡导均衡营养，大部分人也都在提倡人体的饮食结构中，饱和脂肪酸、单不饱和脂肪酸和多不饱和脂肪酸最好能达到 1:1:1 的比例。这三种酸实际上是构成脂肪的主要物质，提倡这三种酸平衡，其实是提倡人们的饮食搭配得当，均衡膳食。

各种脂肪酸对人体的生理功能都有利弊。一般而言，单不饱和脂肪酸和多不饱和脂肪酸熔点低、消化吸收率高，并且还含有必需脂肪酸，因而其营养价值比较高，而饱和脂肪酸熔点高，消化吸收率较低，因而其营养价值较低。但这仅仅是一个方面，不饱和脂肪酸能降低心血管系统疾病的发生，但摄入过多则会增加体内的不饱和游离基团，据有关研究表明，这可能与癌症的发生有关，特别是肠道肿瘤和乳腺癌。饱和脂肪酸摄入过多，很容易造成胆固醇、甘油三酯增高，对心血管构成威胁，所以对有心血管病的人配菜时，尽量少配或不配饱和脂肪酸含量高的原料，但饱和脂肪酸对人体大脑的生长和发育有一定的作用。因此，人们应对各类脂肪酸比例有一个正确的认识。

四、冷菜定性、定量、标准化制作

传统冷菜的制作虽有定性、定量和严格的操作规程，但由于主要是手工操作，难免出现质量不稳定的现象。因此有效地控制菜点质量是冷菜营养平衡的关键。

1. 制定标准

没有明确的产品质量标准，就不可能有规范的操作。因此制定相关的产品标准，是首要的工作，是实施标准化生产的第一步，而合理的生产流程又是实现产品标准化的保证。

（1）定性　定性是对菜点的烹调、制作工艺、用料、成品质量等标准化的研究与确认。这是中餐冷菜制作科学化、规范化的重要途径，可从根本上改变烹饪操作的随意性，根据就餐对象确定菜点应具有的功效，从而确定其原料种类的构成。

（2）定量　定量是具体确定菜点的原料构成比例，对原料用量、熟处理加工方式、加热时间、加热温度等的标准化研究与确认工作。这是加快冷菜操作由经验型向科技型转变，增加操作的确定性，减少随意性的必要前提。它要求掌握原料的加工变化规律，做好原料的出成率测定，然后确定各种原料的准确用量。

（3）标准化　根据对菜点构成的定性、定量研究，确定菜肴制作的质量要求及成品的规格要求，制定出产品的相关标准，包括原料、半成品、成品的相应理化、卫生指标。对菜点的构成与制作方法的定性、定量研究是制定菜点标准的前提，而标准的制定是定性、定量研究工作的具体表述。

2. 中央厨房实现加工标准化

标准化生产必须严格按照标准要求制定操作规程。操作规程是对生产全过程中各个工序进行全面质量控制的重要依据，包括标准计量、标准调味、规定时间、标准控温等几个方面。而中央厨房是实现加工标准化的最佳场所。中央厨房又称中心厨房或配餐配送中心，其主要任务是将原料按菜单分别制作加工成半成品或成品，配送到各连锁经营店进行二次加热和销售组合后销售给顾客，也可直接加工成成品与销售组合后直接配送销售给顾客。建立中央厨房，实行统一原料采购、加工、配送，精简复杂的初加工操作，操作岗位单纯化，工序专业化，有利于提高餐饮业标准化、工业化程度，是目前餐饮业实现规范化经营的必要条件，只有这样才能实现规模效益，让家庭厨房劳动社会化，更科学地保障市民餐桌的安全。

中央厨房标准化，一般围绕标准菜谱、标量菜谱和生产标准三个要求来执行。下面以冷菜“蒜泥白肉”为例进行介绍。

（1）标准菜谱　标准菜谱是以菜谱的形式，列出用料配方，制定制作程序，明确装盘形式和盛器规格，指明菜肴的质量标准，以及该菜品的成本、毛利率和售价。

表 2-1　冷菜——蒜泥白肉的标准菜谱

菜品名称：蒜泥白肉	菜系：川菜	编号：	烹调份数：1 份
成本（元）：8	单价（元）：16	售价（元）：48	毛利率：60%
主料：带皮猪后腿肉 250g		配料：蒜泥 25g，熟芝麻 10g	
辅料：黄瓜 100g，香葱 20g		调料：自制红油	
色泽：颜色红亮　口味：咸鲜香辣，回味带甜，蒜香味浓　质感：猪肉软糯			
器皿：三角盘	围边造型：卷成筒	关键工艺：猪肉一定要熟透	
工艺流程：煮制——真空包装——粘贴日期——发到门店			
备注：			
创作人：	时间：　年　月　日	厨师长：	分管领导：

（2）标量菜谱　标量菜谱就是在菜谱的菜名下面，分别列出每个菜品的主料配方和口味特点。这是面向客人的，让客人感到酒店对菜品质量的负责态度，同时也起到让客人监督的作用，从而引起厨师对烹制质量的高度重视。

表 2-2　冷菜——蒜泥白肉的标量菜谱

名　称	蒜 泥 白 肉
口味特点	咸鲜香辣，回味带甜，蒜香味浓
主料	带皮猪后腿肉 250g
辅料	黄瓜 150g，香葱 20g
烹饪方法	煮制
备注	猪肉熟而不烂
建议搭配	

（3）生产标准　生产标准是指生产流程的产品制作标准，包括原料标准、加工标准、切配标准和烹调标准。原料标准主要是在生产环节中对原料进行复核，是对采购部门工作

的监督和补救；加工标准主要是规定用料要求、成型规格、质量标准；配菜标准主要是对具体菜品配制规定用料品种和数量；烹调标准主要是对成菜规定配料比例、调味汁比例、制作规程、盛器规格和装盘形式等。

表 2-3 冷菜——蒜泥白肉的生产标准

原 料	采购新鲜带皮猪后腿肉
初步熟处理	带皮猪后腿肉煮制大约 30min，原汤浸泡 30min
切配	用量标准（g）：带皮猪后腿肉 250g，片成长 10cm、宽 5cm、厚 0.2cm 的大薄片，10 片；黄瓜 100g，片成长 10cm、0.2cm 见方的丝；香葱 20g，切成鱼眼葱；大蒜 25g，锤成蓉泥
调料	调味料比例（g）：盐 10g，生抽 10g，味精 5g，鸡精 5g，白糖 10g，鸡汤 20g，红油 50g，香油 5g
制作过程	（1）将猪后臀肉洗干净，放入水中煮熟后，捞出凉晾，改刀成片 （2）将切成丝的黄瓜裹入切好的白肉片，卷成筒状，整齐的装入盘中 （3）另取一个调味碗，加入鸡汤、盐、酱油、味精、蒜泥、红油、香油搅拌均匀，淋入装好盘的白肉上，撒上芝麻和葱花即可
装盘	盛器、装盘：中号、白色、三角象鼻瓷盘

3．单个冷菜营养平衡搭配

单个冷菜的营养平衡是营养配餐中存在的最小基本单位。在实际工作中，工作人员应根据冷菜的品种和各自的营养属性，把经过刀工处理后的两种或两种以上的主料和辅料适当搭配，使之成为一道某一个或多个方面营养平衡的菜肴。研究单个冷菜营养平衡搭配原则、组配规律，是冷菜营养平衡的基本问题。在单个冷菜营养平衡搭配中应高度重视以下几个基本原则：

（1）使用卤制菜肴和腌腊菜肴时，应多配用一些含维生素 C 较高的新鲜蔬菜或水果。营养学家通过实验发现，维生素 C 可以抑制卤制菜肴和腌腊菜肴中亚硝胺对人体的致癌作用，维生素 E 也有抑制亚硝基化合物形成的作用，使亚硝胺等对人体健康有害物质的含量降到最低限度。

（2）使用经烟熏或火烤等方法制作的冷菜材料时，应有意识地加配含维生素 A 或胡萝卜素较高的冷菜材料。营养学家发现，维生素 A 具有保护消化道黏膜，并抑制烟熏类和烤制类菜肴中的苯并（a）芘对消化道黏膜的致癌作用。

（3）使用“温热性”烹饪原料制成的食物，应配上“寒凉性”烹饪原料制成的食物；反之亦然。这对维持人体的寒热平衡具有重要作用。值得注意的是，针对个人的体质、季节等差异可以按如下原则搭配：

1）热体质的人多吃寒凉食物，而寒体质的人则多吃温热食物。

2）冬天较冷，应多吃温热性食物；夏天较热，则吃寒凉性较好。

3）喜欢吃火锅的人，经常上火，则要补充点寒凉食物，腹泻的时候就要吃点温热性的，视身体状况而定。

4）使用炸、干煎等方法制作的冷菜或脂肪含量高的原料时，应配一些能解油腻、加强肠胃蠕动并能去火的食物，如配一些纤维素含量高的果蔬，有白菜、番木瓜、西红柿、苹果、黄瓜等。

4．多个冷菜（冷餐会）营养平衡搭配

多个冷菜的营养平衡搭配是在综合筵席预订者对筵席的规格和要求后，按照一定标准、原则、比例对多种类型的单个冷菜进行合理搭配组合，使其成为具有一定质量规格的整套菜肴的设计、编排过程。

冷餐会是目前国际上流行的一种非正式宴会，在大型的商务活动中尤为多见。之所以称冷餐会主要是因宴会中提供的食物以冷食为主。当然，适量地提供一些热菜，或者提供一些半成品由用餐者自己进行加工，也是允许的。冷餐会的具体做法是，不预备正餐，而由就餐者自作主张地在用餐时自行选择食物、饮料，然后或立或坐，自由地与他人在一起或是独自地用餐。人们赴宴，除了社交之外，还要借助膳食补充营养、调节人体机能。在进行冷餐会菜肴组合时，要从整体角度去考虑宴会菜品营养搭配的合理性。通过菜肴之间的组合发挥营养素之间的互补作用，提高食物的营养价值。因此，在多个冷菜（冷餐会）营养平衡搭配过程中不但要坚持单个冷菜营养平衡搭配的基本原则，还应坚持以下原则：

（1）冷餐会菜肴原料应多样化

五谷杂粮类原料：在我国人民膳食构成中占有重要地位，主要提供碳水化合物、膳食纤维、B 族维生素、蛋白质，但五谷杂粮类原料在加工过程中蛋白质基本都损失了，应与奶类、蛋类、肉类搭配，可以弥补蛋白质的不足。

肉类原料：肉类原料是膳食中优质蛋白质、无机盐、脂肪和 B 族维生素的重要来源，特别是鱼肉脂肪所含的 EPA、DHA 对防止动脉硬化、促进大脑发育等均有一定的好处；动物肝脏中 B 族维生素含量很丰富，特别是富含尼克酸；禽类肝脏是铁的最佳来源。

奶类原料：奶类原料是膳食中蛋白质、钙、磷、维生素 A、维生素 B_2、维生素 D 的重要来源之一。在营养搭配中可以选用不同类型的奶制品进行配菜，如酸奶、鲜奶、黄油、奶油、奶酪等。

蔬菜类原料：蔬菜含水量很高，蛋白质和脂肪含量低，含有维生素 C 和胡萝卜素、各种有机酸、芳香物质、色素和膳食纤维，蔬菜类原料不仅能提供营养物质，还能够改善食欲，促进消化吸收。

水果类原料：水果富含膳食纤维、生物类黄酮、有机酸，这些都是有益健康的重要物质。其中部分水果还含有丰富的维生素 C，如山楂、猕猴桃、鲜枣、柑橘等。在对各种宴席、冷餐会等的设计中均应包含水果类拼盘。

纯能量食物：主要包含植物油、淀粉、食用糖、酒精等。它们主要提供能量以维持人体的新陈代谢。

（2）冷餐会菜肴原料酸碱应平衡　人的身体就像一个化学实验室，体内无时无刻不在进行无数生物化学反应，使新陈代谢正常运转。如果“实验室”内的酸碱失衡，就会“天下大乱”。人体每天摄入酸性及碱性食物，它们经过人体的分解，会在体液（血液、尿液、组织液）中产生酸性和碱性的物质。医学研究证明，当血液酸性化时，人体可表现为手足发凉、易感冒、皮肤脆弱、伤口不易愈合、易引起关节肿痛、对疾病抵抗力降低等症状，甚至可直接影响到脑和神经功能。

维持酸碱度的物质基础是酸碱性食物的合理搭配。鸡鸭鱼肉味道固然好，但是吃得太多就会觉得整个人无精打采、身体无力、懒洋洋的，提不起精神，这是因为它们进入体内后经过分解使体内变成酸性体质的结果，如果同时食用碱性食品，就能使酸碱得到平衡。营养专家们的研究证实，人体每天摄入食物的酸性食物与碱性食物的比例应为 1:4，这样就能使人体酸碱平衡。

（3）控制菜肴的脂肪含量 脂肪虽然在人体内发挥着重要作用，但如果不加控制，身体内的脂肪供应一般会供大于求的。所以人们要多在“节源”上下工夫，保证脂肪的摄入适量。我国的营养专家建议，成年人每天摄入的脂肪应在50～80g之间。

1）选对食用油。花生油、橄榄油的亚油酸比例达到了25%，而核桃油、葵花籽油、芝麻油中亚油酸的比例高达40%～60%，选用这些营养价值高的油脂，就可大大降低脂肪的摄入量。

2）尽量不要油炸。虽然植物油相对于动物油比较健康，但如果用它来煎炸食物，高温就会把健康的不饱和脂肪变成危险的饱和脂肪，而且还会使原料中脂肪含量增加。

（4）蔬菜类原料与畜禽类原料互补 畜禽类原料中含有优质蛋白质，脂肪含量较丰富，并富含脂溶性维生素，而蔬菜则富含水溶性维生素、无机盐等。蔬菜与畜禽类原料搭配食用，可使脂溶性维生素和水溶性维生素均得到补充，畜禽肉类原料中的蛋白质又有助于蔬菜中无机盐的吸收利用。这两种食品搭配，从营养上可以取长补短、相互补充，在口味上，肉类过于油腻，蔬菜又过于平淡，这样搭配浓淡适中、清爽可口。

多个冷菜（冷餐会）营养平衡搭配举例见表2-4、表2-5。

表2-4 中式冷餐会营养平衡搭配

冷菜拼盘	热菜类	主食	甜品	汤类及饮料
蜜汁烧排骨	百合炒虾球	皮蛋叉烧卷	新鲜水果拼盘	乳鸽养生汤
碳烤琵琶鸭	白汁烩瓜菜	XO酱什锦炒饭	咖啡剧本蛋糕	海底椰煲猪蹄
广式腊肠拼盘	荷叶粉蒸排骨	豉汁虾仁炒面	奶油泡芙	橙汁
潮州卤水拼盘	上汤娃娃菜	水晶蒸饺	蓝莓松糕	苹果汁
贵妃白切鸡				可乐
鱼生刺身				雪碧
凉拌豆腐皮				
蒜香拍黄瓜				
什锦蔬菜汇				

表2-5 西式冷餐会营养平衡搭配

沙拉	冷盘	迷你三明治	甜品	饮料
意式蘑菇沙拉	冷肉拼香肠	鸡蛋番茄三明治	绿茶蛋糕	橙汁
什锦蔬菜沙拉	三色蔬菜牛肉卷	鸭胸香橙三明治	三层水果拼盘	红茶（配奶、柠檬、糖）
英式海鲜沙拉	帕玛火腿配蜜瓜	生菜火腿三明治	意式提拉米苏	咖啡
意大利鸡肉沙拉	香草奶酪焗扇贝	乡村芝士匹萨	布朗巧克力蛋糕	可乐
新鲜蔬菜条	意大利扒蔬菜拌羊奶酪		芒果布丁	雪碧
	鸡尾鲜虾杯			
	海鲜黄瓜船			

第二节 冷菜的卫生管理

冷菜的卫生是厨房生产始终需要强化的至关重要的方面。冷菜厨房卫生是指所使用的原料、生产设备及工具、加工环境，以及相关的生产和服务人员及操作的卫生要符合国家食品卫生法相关规定及行业规范。冷菜的制作从原料选择开始，到加工生产、烹制和销售的全过程都要确保食品处于绝对卫生的状态。冷菜的卫生直接关系到消费者的身心健康，影响餐饮企业经营的成败，因此本节从国家食品卫生法、行业规范中的冷菜间的卫生管理制度、卫生操作流程及标准进行论述，以使餐饮及厨房管理人员在明确卫生重要性的同时更加行之有效地强化厨房卫生管理。

一、食品卫生法律规范

1.《食品卫生法》概述

《中华人民共和国食品卫生法》(简称《食品卫生法》)是由国家制定，并由国家强制力保证实施的，用以调整、监督、管理食品生产经营过程中产生的各种社会关系的行为规范的总和。所有食品生产经营企业、食品卫生监督管理部门和广大人民群众都应深刻认识并遵照执行。餐饮企业特别是冷菜间菜肴生产，更应自觉以该法为准绳，制定各项管理制度，督导生产活动，切实维护企业形象和消费者利益。

2.《食品卫生法》对餐饮企业冷菜的卫生要求

(1）菜肴的卫生要求

1）菜肴应当无毒、无害，符合应当有的营养要求，具有相应的色、香、味等感官性状。

2）专供特殊人群的主、辅菜品，必须符合国务院卫生行政部门制定的营养、卫生标准。

3）菜肴中不得加入药物，但按照传统既是食品又是药品的作为原料、调料或者营养强化剂加入的除外。

(2）冷菜生产过程的卫生要求

1）冷菜间的内外环境整洁，采取消除苍蝇、老鼠、蟑螂和其他有害昆虫及其孳生条件的措施，与有毒、有害场所保持规定的距离。

2）应当有与菜肴品种、数量相适应的烹饪原料处理、加工、装盘、贮存等设备或用具。

3）应当有相应的消毒、二次更衣、盥洗、照明、防腐、防尘、防蝇等设施。

4）餐具、饮具和盛放直接入口食品的容器，使用前必须洗净、消毒，炊具、用具用后必须洗净，保持清洁。

5）贮存菜品的容器、包装、工具、设备和条件必须安全、无害，保持清洁，生熟分开，防止食品污染。

6）制作经营人员应当时刻保持个人卫生，生产、销售食品时，必须将手洗净，穿戴清洁的工作衣、帽，并佩戴一次性食品加工手套。

7）用水必须符合国家规定的城乡生活饮用水卫生标准。

8）使用的洗涤剂、消毒剂应当对人体安全、无害。

（3）禁止生产经营的食品

1）腐败变质、油脂酸败、霉变、生虫、污秽不洁、混有异物或者其他感官性状异常，可能对人体健康有害的。

2）含有毒、有害物质或者被有毒、有害物质污染，可能对人体健康有害的。

3）含有致病性寄生虫、微生物的，或者微生物毒素含量超过国家限定标准的。

4）未经兽医卫生检验或者检验不合格的肉类及其制品。

5）病死、毒死或者死因不明的禽、畜、兽、水产动物等及其制品。

6）容器包装污秽不洁、严重破损或者运输工具不洁造成污染的。

7）掺假、掺杂、伪造，影响营养、卫生的。

8）用非食品原料加工的，加入非食品用化学物质的或者将非食品当作食品的。

9）超过保质期限的。

10）为防病等特殊需要，国务院卫生行政部门或者省、自治区、直辖市人民政府专门规定禁止出售的。

11）含有未经国务院卫生行政部门批准使用的添加剂的或者农药残留超过国家规定容许量的。

12）其他不符合食品卫生标准和卫生要求的。

（4）食品添加剂的卫生要求　生产经营和使用食品添加剂，必须符合食品添加剂使用卫生标准和卫生管理办法的规定；不符合卫生标准和卫生管理办法的食品添加剂，不得经营、使用。

（5）食品容器、包装材料、工具和设备的卫生要求　食品容器、包装材料和食品用工具、设备必须符合卫生标准和卫生管理办法的规定。食品容器、包装材料和食品用工具、设备的生产必须采用符合卫生要求的原材料。产品应当便于清洗和消毒。

二、冷菜间卫生管理制度

1. 冷菜间计划卫生管理制度

（1）对一些不易污染、不便清洁的区域或大型制冷设备，实行定期清洁、定期检查的计划卫生制度。

（2）切配用的刀具、砧板、缸盆等用具，每日上下班都要清洗。

（3）厨房屋顶天花板每两个星期至少清扫一次。

（4）每周规定一天为厨房卫生日，各岗位彻底打扫包干区域及其他死角卫生，并进行全面检查。

（5）计划卫生清洁范围，由所在区域工作人员及卫生包干区责任人负责；无责任人及公共区域，由厨师长统筹安排清洁工作。

（6）每期计划卫生结束之后，需经厨师长检查，其结果将与平时卫生检查结果一起作为员工奖惩依据之一。

2. 冷菜间卫生检查制度

（1）工作人员应积极配合定期健康检查，被检查认为不适合从事厨房工作者，应自觉服从组织决定，支持厨房工作。

（2）工作人员必须保持个人卫生，衣着整洁；上班首先必须自我检查，领班对所属员工进行复查，凡不符合卫生要求者，应及时予以纠正。

（3）厨师长按计划日程对厨房死角及计划卫生进行检查，卫生未达标的项目，限期整改，并进行复查。

（4）针对工作岗位、食品、用具、包干区及其他日常卫生，上级应每天对下级进行逐级检查，发现问题及时处理。

（5）每次检查都应详细记录，结果予以公布，成绩与员工奖惩挂钩并及时兑现。

3．冷菜间日常卫生制度

（1）冷菜的生产、保藏必须做到专人、专室、专工具、专消毒，单独冷藏制度。

（2）非冷菜间人员不得随意进出冷菜间，个人生活用品及杂物不得带入冷菜间。

（3）冷菜间工作人员要严格注意个人卫生，在预进间二次更衣，穿戴洁净的衣、帽、口罩和一次性手套，严格执行洗手、消毒规定，洗涤后用75%浓度的酒精棉球消毒。操作中接触生原料后，切制冷荤熟食、凉菜前必须再次消毒；使用卫生间后必须再次洗手消毒。

（4）冷菜间应安装空调系统且室内温度不得超过25℃。

（5）冷菜间的工具、用具、容器必须专用，同时严格做到生熟食品分开，生熟工具（刀、砧板、盆、秤、冰箱等）严禁混用，避免交叉污染。

（6）供加工凉菜用的蔬菜、水果等食品原料须洗净消毒，未经洗净处理的不得带入凉菜间。

（7）冷荤熟食在低温处存放超过24h要回锅加热。出售的冷荤食品必须每天化验，化验率不低于95%。

（8）冷菜间紫外线消毒（强度不低于70μW/cm^2）要定时开关，进行消毒杀菌。

（9）加工熟食卤菜要先检查食品质量，原料不新鲜不加工。熟食卤菜要在其他安全场所加工，加工完成后方可进入冷菜间改刀配制，剩余的存放在熟食冰箱内。

（10）冷荤专用刀、砧板、抹布每日用后要洗净，次日用前消毒，砧板定期用碱水进行刷洗消毒。

（11）各种凉菜现配现用，尽量当餐用完，隔餐隔夜的改刀熟食及冷盘凉拌不能再做凉菜供应。

（12）盛装冷菜、熟食的盆、盛器每次使用前要刷净、消毒。

（13）各种凉菜装盘后不可交叉重叠存放，传菜从食品输送窗口进行，禁止服务员直接进入冷菜间端菜。

（14）存放冷菜熟食的冰箱、冷柜门的拉手，需用消毒小毛巾套上，每日更换数次。

（15）冷菜间厨师应保持四勤，即勤洗澡、勤洗手、勤理发、勤换衣，身上无异味。

（16）加工结束后，将剩余食品冷藏，清理室内卫生。

三、冷菜间卫生操作流程及标准

制定规范而科学的冷菜间的卫生操作流程及标准，并根据此标准来进行督导、检查冷菜间员工执行情况，可以增强管理人员的卫生管理意识，规范员工的操作程序，起到防患于未然的效果。

1. 冷菜间的卫生操作规范

表 2-6　冷菜间卫生操作规范

编　号	操作要领	原　理	规范做法
1	怀疑食物有质量问题，不要品尝	预防员工食物中毒	看上去有质量问题的食品及原料应妥善处理（丢弃）
2	手不要接触脸、头发、抹布等有可能带病菌的物体	可能污染手进而污染食物	如必须做这些事情时，事后要彻底洗手消毒
3	避免打喷嚏、哈欠或咳嗽	唾液飞溅能散布病菌	如果不能避免，则不能面向食物或客人，并要用纸巾等掩嘴
4	不要把围裙当毛巾、抹布用	围裙上有污染物	使用餐巾纸或消毒抹布
5	碰过脏物的手在未洗净前，不要去拿干净的东西	可能由脏物污染干净东西	在这两步骤间要彻底洗手；打荷、冷菜制作人员应特备注意
6	不要穿脏工作服工作	脏工作服可能隐藏传染病	穿干净的工作服和围裙
7	不要把食物放在敞开的容器里	空气中的尘埃可污染食物	食物要密封存放或加罩
8	切配装盘当餐没售出的食物不得再向客人供应	切配装盘后时间过长可能受到污染或滋生细菌	把剩余食物扔掉
9	不要在洗涤食物的水槽里洗手	污染食物	使用指定的洗手盆
10	健康证已失效者应调离食品生产岗位	预防传染性疾病、结核病和性病的传播而污染食物	经常注意失效期，及时体检换证
11	不要带病上班，特别是有化脓、痢疾、感冒等病症	增加疾病传播机会	告知情况、安排替班
12	切蔬菜和肉类原料的刀具和砧板应分开使用	可能散布沙门氏菌和其他细菌	刀、砧板要分开或用后清洗并消毒
13	避免戴戒指	肉糜等细小原料聚积导致细菌滋生、污染菜品	不戴外露的首饰，即使戴，也要在用手接触食品时取下
14	不要用手直接接触或取拿食物	由皮肤散布传染病	使用合适的器具辅助工作
15	不要用脏手工作	可能污染	用温热的肥皂水反复搓洗后，用清水冲洗，并用纸巾或消毒毛巾擦干
16	不要使头发松散下来	头发落在食物里可造成污染，也使人倒胃口	戴发网和帽子，讲究个人卫生
17	水果或蔬菜未消毒洗涤过不能生产出售，罐头未清洁不能开启	避免污染	应用消毒液清洗干净后方可切配销售
18	各种与食品接触的设备、餐具、盛器上不得有食物屑残留	避免细菌繁殖造成污染	厨房设备用后要清洗干净，玻璃餐具、刀叉、匙和菜盘用前要检查
19	在厨房区域内不得吸烟	传播尼古丁毒素和疾病	在指定的地方吸烟，吸完后要彻底洗手

2. 冷菜间卫生操作流程及标准

（1）冷藏冰箱

操作流程：

① 断电后打开冰箱门，清理出里面的物品。

② 用洗涤剂水擦洗内壁、货架、密封皮条等，清理出冰箱底部的杂物，包括污水及菜汤等。

③ 用 3/10 000 的优氯净溶液将冰箱内部各个部位反复擦洗 1～2 遍。

④ 再用干净的清水清洗 1～2 遍，并把里面的水擦拭干净。

⑤ 把再次加热消毒后的原料和当天新做的半成品或成品晾凉后放入消毒后的容器中

并加盖或用保鲜膜密封后，依据先进先出的原则放入冰箱，连接上电源，调节冰箱温度至适宜的范围。

⑥ 冰箱外部用洗涤剂水擦至污物完全脱落后，用清水反复擦洗两遍直至无任何污物，再用毛巾把冰箱整个外部擦干至光亮。

标准：设备运转正常且制冷温度适宜，内部干净、无油污、无积水、无杂质、原料摆放整齐有序，符合《食品卫生法》及行业卫生标准。外部干净明亮。应该回炉加热消毒的原料应消毒冷却后方可存入冰箱。

（2）冷冻冰箱

操作流程：

① 断电后打开冰箱门，清理出里面的物品。

② 用抹布清理出冰箱中的杂物及污水、油污、制冷管上的冰块等。

③ 用洗涤剂水擦洗冰箱四壁及其货架、密封皮条、排风口、制冷管等上的脏物。

④ 再用清水反复擦拭冰箱内部的各个部位直至无任何不洁之处。

⑤ 整理好各种原材料，如需要更换保鲜盒、保鲜膜的应及时更换，注意检查是否有变质的食物，如有应及时处理，对沾上污物的原料应用清水擦干净后用保鲜膜或保鲜盒装好。

⑥ 按照原料的类型，将其整齐有序的摆放在冰箱内，连通电源，调至适宜的温度。

⑦ 冰箱外部用洗涤剂溶液擦至污物完全脱落后，用清水清洗至光亮。

标准：设备运转正常且制冷温度适宜，内部物品摆放整齐，冰箱各部位干净，无腐烂变质的原料，制冷管上无冰块，密封皮条无油泥，无血水异味。冰箱表面积四周均干净明亮。

（3）地面

操作流程：

① 用扫帚把地面及各死角处的杂物清扫干净。

② 用拖把蘸上洗涤剂溶液，从里向外拖擦地面。

③ 用清水冲洗干净拖把，反复拖擦两遍。

标准：地面干净，无油污、无杂物、不打滑、无水迹。

（4）墙面

操作流程：

① 用抹布蘸洗涤剂水，从墙面顶端向下擦洗墙壁，对墙砖连接处应特别注意擦拭，避免杂质遗留在缝隙当中。

② 用抹布蘸清水反复擦 2～3 次，以去除洗涤剂的味道及墙面污物。

③ 用干抹布擦掉墙面的水滴。

标准：墙面光亮干净、无水迹、无污渍。

（5）菜墩

操作流程：

① 用刀具将菜板上的木屑刮削一下，或用木工刨子刨削，使菜板污物彻底清除，并可使菜板保持平整。

② 使用前用热水擦洗干净后，用 3/100 00 的优氯净溶液反复擦洗消毒，再用清水洗净，然后竖放在通风处。

③ 每天开餐前还应用开水煮制 20min 以上。

标准：砧板表面平整、无油渍、无裂痕、无异味。

（6）刀具

操作流程：

① 清除刀具表面的污渍，如刀具长时未用而生锈时应用磨刀石抹掉。

② 用洗涤剂溶液清洗掉刀具上的油渍后用消毒液浸泡 30min。

③ 把用消毒液浸泡后的刀具用清水清洗干净后，用抹布擦干水，放在通风处定位存放。

标准：无油渍、无铁锈、无卷口、刀锋利。

（7）熟食盛器

操作流程：

① 使用前用洗涤剂清洗至无油渍、无杂质。

② 用 3/100 00 的优氯净溶液浸泡 20min 以上，然后用清水冲干净；或者用开水煮 10min 或上笼蒸 15min。

③ 冲洗干净后用消毒毛巾把水擦拭干净。

标准：盛器干净光亮，无水滴，专柜保存。

（8）灭蝇灯

操作流程：

① 把灭蝇灯电源关掉，除去飞虫、异物等。

② 用抹布将灯罩、灯管等所附着的污物擦拭干净后并通上电源。

③ 定期检查其灯管是否有效，如有问题应及时更换，每周至少应清理 3 次灭蝇灯具。

标准：无飞虫、无污渍、灭蝇灯工作正常。

（9）水池

操作流程：

① 用工具将水池内的杂质扫至漏斗上，将漏斗提出，把杂质倒入垃圾桶。

② 用洗涤剂把漏斗清洗干净。

③ 倒入适量的洗涤剂在刷子子上，用刷子刷洗水池，然后用清水冲洗干净。

④把漏斗安装好，用干抹布擦净水池上的水。

标准：无杂物、无油渍、无积水、水流畅通。

（10）操作台

操作流程：

① 在操作台上切配之前应用洗涤剂再次把不锈钢操作台面擦洗一遍后，再用清水洗净。

② 再用 3/100 00 的优氯净消毒水擦拭一遍，用清水清洗干净后用消毒抹布擦干水痕。

标准：台面干净、光亮、无污染物。

注意：原料不能与台面直接接触，切配好的原料应放入消毒后的专用盛器中。随时保持操作台面的整洁。

四、HACCP 系统在冷菜生产过程的应用

1. HACCP 系统简介

HACCP（Hazard Analysis and Critical Control Point，危害分析与关键控制点）计划，

是目前世界上最权威的食品安全质量保护体系——HACCP 体系的核心，是用来保护食品在整个生产过程中免受可能发生的生物、化学、物理因素的危害。其宗旨是将这些可能发生的食品安全危害消除在生产过程中，而不是靠事后检验来保证产品的可靠性。

HACCP 体系最早出现在 20 世纪 60 年代，美国 Pillsbury 公司在为美国太空计划提供食品期间，率先应用 HACCP 概念。他们认为现存的质量控制技术，在食品生产中不能提供充分的安全措施防止污染。以往对产品的质量和卫生状况的监督均是以最终产品抽样检验为主。当产品抽验不合格时，已经失去了改正的机会；即使抽验合格，由于抽样检验方法本身的局限，也不能保证产品 100%的合格。确保安全的唯一方法，是开发一个预防性体系，防止生产过程中危害的发性。

目前越来越多的国家的法规以及消费者要求将 HACCP 管理体系的要求作为市场准入要求。2002 年初，我国国家质量监督检验检疫总局发布了《出口食品生产企业卫生注册登记管理规定》，该法规性文件明确规定列入《卫生注册需评审 HACCP 体系的产品目录》的出口食品生产企业必须按食品法典委员会《HACCP 体系及其应用准则》的要求建立 HACCP 管理体系。同时，国家认证认可监督管理委员会发布了《食品生产企业危害分析与关键控制点（HACCP）管理体系认证管理规定》，该规定指出，国家鼓励从事生产、加工出口食品的企业建立并实施 HACCP 管理体系，因此在食品生产、加工和流通领域推行 HACCP 管理体系已势在必行。

2．冷菜的特点及食品安全问题

冷菜的特点是品种繁多、加工方式差异较大，而且冷菜食用前，往往不再加热，然而食用前加热却是预防沙门氏菌、致泻性大肠埃希氏菌、副溶血性弧菌等食物中毒的重要手段，所以在夏季经常出现由于食用冷菜而发生食物中毒的案例。卫生部门对冷菜的抽检，其细菌总数、大肠菌群数的不合格率也往往比较多，一些冷菜属于高危食品。由于每次宴会中首先端向餐桌的是冷菜，其卫生质量如何，是顾客首先关注的焦点，也是发生食物中毒事故的重要起因。

3．HACCP 系统在冷菜加工中的应用

（1）组建 HACCP 实施小组　为了使 HACCP 体系的每个环节能顺利执行，要求首先组建 HACCP 实施小组，小组成员应有餐饮部经理、餐饮部行政总厨、厨师长、冷菜间主管、冷菜间厨师、采购员、验收员以及原材料保管员等。

（2）对产品进行说明，确定产品用途及消费对象

产品名称：冷菜。

产品种类：拼盘、凉拌菜、卤菜、西餐沙拉。

加工类型：餐饮加工、手工操作、焯、煮、生食。

食品原料：畜禽肉、水产、蛋、蔬菜、水果、调味料等。

产品性质：AW 为 0.8 以上，pH 为 6.5～7.5，温度为 18～20℃。

主要用途：供就餐者食用。

食用方法：直接食用。

包装类型：餐盘散装。

保质期限：西餐沙拉为加工好 1h 内食用为宜，其余为加工好 3h 内食用为宜。

销售运输：用干净消毒过的托盘托送。

分餐场所：餐厅。

（3）绘制流程图和确认流程图

凉拌菜、卤菜工艺流程：原料采购——验收、贮存——摘选——清洗——焯水或熟制——冷却——切配——调味——装盘、备餐。

拼盘工艺流程：原料采购——验收、贮存——摘选——清洗——原料熟制——冷却——拼摆——备餐。

西式沙拉工艺流程：原料采购——验收——摘选——清洗——消毒——切配——拌沙拉酱——装盘——备餐。

4. 冷菜加工危害分析要点

（1）冷菜加工人员的健康、卫生情况　冷菜加工人员的健康、个人卫生状况与卫生习惯均会对冷菜的安全造成危害。加工人员在上岗前要洗手，戴口罩、手套，制作过程中不要跟人说话，要有一个好的卫生习惯，做到“四勤”（勤洗手剪指甲，勤洗澡、理发，勤洗衣服、被褥，勤洗工作服），在上班结束后要及时清洁冷菜间。

（2）冷菜间的设施与布局　冷菜生产工艺流程布置是否将原材料与成品分开，人流、物流是否有交叉感染存在；冷菜间是否单独设置，冷菜间的工具是否专用，工作温度是否达到标准，冷菜间是否有专门的冷藏室、是否安装足够的紫外杀菌灯；成品备餐间温度是否适宜，卫生状况是否有不安全因素。

（3）原材料采购　冷菜加工的原材料主要是一些动植物原料，其主要危害有生物性的致病菌、寄生虫；化学性的农药残留、兽药残留、工业污染物、化学添加剂、真菌毒素、植物毒素等；物理性的石子、玻璃块、金属碎片等杂质。采购原材料时是否按正规安全渠道，采购时原材料包装是否完整，是否有产品明细。采购员是否具备应有的原材料采购知识，所购原材料是否符合加工要求，蔬菜、水果等农药残留量是否符合标准，是否采购《食品卫生法》第九条禁止生产经营的食品。

（4）验收　验收人员是否具备原材料检验的相关知识，是否能够初步判断原材料感官性状及内在品质。

（5）原料贮存　原料购进后，宜尽快使用，且应采取先进先用、后进后用的原则。如因贮存不当可能存在的不安全因素有：微生物污染、混放化学物质污染、有毒物污染，以及冷藏温度达不到要求而造成原料腐败变质。

（6）原料的摘选　在摘选的过程中，是否能够引起病原菌大量繁殖，是否能够使得异物侵入而污染摘选的原材料。加工人员应把摘选掉的废料和摘选后所用的原料严格分开，摘选后应及时把废料清理掉，并保持摘选场所清洁卫生。

（7）原料的清洗　清洗用水是否为符合国家规定的饮用水标准，在清洗过程中是否存在不同原料的病原菌交叉污染，是否采用流动水进行清洗。

（8）原料的焯水或熟制　为了断生和杀菌，蔬菜要焯水。焯水时是否能够将病原菌杀死而不破坏蔬菜应有的质感。畜禽肉类、水产类、蛋类往往要进行煮、蒸、卤等熟制处理。熟制时食物中心温度是否达到了标准，是否能够杀死病原菌。水果和某些蔬菜不能用焯水断生和杀菌时，往往要利用化学方法进行消毒灭菌，化学液的浓度和消毒时间是否能够将病原菌杀死，消毒灭菌后是否存在交叉污染。

（9）冷却　如果在凉水中冷却，凉水是否符合卫生标准，是否会造成原料的再次污染。在空气中自然冷却时，空气中的含菌率是否达到标准，原料是否加盖。冷却后是否放入冰箱中冷藏。

（10）切配、拼摆　切配时，菜板、刀具和加工人员的手是否会对半成品造成病原菌的二次污染。刀具的磨损、菜板上的异物是否会造成食用的不安全。切配、拼摆时间过长也存在着微生物污染的安全隐患。

（11）调味　调味时，调味料是否符合国家食品卫生标准。调料盆、搅拌工具是否会造成半成品的病原菌二次污染和异物污染。

（12）装盘、备餐　餐盘是否残留油污，是否达到消毒卫生的要求。备餐间的温度是否达到要求，备餐间是否事先消毒。拼盘拼摆好后送至备餐间是否经过紫外杀菌灯进行灭菌处理。冷菜送到备餐间后至送到消费者食用前的这一段时间是否存在微生物滋生的安全隐患。很多饭店在举办大型宴会时，往往提前半小时将冷菜摆放在餐桌上，这就可能存在着微生物滋生的安全隐患。应尽量避免提前将冷菜端出，即使要摆出，也应罩上无菌保鲜膜以避免空气中的微生物污染。

5. 确定关键控制点、控制措施与关键限值

关键控制点（Critical Control Point，CCP）是食品生产中的某一点、步骤或过程，对其实施控制，能预防或消除食品危害，或能将危害减少到可接受的水平。CCP 分为两类：一类是 CCP1，为可以消除或预防的危害；一类是 CCP2，能最大限度减少或降低的危害。

通过上述分析，掌握了冷菜加工中存在的主要危害因素，找出最能有效消除、预防和最大限度地降低危害的加工环节，即 CCP。同时有针对性地制定控制措施与关键限值（即要求达到的标准）。根据冷菜加工过程的危害分析，将原料采购、焯水或熟制、冷却、备餐确定为关键控制点，HACCP 计划表见表 2-7。

表 2-7　冷菜加工的 HACCP 表

CCP	显著危害	关键控制	监控				纠偏行动	验证	记录
			对象	方法	率	人员			
原料采购	致病菌、农药、兽药残留	无公害农产品证明、肉类检疫证明、肉眼检验原料新鲜度	无公害农产品证明、肉类的检疫证明	检查确认	每批	原料验收人员	拒收无安全证明和腐败变质的原料	每日审核记录，每月对原料实施检测	原料记录
焯水或熟制	致病菌残留	食物中心温度不低于 70℃，且在此温度下至少保持 15s	熟制温度	观测温度计、计时器	每菜	熟制操作人员	调整温度时间，隔离产品查找原因	每日审核记录，每周对温度计、计时器进行校正	熟制记录
冷却	致病菌	冷却温度小于 25℃，在 1h 内食物中心温度降至室温	冷却温度	观测温度计、计时器	每菜	操作人员	调整温度时间，隔离产品查找原因	每日审核记录，每周对温度计、计时器进行校正	冷却记录
备餐	致病菌	在备餐间用紫外杀菌灯照射 15min 或立刻上餐桌，冷荤菜常温存放不超过 2h	紫外线杀菌时间，菜品制作完成至上餐桌时间	计时器	每菜	备餐操作人员	备餐时间过长的菜品应丢弃或熟制杀菌后改做其他菜肴	每日审核记录，每周对计时器进行校正	备餐记录

6. 建立监测措施与纠偏措施

为了保证控制措施能够有效地进行，要建立一系列快速准确且易执行的监控措施。同时当监控结果显示未达到控制标准时，应立即查明原因，采取纠偏措施，消除由于偏离 HACCP 而可能存在的安全隐患。同时建立维持纠偏动作的记录。冷菜加工的监测方法与

纠偏措施见表 2-7。

7．建立审核措施和文件记录保存措施

审核（验证）措施是为了确保 HACCP 系统处于正常工作状态中。同时以书面的形式证明 HACCP 系统是有效的，即文件记录保存。冷菜加工的验证和记录见表 2-7。

8．HACCP 计划的评论

要对冷菜加工的 HACCP 计划定期进行评论（或总结），这样可以保证 HACCP 计划在冷菜加工中连续有效地保证冷菜的食用安全性。评论资料要与 HACCP 记录与文件同时保存。

习题与实训

一、主要概念和观念

1．主要概念

营养搭配　营养平衡　标准化　HACCP

2．主要观念

（1）在制作冷菜的过程中其营养素流失的途径有哪些？

（2）冷菜的定性、定量和标准化在冷菜制作过程中有何体现？

（3）如何加强冷菜的卫生管理？

二、基本训练

1．素质题

（1）冷菜营养搭配的目的和意义有哪些？

（2）HACCP 在冷菜卫生管理过程中如何运用？

（3）针对不同体质消费者、季节变化时在冷菜营养搭配过程中应如何做到营养平衡？

2．知识题

（1）冷菜营养平衡主要从哪几个方面体现出来？

（2）单个冷菜营养搭配应遵循的基本原则有哪些？

（3）冷菜间日常卫生管理制度包括哪些？

三、观念应用

1．分析题

（1）冷菜制作过程当中调味品对营养素有何影响？

（2）在加工方法上，哪些烹调方法能更好地保留原料中的营养素？为什么？

（3）冷菜卫生管理涉及多方面的内容，你认为在这些内容中哪些方面应引起管理人员的高度重视？为什么？

2．实训题

（1）按照营养平衡的基本原则设计一份中式冷餐会菜单。

（2）运用冷菜卫生操作流程及标准对你校烹饪实训室的卫生状况进行检查，总结其是否符合行业要求。

第三章 常用冷菜的制作

学习目标

1. 知道拌、卤、烤等烹调方法的概念、种类和操作关键。
2. 掌握复合调味品的制作及各种凉拌菜制作实例。
3. 熟悉卤制的程序，并掌握各种卤水的调制方法，会保存卤味和卤汁。
4. 掌握各种卤制原料的加工处理和卤浸技术操作。
5. 熟悉烧烤的方法与设备用具。
6. 掌握各种常见烤、炸类菜肴，以及卤浸与烧烤结合类菜肴的制作方法。
7. 掌握其他各种冷菜烹调方法的操作要领及实例菜肴的制作。

第一节 凉拌菜制作

一、拌的概念、特点、种类

1. 拌

拌就是把可食的生原料或晾凉的熟原料，加工切配成丝、丁、片、块、条等规格，再加入调味料直接调制成菜肴的烹调方法。

2. 拌的特点

拌菜在冷菜的制作中非常常见，拌法因而成为冷菜制作的最基本方法之一。拌菜由于其“成熟”方法比较简单，因此对料形有一定的要求。在通常情况下，拌菜是以丝、条、片、小块等基本料形形态出现，在调味上追求的是清淡、爽口，故调味中往往以无色调味居多，较少使用有色调味料，特别是深色调味料。由于拌菜所需的成品质感要求脆嫩，因此在选料时通常选新鲜脆嫩的植物性原料，如黄瓜、莴苣等。拌菜的主要特点是：用料广泛，品种丰富，制作精细，味型多样，成品鲜嫩柔脆，清爽利口。

拌菜多数现吃现拌，也有的先用盐或糖调味，拌时沥干汁水，再调拌成菜。拌菜的调味品主要有香油、醋、酱油，也可以根据不同的口味需要加入芝麻酱、胡椒粉、糖、蒜泥、味精、姜末等调味品。

拌菜的操作过程极为简单，通常是直接将调味料投入原料中，经过一小段时间后食用，以便于入味。有时拌菜中还会出现多种原料，此时应尽量保持各种原料的料形一致，尽可能使原料的色彩搭配和谐、美观大方。常见的拌菜有“拌黄瓜”、“拌双笋”等。

3. 拌的种类和操作关键

拌制类冷菜根据原料生熟不同，可分为生拌、熟拌和生熟混合拌3种。

（1）生拌 生拌是将可食原料经刀工处理后，直接加入调料汁拌制成菜的技法。生拌的烹饪原料，一定要选择新鲜脆嫩的蔬菜或其他可生食的原料，将其洗净后再经消毒处理，然后切配成型，最后加入调味品拌制。异味偏重的原料需先用盐腌制，排出异味涩水。

（2）熟拌 熟拌是将生料加工熟制、晾凉后改刀，或将改刀后烹制成熟原料，加入调味汁拌制成菜的技法。

熟拌的烹饪原料须经过焯水、煮烫，要求沸水下锅，断生后即可。然后趁热加入调味品拌匀，否则不易入味。若要保持烹饪原料质地脆嫩和色泽不变，则应从沸水锅中捞出后随即晾开或浸入凉开水中散热。划油的冷菜原料，若油分太多可用温开水漂洗。

（3）生熟混合拌 生熟混合拌是将生、熟主料和配料切制成型，然后拼摆在盘中，加入调味汁拌匀或淋入调味汁成菜的技法。

生熟混合拌的烹饪原料，其生、熟原料应按一定的比例配制。操作时应注意，熟料一定要凉透后再与生料一起加入调味品拌制，这样才能保证质地脆嫩和色泽不变。

二、凉拌的基本操作

粤菜中的凉拌，一般分为传统式和引进的西菜式。

传统式着重鲜香和清爽。惯常采用的主料是鸡和鸭。鸡的烹调，需要利用香料煲成的白卤水浸熟，而鸭更需要入料作为烤烧，目的是使鸡肉鲜香、鸭肉香惹。至于配料的取材，有腌酸的时蔬和时果，都以质爽者为佳。为了菜式能够增加香脆的配搭，还会加入一些海蜇、炸核桃、薄脆和炒芝麻。酱料配用，优选糖醋、麻酱、芥末或沙律酱，取其酸惹和浓香。

由西菜引进而经改良的中式沙律，特点是酸惹甜美。选材方面，以质地爽脆而鲜美的高级海鲜为主料，如龙虾、虾肉和带子。配料选用，多以质地爽脆香甜的时果作伴，也会加进一些马铃薯和熟鸡蛋粒，增进软糯和鲜香的食味。酱料使用以沙律酱为主。

1. 凉拌菜式的刀工处理

传统的凉拌菜式，多迎合主料肉质纤维的结构，如鸡肉以直纹切丝，会收到香韧而富有嚼头的食味效果，“香麻手撕鸡”就是基于这个原理。一般传统的凉拌菜式，物料大都切成粗丝入菜，但间或也会将主料切成块状，这是因为相辅配料以原个入菜的关系，如“鲜荔凉拌脆皮鸡”。

沙律菜式的物料，全部以切粒入菜，这可能是源于西方传统。当粒状的食物混合了沙律酱，凉冻凝结后产生的效果充满着特别的美感。

2. 凉拌物料的温度处理

凉拌的每一道菜，物料受冻的程度各有不同，如生果受冻的程度可比蔬菜低。生果经冰镇，汁液凝结而变得更好吃；腌酸后的蔬菜，过冻则会影响其酸的味道。又如，鸡肉受冻不可超过一定的程度，火鸭更不可以雪冻处理，这是因为火鸭皮下脂肪丰富，雪冻后油脂凝结，破坏了香的味道。但所有的凉拌酱汁，如糖醋、沙律酱，必须够冻才能发挥较好的功能。

3．凉拌菜式的造型

凉拌的菜式，在新旧的造型上，有着很大的分别。传统的菜式，物料捞乱上碟，外形一片混乱，没有美感和新意。现代流行的凉拌菜，物料大多是分门别类地排放整齐，在上桌分菜的时候才拌匀分派给客人。沙律的菜式更为气派，为了美化和装饰，会采用橙皮做成的果篮、芒果皮或西生菜叶做成的器皿，作为沙律的盛器，分成12个单位，分别排列放在碟的边缘，碟的中央还设有甘笋丝、生菜丝及美丽的雕花伴衬。若是龙虾的菜式，更需加设龙虾头尾合成的摆设。

4．凉拌物料的特殊处理

（1）龙虾　原只滚熟，拆肉切粒，比生拆肉的成数更高。

（2）虾肉　虾肉去壳，必须挑出虾肠，利用盐水浸过洗净，然后再滚熟。这样做的虾肉才没有有沙泥，且更加脆爽。

（3）带子　若是急冻的带子，必先用中国黄酒腌过后再制作滚熟，这样可去腥味。

（4）海蜇　海蜇切丝滚熟，用清水冲漂约3～4h，使其膨胀松化。腌料以生抽、麻油配合，味道清鲜浓香。

（5）蔬菜　甘笋（胡萝卜）、白萝卜、子姜去皮切丝，先下盐腌透，洗净榨干，再以白醋、白糖浸至入味。蔬菜用盐腌过，较容易吸入酸味。

（6）时果　苹果、啤梨、雪梨去皮去核，切成丝或粒状，以稀盐水洗过，果肉可避免变成灰黑的色泽。

（7）琥珀　核桃肉加入食用苏打粉滚透，再用清水滚去涩味，可使核桃肉松化。将滚过的核桃肉炸透，捞糖浆，最后再蘸上炒香的白芝麻。

（8）薄脆　薄脆剪碎，以大滚油急火炸，脆度较佳。

（9）芝麻　用烧铁锅熄火烘炒方式，可避免炒焦。

三、常用复合调味汁的调制方法及应用

1．红油味汁

【配方】红油100g，香油2克，复制酱油50g，味精20g，白糖20g，精盐约20g，冷鲜汤（或凉开水）50g。

【特点】色泽红亮，味咸略甜、辣中有鲜，鲜上加香，四季皆宜。

【制法】生抽是定咸味和提鲜味、老抽是提色增香，这里两种酱油可以配合使用，当然最好是提前制作复制酱油；白糖主要作用是和味提鲜；5种调味品组成咸甜味，以咸味恰当、进口微有甜味感觉为度；红油突出辣香味，用量满足菜肴需要即可，重在用油，而不宜辣味太甚；味精提鲜，用量以菜肴鲜味突出为佳；香油增香压异。总之，红油味应该是“咸里略甜，辣中有鲜，鲜上增香”，此味即成。

先将复制酱油、冷鲜汤、白糖、味精入碗调匀，调溶化后，再加入红油、香油调匀即成。

【应用】本配方属四川口味，以咸鲜香辣味为主，红油味较重，略带回甜，可调制成

味汁浇淋凉菜，也可直接拌入“卤牛肉片”、“夫妻肺片”等凉菜中，或与其他复合味配合用于下酒佐饭的菜肴调味。用来制作红油味菜肴的原料一般是本味较鲜的鸡、肚、舌、肉类和新鲜蔬菜、葱、香菜等。

【备注】

（1）红油的制作

原料：辣椒粉400g，花生油或菜油1000g，生姜30g，香葱50g，八角10g，草果1粒，桂皮5g，香叶5片。

制作方法：

1）将辣椒粉用盆装好，八角、草果、桂皮、香叶用纱布包好，放入装有辣椒粉的盆中备用。

2）锅中烧油至4成油温，放入生姜、香葱炸干水分，捞起炸干的生姜和香葱，再将油烧至6成热时，分两次倒入装有辣椒粉的盆中烫制，一边倒一边搅拌。烫制好后，放置约2h即成。

（2）复制酱油的制作

原料：生抽500g，老抽20g，红糖30g，香料包1个（八角5g、草果1粒、桂皮5g、丁香3g、香叶5片、小茴香5g、干沙姜5g、花椒粒5g、甘草5g），生姜20g，葱20g，清水250g。

制作方法：将以上用料入炒锅内小火慢熬至浓稠（约浓缩一半），捞出姜、葱和香料包，晾凉即可使用。

2. 麻辣味汁

【配方】红油100g，花椒面20g（或花椒油10g），复制酱油30g，精盐30g，味精20g，白糖20g，香油5g，冷鲜汤（或凉开水）50g，葱花10g。

【特点】麻辣咸香，味厚不腻，四季均宜。

【制法】复制酱油定基本咸味，提鲜增香，咸味应满足菜肴的需要，白糖作用是和味提鲜，用量宜少。咸中有鲜，在这个基础上重用红油、花椒面，突出麻辣味。香油和葱有助香味，使香味有反复感，用量不宜多，而香气味以不压着花椒油的香味为妙。各种味的配合中若无麻辣味，则风味全无，如无咸鲜则麻辣无味，要做到先有咸味，麻辣风味才能突出。

先复制酱油、盐、白糖、味精调溶化后，再加红油、香油、花椒面、葱花调匀即成。

【应用】本配方味重，口感麻辣、咸鲜、略带回甜，属四川口味，可调制成味汁浇淋凉菜，也可将以上调料直接拌制肚丝、卤牛肉等。此味型红油、花椒面（或花椒油）要重。本味与其他复合味配合均不矛盾，与糖醋、咸鲜味配合最佳，如“麻辣肉干”、“夫妻肺片”、“麻辣鸡块”、“麻辣笋尖”等。

【备注】选用优质花椒面，才有麻的风味。

3. 本味咸鲜蒜泥味汁

【配方】蒜泥200g，精盐50g，味精50g，白糖20g，白胡椒粉20g，色拉油100g，香油10g，冷鲜汤（或凉开水）500g。

【特点】蒜味浓厚，咸鲜爽口。

【制法】将蒜泥、盐、味精、白糖、胡椒粉加入清汤或凉开水中搅拌均匀，然后放入色拉油及小麻油拌匀即成。冷菜中的咸鲜味，以盐为基础味。味精以满足菜肴鲜味的需要为妙。香油增香，压异味，在咸鲜味的基础上，有香气为宜。蒜味有解腻去异味的作品，但比较抢味，不宜多用。

【应用】本味性味平和，使用比较广泛，此配方汁可直接淋入装盘的鸡丝、肚丝、拌白肉等凉菜中，也可拌入原料然后装盘。蒜泥味汁一般多用于白煮类凉菜，菜的色彩基本上保持原料的本性本色，所以不用酱油。

4．红油蒜泥味汁

【配方】蒜泥 250g，红油 100g，复制酱油 30g，精盐 30g，味精 20g，白糖 20g，白胡椒粉 10g，香油 20g，冷鲜汤（或凉开水）500g。

【特点】蒜味浓厚，味咸而鲜，香辣味中略带甜。

【制法】将蒜泥、盐、味精、白糖、胡椒粉、复制酱油加入冷鲜汤（或凉开水）中搅拌均匀，然后放入红油、小麻油拌匀即成。各种调味料配合中，应在咸鲜微甜的基础上，重用蒜泥，并以红油辅助辣味，突出蒜泥味，味精调和诸味而提鲜，香油增香气。此味重用蒜泥，而红油、酱油、味精组成的鲜味亦应浓厚，红油与香油用量要适当，只能起辅助和味、增香。

【应用】蒜泥味较浓厚，而蒜味浓郁，但有败口味，对咸味凉拌菜有压味的副作用。菜肴之间，在味的配合上，要做好安排，不要抵消和压着其他菜肴的滋味。用于春、夏季凉拌菜最佳，佐饭最宜。因大蒜素易挥发，应现吃现调，味才鲜美。常见菜肴有“蒜泥白肉”、“蒜泥鸭胗”、“蒜泥豇豆”、“蒜泥豌豆”等。

5．酸辣味汁

【配方】野山椒 2 小瓶，白醋 100g，复制酱油 20g，精盐 20g，味精 15g，香油50g，凉开水 500g。

【特点】咸鲜酸辣，酸重于辣，鲜美可口。

【制法】将野山椒同原汁辣水用搅拌机打成茸，再加入以上调料及凉开水 500g 调拌均匀后入容器，并淋入香油即成。用盐定基本咸味，复制酱油和味提鲜，用量上要注意“盐咸醋才酸”的道理。盐和生抽组成的咸度比一般菜肴略低一点。醋提鲜、除异、解腻。辣味用量稍带浓烈为佳。香油用量恰当，增强香味。酸辣味以咸味为基础，酸味应重于辣香。

【应用】此配方常用于“酸辣白肚丝”、“酸辣卤牛肉”、“酸辣白鸡”等凉菜调味之用。本味与其他复合味配合均好。

6．怪味味汁

【配方】复制酱油 300g，姜茸 30g，蒜茸 30g，花椒面 15g，花椒油 10g，白糖 15g，陈醋 75g，葱白 30g，芝麻酱 50g，味精 20g，十三香粉（或五香粉）10g，香油 75g，红油 100g、熟芝麻（碾碎）15g。

【特点】咸、甜、麻、辣、鲜、香、酸各味兼备，麻辣味长，风味别致。

【制法】将白糖、精盐、味精、芝麻酱、复制酱油、陈醋、十三香粉加开水 250g 搅溶化均匀后，加味精、香油、花椒面、花椒油、红油、熟芝麻、葱白充分调匀即可使用。

【应用】此配方有去腥、解腻、提味的作用，适用于调拌较鲜的原料，多适用于鸡、鸭、野味类卤制品的调味，如鸡丝、鸡片、三丝等，四季适用。此味汁在使用时可将原料放在锅中收汁，如肚丁、鸭丁、口条丁、牛肉丁等。味型咸甜、麻辣、酸香兼备。怪味在与其他复合味的配合上，不宜与红油味、酸辣味、麻辣味的菜相配合。

怪味一般用于下酒菜肴的调味，是四季皆宜的复合味。

对异味较重的原料，如兔肉、鸭肉等原料，可以加入豆豉、郫县豆瓣、生姜、葱、大蒜等不同调味料。在家禽、家畜肉原料的运用上，可加入菜油、葱等。油酥类菜肴，可加入甜面酱、五香粉、饴糖等。这是在不同的菜肴中体现怪味味汁应用的奥秘所在。

7. 葱椒麻味汁

【配方】生花椒 30g（去籽），小葱 150g，复制酱油 150g（如用盐可加少量凉开水将盐化开），味精 15g，小麻油 30g，色拉油 50g。

【特点】咸麻具重，清香鲜美，麻而幽雅，刺激性小。

【制法】将花椒斩成粉末，小葱切末后与花椒粉同斩成茸，然后加入以上调料拌匀即成。酱油定咸味，提鲜。味精提鲜，用量以菜肴在食用时，进口有感觉为好，以酱油、味精所组合的咸鲜味较醇厚。在此基础上，重用葱叶与生花椒，突出葱与花椒所组合的椒麻味。用香油辅助椒麻，促使椒麻清香反复有味，但香油用量应恰当，以不压椒麻香为宜。

【应用】椒麻味清淡鲜香，味性不烈，刺激较小，与其他复合味配合都较适宜，用于四季凉拌菜肴。此味汁多用于动物性凉菜的拌制调味，对于干炸制品的凉菜则用于味碟。

选用青葱叶效果好，清香味浓。调味汁中若使用一定量的浓鸡汁，要求咸度适中，才能提高鲜味。味汁颜色要求不要掩盖原料的本色，才能达到菜肴色彩美观，增强食欲。有的地方使用微量白糖，用来提鲜，显示地方风味特色，有时根据风味需要，可以加入香醋，以增加清爽的感觉。

8. 姜汁味汁

【配方】去皮净姜 250g，陈醋 150g，精盐 50g，胡椒粉 15g，味精 25g，色拉油 100g，小麻油 50g。

【特点】姜味浓郁，咸中带酸，清爽不腻。

【制法】将净姜剁成姜茸，放入陈醋中浸泡约 5min，加凉开水 500g 及以上调料搅拌呈姜汁状后，调入色拉油和小麻油即成。盐作为咸味的基础，重用姜、醋，突出姜、醋的味道。味精可提高姜醋味的浓味，能缓和姜醋的浓烈味，但不能用多，用量能体现出鲜味适口即可。用香油点缀香气味，使姜醋浓郁、香味突出、酸而不酷、淡而不薄。

【应用】此姜汁最好在食品搅拌器中搅成茸汁，如浇淋凉菜可只用其汁，如拌制鸡丝、肚丝、口条等，可连姜茸一起拌均匀。味型特点是开味解腻，略带辛香味。

姜汁味清淡，调和诸味，与其他复合味配合均较适宜，最宜夏季、春末、秋初用于凉拌菜肴、佐酒。

姜汁味一定要突出姜与醋的混合味，虽属清淡，但决非淡薄无味，否则风味全无。有的地方加少许白糖在姜汁味中，但以不能食到甜味为宜。

姜汁味颜色不能过浓，以不掩盖原料本色为度。

9. 麻酱味汁

【配方】芝麻酱 100g，鲜鸡汁 20g，香复制酱油 20g，精盐 10g，味精 15g，白糖 10g，蒜泥 15g，五香粉 5g，色拉油 50g，香油 50g。

【特点】咸鲜可口，香味自然，四季皆宜。

【制法】先将芝麻酱用色拉油、酱油、鲜鸡汁充分搅拌调开，再将以上调料加入调匀即成。麻酱味在调味料配合中，咸味适口，不应太厚。重用芝麻酱，要求突出香味，不宜太浓，用量大会伤脾败胃，加入香油增香味，味精增鲜，做到香中有鲜。酱油定味用量要恰当，麻酱用量以突出香味为度。味精用量宜大，提高鲜味。香油辅助香味，以不压着麻酱的自然香味为佳。

【应用】多用于本味鲜美的原料，尤其适合下酒菜肴的调味，四季皆宜，常用于拌白肉、拌鸡丝、拌白肚、口条等腥味较小的动物性卤制品调味。

【备注】调味汁应加适量浓鸡汤，效果更佳。自制芝麻酱时，芝麻要陶洗净，炒至淡黄，磨茸，用七成热菜油烫出香味即成。有的地方风味加少许白糖，以增强鲜味。

10．鱼香味汁

【配方】姜末 30g，葱白 50g，泡红辣椒末 100g、蒜泥 50g，精盐 15g，白糖 25g，香醋 30g，复制酱油 50g，味精 30g，红油 100g，小麻油 50g。

【特点】色泽红亮，辣而不燥。咸、酸、甜、辣兼备，姜、葱、蒜味浓馥，鱼香味醇厚，略带辣味，鲜香味美。

【制法】调制时先将精盐、白糖、味精放入酱油、醋内充分溶化，呈咸酸甜鲜的味感时，再加入泡红辣椒末，姜末、蒜泥、葱花搅匀，然后放入辣椒油、香油拌和均匀（若味汁过稠可以适当加入一些冷鲜汤）后再加入白煮的凉菜中，如熟鸡片、肚片、毛肚、白肉丝等。盐加入原料中拌味，达到一定咸味基础，酱油主要是和味提鲜，与盐配合定味。泡红辣椒使菜肴粘附着鲜辣味、增色，突出鱼香味。姜、葱、蒜增香压异，用量均大。白糖、醋组成酸甜味。味精提鲜，香油增香。而姜、葱、蒜、香油均可增加冷菜的香味。

【应用】鱼香味用于拌菜，因主料不同，调味料有的要增加胡椒粉、绍酒、红油等不同调料，在实践中要注意变化。

11．糖醋味汁

【配方】白糖 250g，大红浙醋 150g，精盐 8g，蒜泥 20g，姜末 10g，酱油 10g，色拉油 50g，小麻油 50g。

【特点】甜酸并重，清爽醇厚。

【制法】将以上调料加清水 250g 在锅中熬化后淋入小麻油即成。盐用于原料码味、定味，达到一定咸味基础。酱油辅助于定味、提鲜、增色。盐和酱油组成基本咸味。白糖和醋是糖醋味的主味。菜肴入口先感觉是甜酸味，而咸味感觉微弱，只有在回味时有咸味的感觉，这样才能突出甜酸味风格。香油增香，用量以满足菜肴需要为宜。

【应用】此糖醋汁常用于凉菜中的糖炙骨、熏鱼等，一般是将腌制入味的原料炸熟后用糖醋汁在锅中收上卤，出菜时再淋入此汁，糖醋汁在锅中熬制时一定要有浓稠感为佳。糖醋用量不能过量，否则会发生背味，伤脾肝，失掉醇厚清淡之意。糖醋味四季皆宜，在夏季运用更佳。

12．芥末味汁

【配方】芥末糊 200g，精盐 30g，生抽 20g、味精 15g，白醋 50g，料酒 50g，白糖 10g，香油 50g、熟菜油 50g。

【特点】咸酸鲜香冲，清爽解腻。

【制法】先将盐、生抽、醋、味精调匀，加入芥末糊调匀，淋入香油即成。盐定基本咸味，生抽辅助盐定味是鲜，用量以菜肴的咸度适度为宜。在这个咸度的基础上，加入醋除异、解腻、提鲜、挥发冲味，用醋还能除芥末苦味，醋的用量宜少用，以入口有鲜感为佳。加熟菜油，可使其色泽光润。香油增香，香油的香味以不压冲味为佳。如果调味汁色深，可加大盐用量，减少生抽，加冷鸡汤汁，调均匀味汁，便可使用。

【应用】芥末味汁常用于拌白肉、鸡丝、肚丝、凉粉、鸭掌等凉菜，也可用于面食的调味，并多在夏季使用。做泡菜时加点芥末、芹菜碎，可使泡菜的色、香、味俱佳。

【备注】芥末糊的制作：芥末粉250g，用沸水100g、醋100g调匀，加熟菜油50g、白糖50g，调拌均匀，静置几小时，以除去苦味，激发冲味。香油加够量后，若还觉菜肴不够滋润，可酌情加熟菜油激发冲味。如果不能等待时间，用温水调散加盖，在40℃以下，使其发酵10多分钟，或在锅内蒸一下，使芥子甙经过温度上升，芥子酶开始发酵，而芥子甙变成辣味的挥发油，产生刺鼻通窍的辛辣味道。

13. 五香味汁

【配方】八角10g，桂皮5g，丁香2g，草果2g，甘草2g，香叶2g，沙仁2g，山奈2g，小茴3g，精盐约20g，料酒50g，酱油50g，白糖10g，味精10g，姜末20g，小麻油100g。

【特点】五香味浓，略带回甜。

【制法】将以上香料加清水或鲜汤1200g，小火烧开5min后加入味料并倒入容器中，用小麻油封汁焖泡15min后即可使用。

在调味料的配合中，盐定基本咸味，酱油和味、提鲜，或在咸甜味的基础上，重用五香粉，突出五香料的香气味。料酒渗透入味，去腥膻味，增香。姜、葱除异味，增香。香油增香。味精提鲜。

【应用】本配方以五香咸鲜味为主，可直接淋入切好的凉碟中，也可将香料渣去掉，将汁直接拌入卤菜，另外可适量加入红油，一般适宜拌肉类卤制品，也可以用于咸鲜味或咸甜味中烧、蒸、炸、熏的菜肴。五香味浓，对其他复合味有较强的压味作用，配合中随时加以注意，否则压住其他味。只体现出五香味是不够全面的。

14. 葱油味汁

【配方】香葱末150g（要葱白），洋葱末100g，精盐30g，味精20g，胡椒粉10g，白糖10g，料酒50g，花生油200g。

【特点】葱香浓郁，咸鲜清爽。

【制法】将以上调料入容器中拌匀，再将花生油烧热淋入调料中即成。盐定咸味，咸味应满足菜肴的需要。在咸鲜味的基础上，重用葱油，以突出葱的清香味，味精提鲜，用量稍大，这样才能突出香鲜风味的特点。

【应用】葱油味汁常用于“白切鸡”、“白切肚丝”、“白切肉丝”的调味，其味型特点是葱香、咸鲜、解腥、提味等，多用于春夏季节。葱油味极清淡香鲜，对一些味性烈、刺激性大的复合味有缓冲作用。

15. 茄汁味汁

【配方】番茄酱200g，白糖300g，精盐15g，白醋50g，蒜泥30g，姜末10g，色拉油200g。

【特点】味浓鲜香，略带回甜。

【制法】将色拉油入锅烧热后下蒜泥及番茄酱炒香，再加入清水500g及以上调料炒匀即成。盐确定原料基本咸味，番茄酱含有自然鲜酸味，可提色、增香、增鲜。重用番茄酱，以突出茄汁味。白糖与番茄酱用量要协调恰当，入口带甜酸，以浓香回甜为妙。姜、葱增香，除异味，香油增加香气，味精增鲜，菜肴入口时，能体现出鲜香适口为佳。

【应用】此味浓厚香鲜，略带回甜，与其他复合味配合比较适合，佐酒用饭，四季均宜。此茄汁可淋浇鱼丝、里脊丝等丝状凉菜中，如遇马蹄、鱼条、藕条则将原料炸制后再入锅中同茄汁翻炒入味，炒制时不能勾芡，要以茄汁自芡为主。味型酸甜、蒜香。

16. 香糟味汁

【配方】红糟100g，绍兴酒100g，精盐20g，味精20g，花椒末5g，姜末10g，葱白末20g，白糖10g、胡椒粉5g。

【特点】咸甜味鲜，糟汁醇香。

【制法】将以上调料加鲜汤200g在锅中烧开晾凉即可，烧制时料酒、葱白出锅后再放入。在调味料的配合中，盐定咸味，醪糟汁除异味，增香气味，用量较大。冰糖增色提鲜，辅助醪糟汁的甜味和香味。胡椒粉、姜去异味，用量以不压着醪糟汁的香味为佳。

【应用】此配方可直接浇入切好的凉菜中，如果为整块白鸡、白肉等，可将原料用此味汁浸泡入味后再改刀装盘。浸泡原料的味汁，可将花椒、姜、葱等整块放入。

17. 咖喱味汁

【配方】咖喱粉75g，黄姜粉30g，咖喱油膏30g，精盐40g，洋葱末150g，蒜末50g，味精15g，料酒40g，花生油350g，香油20g。

【特点】香味浓郁，略带辣味。

【制法】用花生油将洋葱末、蒜末炒香后，倒入咖喱粉、黄姜粉、咖喱油膏炒香出色，再加入料酒、精盐、味精炒拌均匀，出锅用盛器装好即成。在调味料的配合中，盐用来定原料的基本咸味，在这个基础上，重用咖喱粉、黄姜粉、咖喱油，目的是提色增香，突出咖喱味的特色。味精提鲜，香油增香，重用香油，与咖喱粉结合滋润，香味更加浓郁。洋葱、大蒜含有挥发油、蒜素和蒜辣素，可增强香辣味，辅助咖喱味的特点风格，使菜肴味香浓郁，略带辣味。

【应用】用咖喱味汁可直接淋入熟制的动物性原料凉菜，如“咖喱牛肉”、“咖喱鸡丝”等，也可将腌制的鱼块、鸡块炸熟后收汁，其味型特点是咸辣、鲜香、开味。

18. 色拉味汁

【配方一】色拉酱2支（塑料管装，每支约50g），卡夫奇妙酱约30g，炼乳30g。同置碗内搅拌均匀即成。

【配方二】卡夫奇妙酱100g，蜂蜜30g。共同搅拌均匀即成。

【配方三】生鸡蛋黄4个，色拉油150～200g，白醋20g，白糖20g，芥末粉10g。先将蛋黄用打蛋器慢慢搅散，再慢慢分次加入色拉油，一边加入一边搅打，使之呈半固体的乳化状，最后用白糖、白醋、芥末等调料搅拌均匀即成。

【备注】配方一是在有色拉酱的情况下的调配方法。配方二在粤菜中使用较多，但成本较高。配方三为传统配制方法，成本较低。

【应用】色拉味汁常用于各种水果丁、黄瓜丁、土豆丁（需除水）的拌味使用，能起到增味、增香、增鲜、增色的效果。

19. 凉菜的各种油碟

（1）花椒油碟：用花椒油、生抽、精盐、白糖、味精调拌而成。

（2）红油味碟：用红油、白糖、精盐、味精调拌而成。

（3）蒜泥油碟：用蒜泥、色拉油、小麻油调拌而成。

（4）姜汁油碟：用生姜丝（末）、红醋、色拉油、小麻油调拌而成。

（5）麻辣油碟：用花椒油、红油调拌而成。

（6）芥末油碟：芥末加胡萝卜茸、红椒末、洋葱末，淋七成热油而成。

（7）五香油碟：八角、桂皮、草果、小茴、陈皮等碾碎后，淋七成热油而成。

（8）咖喱油碟：用咖喱油、红油、洋葱末调拌均匀即成。

20. 通用凉拌汁

【配方】（大量制法）芝麻酱 3kg，海鲜酱 600g，细粒花生酱 1 瓶 500g，芥末粉 150g，砂糖 1.8kg，白醋 3kg，麻油 300g，罐头菠萝 1 罐，西柠 1 个（榨汁）。

【制法】以上用料用搅拌机高速搅匀，注入食物盒内，放入冰箱保存。

【备注】一般用于凉拌食品，如“凉拌火鸭丝”、“七彩火鸭丝”、“海蜇芝麻鸡”、“凉拌手撕鸡”、“翡翠玉鸳鸯”等。

四、凉拌菜制作实例

实例 3-1-1　生拍黄瓜

【原料组成】

主料：黄瓜约 200g、油炸花生仁 100g。

调料：盐 5g、味精 2g、陈醋 15g、蒜泥 20g、辣椒油 10g。

【制作方法】

（1）刀工处理：先将黄瓜清洗后用刀拍破，切成约 4cm 长的菱形块。

（2）腌制拌味：将拍好的黄瓜放入盆中，加入蒜泥、盐、味精、白糖、辣椒油搅拌均匀，最后加入陈醋、花生仁拌匀即可装碟。

【成菜特点】口感爽脆，蒜味浓郁、酸辣鲜香、色泽红亮

【技术要领】

（1）选好黄瓜，做拍黄瓜的原料一定要新鲜，黄瓜最好挑还挂着小黄花的。黄瓜不要太粗、体型匀称者为上，把黄瓜去头、去尾，因两头有点苦味。

（2）拍黄瓜时，不要太用力，免得都拍成末了，让它稍微裂开就好，但也不能太轻。

（3）黄瓜拌制好后，要存放半小时以上时间，待调料渗入拍碎的黄瓜块后食用效果较好，或者说先用盐腌制一会儿，再来拌制效果也不错。

【菜肴创新】依此烹调方法、味型，利用变换原料和形状的方法，这道菜可以做成不带辣味的咸鲜蒜泥味，也可做成麻辣味，还可以制作出爽口拍黄瓜、酸奶黄瓜色拉、甜面酱拌黄瓜丁、黄瓜萝卜荷兰豆沙拉等菜肴。

【健康提示】黄瓜味甘、性凉、苦、无毒，入脾、胃、大肠经；具有清热利水、解毒消肿、生津止渴功效；主治身热烦渴、咽喉肿痛、风热眼疾、湿热黄疸、小便不利等病症。

实例 3-1-2 蓑衣黄瓜

【原料组成】

主料：黄瓜两条约 400g。

调料（以糖醋味为例）：盐 6g、白糖 50g、米醋 20g、干红辣椒 20g、花生油 40g。

【制作方法】

（1）选料：要选又直又苗条，体型很漂亮的黄瓜。

（2）刀工处理：先将黄瓜的一面直刀切（或 45° 下刀），如果是第一次切，建议在黄瓜旁边放一根筷子，这样每刀都不会切到底，可以放心大胆的切。一面切完之后，将黄瓜翻 180° ，再斜刀切另一面。

（3）腌制：在上面洒些盐腌一下，20min 左右之后将腌出来的水倒掉，轻轻挤一下黄瓜的水分。放白糖，米醋。（糖醋比例依个人喜好而定）

（4）淋油冷藏：最后炸一点辣椒油，浇在上面就即可放入冰箱里冷藏，约 30min 后便可上桌。

【成菜特点】造型美观，质地脆嫩，甜酸爽口。

【技术要领】

（1）原料一定要新鲜，黄瓜最好挑还挂着小黄花的。黄瓜不要太粗，体型匀称者为上，把黄瓜去头、去尾。

（2）刀工处理是关键，两次斜切都是刀尖着底，刀跟不切到底。

【菜肴创新】依此烹调方法、味型，利用变换原料和形状的方法，可以制作成酸辣蒜泥味，也可以通过变化制作出“蓑衣萝卜”、“蓑衣茄子”等菜肴。

【健康提示】老人和小孩夏天不宜多吃，因为黄瓜的凉和辣椒的辣会对胃产生一定的刺激，所以“蓑衣黄瓜”最好和主食一起吃。

实例 3-1-3 美极野木耳

【原料组成】

主料：野生干木耳 15g。

辅料：青豆 25g、鲜笋 20g。

调料：精盐 3g、味精 1g、白糖 3g、美极酱油 10g、醋 2g、香油 3g。

【制作方法】

（1）原料初步加工及熟处理：干木耳用清水涨发后去除根部，撕为单片，用沸水浸泡大约 10min 后晾凉备用。青豆、鲜笋片焯水备用。

（2）调味成菜：美极酱油、精盐、白糖、醋、味精、香油入碗内充分调匀，再将木耳片、青豆、鲜笋片放入，充分拌和后装入盘内即成。

【成菜特点】木耳脆爽、青豆碧绿、咸鲜微甜。

【技术要领】

（1）干木耳需充分发透，这一过程中要多换几遍水以除尽木耳的土腥味。

（2）由于木耳表面光滑、不易入味，所以调制味汁应浓稠，才易于粘味。

【操作重点】

（1）原料应优选野生细木耳。

（2）味汁调制的浓稠度应把握好。

【菜肴创新】依此烹调方法、味型，利用变换原料和形状的方法，还可烹制“美极蚕豆”、“美极蕨根粉”、“美极花生仁”、“美极青瓜”等菜肴。

【健康提示】黑木耳中铁的含量极为丰富，故常吃木耳能养血驻颜，令人肌肤红润，容光焕发，还可防治缺铁性贫血；木耳中的胶质可把残留在人体消化系统内的灰尘、杂质吸附集中起来排出体外，从而起到清胃涤肠的作用。同时，它还有帮助消化纤维类物质的功能，对无意中吃下的难以消化的头发、谷壳、木渣、沙子、金属屑等异物有溶解与烊化作用，因此，它是矿山、化工和纺织工人不可缺少的保健食品。它对胆结石、肾结石等内源性异物也有比较显著的化解功能。黑木耳能减少血液凝块，预防血栓等病的发生，有防治动脉粥样硬化和冠心病的作用。它含有抗肿瘤活性物质，能增强机体免疫力，经常食用可防癌抗癌。但应注意孕妇不宜多吃，有出血性疾病、腹泻者的人应不食或少食。

实例 3-1-4　爽口牛舌笋

【原料组成】

主料：青笋 300g。

辅料：小米辣椒 10g、花椒 5g、小番茄 20g、葱叶 50g。

调料：味精 1g、精盐 3g、精炼油 25g、柠檬 25g、香油 5g。

【制作方法】

（1）原料熟处理及加工：青笋去老皮，片为长方形的牛舌片，入清水内漂至卷曲待用。锅置中小火上，放精炼油烧热，下花椒、葱叶，小火炒至味香，凉后成葱油备用，青笋片卷曲后摆入盘中成型，放入柠檬片、小番茄、小米辣椒节作为点缀摆入盘内。

（2）调味成菜：将用花椒、葱叶炒香的葱油放入调味碗内，加入精盐、味精、香油调匀，淋在笋片上即成。

【成菜特点】色泽翠绿、咸鲜香麻、脆嫩爽口。

【技术要领】

（1）青笋牛舌片的刀工要求很高，要做到薄而长，片后需立即用清水漂透，以保持色泽与口感。

（2）葱油决定味汁的鲜味，所以质量一定要好。

（3）葱油味汁的色泽不易保持，稍放即色变，最好现制现用。

【操作重点】刀工处理；味汁必须现制现用。

【菜肴创新】依此烹调方法、味型，利用变换原料和形状的方法，还可烹制“爽口苦瓜”、“爽口藕片”、“爽口南瓜花灯”，如果变换味型可制作成“椒麻舌片”、“椒麻鲜笋”、“葱油牛舌片”。

【健康提示】莴苣含有多种维生素和矿物质，具有调节神经系统功能的作用，其所含有机化合物中富含人体可吸收的铁元素，对缺铁性贫血病人十分有利。莴苣的热水提取物对某些癌细胞有很高的抑制率，故又可用来防癌抗癌。莴苣味道清新且略带苦味，可刺激消化酶分泌，增进食欲。莴苣的乳状浆液，可增强胃液、消化腺和胆汁的分泌，从而促进各消化器官的功能，对消化功能减弱、消化道中酸性降低和便秘的病人尤其有利。本菜肴含有大量植物纤维素，能促进肠壁蠕动，通利消化道，帮助大便排泄，同时本菜肴中钾含量大大高于钠含量，有利于体内的水电解质平衡，促进排尿和乳汁的分泌，对高血压、水肿、心脏病人有一定的食疗作用。

实例 3-1-5　飘香花椒鸡

【原料组成】

主料：熟净鸡肉 200g。

辅料：葱白 20g、青花椒 15g、熟芝麻 4g。

调料：酱油 15g、白糖 20g、辣椒油 40g、芝麻油 10g、醋 20g、藤椒油 5g、味精 1g、精盐 5g。

【制作方法】

（1）刀工处理：将干净的葱白切成粒装入盘内垫底，熟鸡肉用木棒轻轻捶打至肉质松软，用刀切为约 1cm 见方的丁，装入盘内葱丁上整齐排匀。

（2）调味成菜：将藤椒油、酱油、白糖、精盐、醋、辣椒油、芝麻油、味精盛入碗内调制均匀，淋在鸡丁上面，最后撒上芝麻及青花椒即成。

【成菜特点】色泽红亮，口味丰富，肉质细嫩。

【技术要领】

（1）装盘要自然、蓬松。鸡肉也可直接用刀切制，但不及经过木棒捶打的口感细腻。

（2）藤椒油要用酱油稀释后才能使用；各种调料必须齐备才能各味俱备；味汁要浓稠才粘味。

【操作重点】

（1）鸡应选择优质的土鸡、果园鸡、草鸡为好。

（2）鸡肉进行刀工处理时应拍松。

【菜肴创新】依此烹调方法、味型，利用变换原料和形状的方法，还可烹制出“飘香鸡杂”、“飘香猪手”、“棒棒鸡块”、“笋子拌鸡丝”、“花椒兔丝”。

【健康提示】此菜蛋白质的含量比例较高，种类多，而且消化率高，很容易被人体吸收利用，有增强体力、强壮身体的作用，含有对人体生长发育有重要作用的磷脂类，特别适合老人、病人、体弱者食用。

实例 3-1-6　菜根拌耳丝

【原料组成】

主料：生猪耳 300g、鱼腥草根 50g。

辅料：野山椒 300g、姜 30g、葱 20g。

调料：泡菜盐水 800g、料酒 15g、花椒 3g、辣椒油 20g。

【制作方法】

（1）原料初加工：猪耳治净后入冷水锅焯水，再入清水锅内，加入整姜、整葱、料酒、花椒，用中小火煮约20min，待猪耳断生后捞起，即刻用冷开水透凉。

（2）泡制成菜：取一小泡菜坛，加入盐水、野山椒及汁水，放进猪耳、鱼胆草根加盖泡约12h。走菜时捞出猪耳，斜刀片为长10cm、宽4cm、厚0.2cm的薄片，再切成丝，整齐装盘后淋上辣椒油既成。

【成菜特点】色泽洁白，质地脆嫩，酸辣爽口。

【技术要领】

（1）猪耳煮制的火候非常重要，断生即可，过火则成菜腻口。

（2）泡菜盐水的口味应以咸鲜为底味，在此基础上突出野山椒的酸辣味。泡菜坛可放入冰柜冷藏，以延长盐水的使用寿命，一般以一星期更换一次盐水为宜。

【操作重点】煮制时火候的控制；注意泡菜水温度的控制及保藏技巧。

【菜肴创新】依据烹调方法、味型，利用变换原料和形状的方法，还可制作“山椒耳片”、“老坛菜根香”、“菜根鲜鱿”等菜肴。

【健康提示】本菜肴含挥发油，油中主要成分为甲基正壬酮、月桂油烯、辛酸及月桂醛等，有抗病原微生物、抑制金黄色葡萄球菌、增强免疫力、提高慢性气管炎患者白血球的吞噬作用等。

实例3-1-7　红油鸡块

【原料组成】

主料：带骨熟鸡肉250g。

辅料：葱白30g。

调料：精盐3g、酱油10g、白糖5g、味精2g、冷鲜汤50g、红油辣椒50g、香油5g。

【制作方法】

（1）原料加工及装盘：将葱白洗净，切成长2.5cm的葱节装入盘内，带骨熟鸡肉斩为约4cm长、2cm宽的条块，整齐地放在葱节上，摆成“三叠水”形。

（2）调味成菜：将精盐、白糖、味精放入碗中，加入酱油、冷鲜汤调化，放入辣椒油、香油，调匀成红油味汁浇在鸡块上，再撒上葱花即成。

【成菜特点】色泽红亮，咸鲜香辣，鸡肉鲜嫩。

【技术要领】

（1）斩鸡时，皮朝上，下刀要准，使鸡块大小均匀，皮、肉、骨相连，块形完整。严格遵守垫底、围边、盖面的装盘原则。

（2）调制红油味时，可根据具体情况，加入适量鲜汤，防止颜色过深。

【操作重点】斩鸡时刀工处理；适当变化红油的用量。

【菜肴创新】如果烹调方法、味型不变，利用变换原料和形状的方法，还可烹制“红油鸭舌”、“红油耳片”、“红油三丝”等菜肴，如果烹调方法和原料不变，仅变换味汁可以烹调出“怪味鸡块”、“五香鸡块”等菜肴。

【健康提示】本菜肴蛋白质、脂肪、钙、磷、铁等含量丰富，对脾胃阳气虚弱、饮食减少、脘部隐痛、呕吐泄泻、疲乏无力、肝脾血虚、头晕目暗、面色萎黄、产后缺乳等症有一定的食疗价值。但要注意鸡肉性温，外感发热、热毒未清或内热亢盛者不宜过食。

实例 3-1-8　蒜泥白肉

【原料组成】

原料：猪后臀肉 500g。

调料：鸡汤 20g、盐 2g、酱油 10g、味精 2g、蒜泥 50g、红油 10g、香油 5g。

【制作方法】

（1）煮制：将猪后臀肉洗干净，放入白卤水中煮熟后，捞出凉晾，改刀成片。

（2）刀工卷筒：将改刀好的白肉片卷成筒状，整齐的装入盘中。

（3）调味拌制：另取一个调味碗，加入鸡汤、盐、酱油、味精、蒜泥、红油、香油搅拌均匀，淋入装好盘的白肉上即可。

【成菜特点】白肉口感软烂、蒜味浓郁、辣而不燥、咸鲜适口、色泽红亮。

【技术要领】

（1）煮制后臀肉时应先用旺火烧沸，再转用小火微煮，使肉质软烂无韧性，煮制以刚熟透为最佳，忌用旺火久煮。

（2）猪肉煮好后，原汤浸泡冷却最佳。

（3）卷制时，可以卷入一些黄瓜丝、香菜等。

（4）刀工要做到片张完整，薄而不穿，肥瘦相连。

（5）调兑滋汁的口味应以咸鲜为主、以辣为辅。蒜泥用量要多一些。

【菜肴创新】依此制作方法、味型，利用变换原料和形状的方法，还可以制作出“蒜泥肚丝”、“蒜泥腰片”、“蒜泥鸡片”等菜肴。

【健康提示】猪肉（后臀尖）含有丰富的优质蛋白质和必需的脂肪酸，并提供血红素（有机铁）和促进铁吸收的半胱氨酸，能改善缺铁性贫血，具有补肾养血、滋阴润燥的功效；但由于猪肉中胆固醇含量偏高，故肥胖人群及血脂较高者不宜多食。

实例 3-1-9　夫妻肺片

【原料组成】

主料：熟牛肉 50g、熟牛心 50g、熟牛肚 50g、熟牛舌 50g、熟头皮 100g。

辅料：芹菜 50g、酥花生仁 50g。

调料：卤水 100g、酱油 20g、精盐 1g、辣椒油 100g、花椒粉 5g、味精 2g。

【制作方法】

（1）刀工处理：将牛肉、牛心、牛舌切为长约 8cm、宽约 3cm、厚约 0.2cm 的片，牛肚和头皮斜刀片为相应大小的片。芹菜切为节，花生仁去皮后用刀拍碎。

（2）调味成菜：将切好的原料整齐摆放在盘内；调味碗内依次放入卤水、盐、酱油、味精、花椒粉、辣椒油、芹菜节，调匀后淋入盘内竖成。

【成菜特点】色泽红亮，软脆兼备，麻辣鲜香。

【技术要领】

（1）牛杂应反复用清水漂洗干净，以免影响成菜的质量要求。

（2）牛肉与牛杂必须事先煮制熟软。煮制牛肉与牛杂时，忌用旺火，宜用小火微煮至软烂的程度。

（3）在刀工上要根据不同的原料进行处理，特别是牛头皮，质地绵韧，应采用反刀斜片的刀法。

（4）调料中的卤水是指卤制牛肉用的五香白卤水，质量的好坏非常关键，不可或缺。

（5）在调制滋汁时，应麻辣咸鲜兼备。

【操作重点】煮制时的火候控制与刀工处理；一定要选用白卤水。

【菜肴创新】依据烹调方法、味型不变，利用变换原料和形状的方法，还可烹制“麻辣牛肉”、“红油牛肚”、“凉拌心舌”、“香辣牛筋”等菜肴。

【健康提示】本菜含有丰富的蛋白质，氨基酸组成比猪肉更接近人体需要，能提高机体抗病能力，对生长发育及手术后、病后调养的人在补充失血、修复组织等方面特别适宜。

实例 3-1-10　碧绿葱椒鸡

【原料组成】

主料：带骨土鸡腿 300g。

辅料：鲜青花椒 25g、西兰花 50g、香葱 25g。

调料：冷鸡汤 250g、盐 8g、味精 2g。

【制作方法】

（1）原料初步熟处理：将鸡洗干净后，放入汤锅内用中火煮至刚熟（即将肉切开不见血水），捞出放入一汤盆内，再将煮肉的原汤倒入浸泡约 20min。

（2）刀工成形：捞出浸泡的鸡，用刀斩成长约 8cm、宽约 1cm 的长条，理平装入盘内。青花椒剁茸，西兰花切块后焯水备用。

（3）调味成菜：将青花椒茸、冷鸡汤、盐、味精调成味汁淋在鸡条肉上，撒上葱节，点缀西兰花与少许整青花椒即成。

【成菜特点】色泽淡雅，青香浓郁，肉质软嫩。

【技术要领】

（1）掌握煮肉的火候，以刚熟为准，切记过软。此外注意选料，必须选用土鸡。

（2）鸡肉煮熟后应用原汤浸泡，质地才柔软。刀工处理时，条需均匀完整，皮肉相连。

（3）整个味型需在咸鲜的基础上突出青花椒的青香味。

【操作重点】煮鸡时的火候控制；味汁的调制。

【菜肴创新】依此烹调方法、味型，利用变换原料和形状的方法，还可烹制“碧绿葱椒鸭”、“碧绿葱椒腰花”、“碧绿葱椒鸡胗”等菜肴。

【健康提示】本菜中使用的花椒配合鸡肉做菜，能很好地促进唾液分泌，增加食欲，使血管扩张，从而起到降低血压的作用；提高鸡肉蛋白质的消化吸收率。

实例 3-1-11 麻辣鸡丁

【原料组成】

原料：大鸡腿 1 个，青椒片 50g、红椒片 50g，花生仁 100g。

调料：精盐 3g、酱油 10g、味精 3g、辣椒油 15g、花椒粉 3g、香油 5g。

【制作方法】

（1）熟处理：将鸡腿煮熟，捞出凉冷，花生仁炸脆备用。

（2）刀工：青、红椒改刀成片，凉冷后的鸡腿改刀成丁。

（3）调味拌制：将改刀好的鸡丁、青椒片、红椒片放入盆中，加入精盐、酱油、味精、辣椒油、花椒粉、香油搅拌均匀，再加入花生仁拌匀，装入盘中即可。

【成菜特点】口感软烂，麻辣不燥，咸鲜适中，色泽红亮。

【技术要领】

（1）煮鸡腿时忌用旺火，宜用微小火煮制鸡腿刚熟透为佳。

（2）刀工处理的鸡丁大小均匀。

（3）所调滋汁口味应以咸鲜为主，麻辣为辅。

【菜肴创新】依此烹调方法、味型，利用变换原料和形状的方法，可以制作出“麻辣鸡丝”、“麻辣肚丝”、“麻辣白肉”、“麻辣兔丁”、“红油鸡块”等菜肴。

【健康提示】鸡腿肉蛋白质的含量比例较高，种类多，而且消化率高，很容易被人体吸收利用，有增强体力、强壮身体的作用。鸡肉含有对人体生长发育有重要作用的磷脂类，是中国人膳食结构中脂肪和磷脂的重要来源之一。鸡肉对营养不良、畏寒怕冷、乏力疲劳、月经不调、贫血、虚弱等有很好的食疗作用。祖国医学认为，鸡肉有温中益气、补虚填精、健脾胃、活血脉、强筋骨的功效。

实例 3-1-12 生拌苦菊苗

【原料组成】

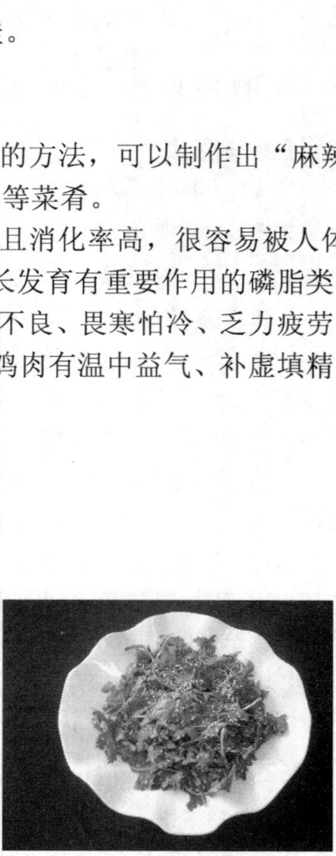

原料：苦菊苗 300g、红椒丝 5g

调料：姜、蒜末各 2g，精盐 3g，味精 1g，芝麻油、熟芝麻、米醋各 5g。

【制作方法】

（1）将苦菊苗清洗干净，沥干水分备用。

（2）另取一个调味碗，加入姜末、蒜末、精盐、味精、芝麻油、熟芝麻、米醋搅拌均匀备用。

（3）将味汁与处理好的苦菊苗搅拌均匀即可装盘上桌。

【成菜特点】色泽翠绿，咸鲜微酸，清香爽口。

【技术要领】

（1）苦菊苗清洗时可以用淡盐水浸泡一小会，可以去掉虫子和虫卵，同时也可以起杀菌消毒作用。

（2）此菜宜现拌现食，也可依个人口味随意调拌。

【菜肴创新】此菜是凉拌野菜类代表菜，依此烹调方法、味型，利用变换原料的方法，可以制作出“凉拌苦苣菜”、“核桃仁拌春芽”、“凉拌筒蒿”等菜肴。

【健康提示】苦菊是一种廊坊特产的食用植物，苦菊属菊花的一种，又名苦菜，有抗菌、解热、消炎、明目等作用。苦菊味略苦，颜色碧绿，可炒食或凉拌，是清热去火的美食佳品。因其味感甘中略带苦，且有清热解暑之功效，受到广泛的好评。

实例 3-1-13 玉米百合拌凉瓜

【原料组成】

原料：玉米 15g、百合 20g、苦瓜 300g。

调料：蒜末、白糖、泡好的枸杞、芝麻油各 5g，精盐 3g，味精 2g，米醋 5g。

【制作方法】

（1）初加工：将百合剥瓣去粗部，凉瓜去瓤切片。

（2）熟处理：将玉米、百合、苦瓜分别飞水处理成熟，晾凉备用。

（3）调制味汁：另取一个调味碗，加入蒜末、白糖、芝麻油、精盐、味精、米醋搅拌均匀。

（4）拌制装盘：将处理好的玉米、百合、苦瓜装入盘中，加入调好的味汁，搅拌均匀，撒上枸杞，即可装盘上桌。

【成菜特点】色彩明亮，质地脆嫩，咸鲜微酸，清香爽口。

【技术要领】

（1）此菜选用鲜嫩的甜玉米、鲜百合最佳。

（2）百合需先入沸水锅中烫至呈透明色，再与其他原料拌食。如果是干百合，一定要先发透再用。

【菜肴创新】依此烹调方法、味型，利用变换原料和形状的方法，可以制作出“银杏百合凉瓜”、“芦荟拌凉瓜”、“百合拌西芹”、“百合拌番茄”、“鲜虾拌凉瓜”等菜肴。

【健康提示】此菜营养丰富，清脆爽口，咸鲜清淡，食疗作用明显。苦瓜有较高的疗疾功能，有清热解毒、缓解劳乏、开胃进食、降压降脂、降血糖作用，适用于糖尿病患者，在盛暑炎热季节，常食有增进食欲和清热、提神、防暑的作用。百合性微寒，味甘、淡，具有润肺止渴、滋养清热、清心安神等功效。百合中所含的秋水仙碱等多种生物碱，有滋补作用。玉米中含有丰富的不饱和脂肪酸，尤其是亚油酸的含量高达 60%以上，它和玉米胚芽中的维生素 E 有协同作用，可降低血液胆固醇浓度并防止其沉积于血管壁。因此，玉米对冠心病、动脉粥样硬化、高脂血症及高血压等都有一定的预防和治疗作用。

实例 3-1-14 酸辣猪肚

【原料组成】

原料：猪肚 1 个。

调料：酱油 5g、精盐 5g、陈醋 10g、味精 2g、辣椒油 15g、香油 4g。

【制作方法】

（1）初加工及熟处理：将猪肚搓洗干净，放入沸水中焯水处理后投入白卤水中卤 30min 捞出备用。

（2）刀工处理：将卤好的猪肚改刀成条，整齐地装入盘中。

（3）调味拌制：另取一个调味碗，加入酱油、精盐、陈醋、味精、辣椒油、香油调拌均匀，淋在装好的猪肚上即可。

【成菜特点】口感爽脆，咸鲜酸辣，色泽红亮。

【技术要领】

（1）肚子在煮制时，可以浸泡一会儿，15～30min 即可。

（2）调味拌制时，盐要放够，这样“盐咸醋才酸”。

【菜肴创新】依此烹调方法、味型，利用变换原料和形状的方法，可以制作出“酸辣肚丝”、“酸辣猪利”、“酸辣白肉”、“酸辣兔丁”等菜肴。

【健康提示】猪肚含有蛋白质、脂肪、碳水化合物、维生素及钙、磷、铁等，具有补虚损、健脾胃的功效，适用于气血虚损、身体瘦弱者食用。

实例 3-1-15 麻酱重阳笋

重阳笋即箭竹笋，又名火烧笋，是南方的特产之一，其中广西和台湾产量比较多。重阳笋味道幽香清脆、营养丰富，是一种口感极佳的美食。近年来经过厂家科学处理，保鲜期可达 1 年之久，在市面上都可以买到。

【原料组成】

原料：重阳笋 500g（约 1 包）、红椒丝 5g。

调料：鸡汤 20g，酱油 50g，芝麻酱 70g，味精 2g，香油 30g，白糖 2g，红油 10g，熟芝麻 5g。

【制作方法】

（1）初加工：红椒去籽切丝，重阳笋撕成条，切成长 3.5cm 的节。

（2）初步熟处理：分别将重阳笋、红椒丝入沸水内焯水煮断生，晾干水分备用。

（3）调味拌制：将芝麻酱、香油、酱油、鸡汤、味精、香油、白糖、红油调散调匀，与笋条拌匀，装盘，撒上白芝麻即成。

【成菜特点】咸鲜香浓，嫩脆适口，略带微辣，色泽红亮。

【技术要领】

（1）重阳笋可撕成长条也可以直接改刀成条。

（2）重阳笋和红椒下锅焯水时，要分开焯水，因为重阳笋煮制时间稍长一些，而且混在一起煮容易串味。

（3）芝麻酱要先用鸡汤稀释再调味。

【菜肴创新】依此烹调方法、味型，利用变换原料和形状的方法，可以制作出“麻酱凤尾”、“麻酱笋片”、“麻酱鲜冬笋”、“麻酱油麦菜”、“麻酱拌豆腐”、“麻酱豆角”、“糟辣重阳笋”、“香拌八度笋”等菜肴。

【健康提示】笋在我国自古被当作“菜中珍品”，竹笋中含有丰富的蛋白质、氨基酸、脂肪、糖类、钙、磷、铁、胡萝卜素、维生素等。多种维生素和胡萝卜素含量比大白菜含量高一倍多，而且竹笋的蛋白质比较优越，人体必需的赖氨酸、色氨酸、苏氨酸、苯丙氨酸，以及在蛋白质代谢过程中占有重要地位的谷氨酸和有维持蛋白质构型作用的胱氨酸，都有一定的含量，为优良的保健蔬菜。笋还具有低脂肪、低糖、多纤维的特点，食用笋不仅能促进肠道蠕动，帮助消化，去积食，防便秘，并有预防大肠癌的功效。笋含脂肪、淀粉很少，属天然低脂、低热量食品，是肥胖者减肥的佳品。

第二节　卤水类菜肴制作

一、卤的概念、分类及技术要领

1. 卤的概念

将经过加工整理或初步熟处理的原料投入事先调制好的卤汁中加热，使原料成熟并且具有良好香味和色泽的方法称卤。

2. 卤水的种类

根据主要调味料的不同，卤可分为红卤和白卤两种。

（1）红卤：以酱油、糖色、精盐、冰糖或白糖、黄酒及各种香料为主要调味料，红卤的颜色可以用酱油、老抽、糖色、红曲米等来调制。

（2）白卤：不加酱油、糖色等带色的原料，一般也不放糖，其他调味料与操作过程和红卤一样。

3. 卤制的程序

卤法是制作冷菜的常用方法之一。按卤菜的成菜要求，通常将卤法的操作过程设计如下：调制卤汤→投放原料→旺火烧开改小火→成熟后捞出冷却。

（1）调制卤汤　卤制菜肴的色、香、味完全取决于汤卤。行业中习惯上将汤卤分为两类，即红卤和白卤（亦称清卤），由于地域的差别，各地方调制卤汤时的用料不尽相同，大体上常用的调制红卤的原料有酱油、红曲米、黄酒、葱、姜、冰糖（白糖）、盐、味精、大茴香、小茴香、桂皮、草果、花椒、丁香等，白卤的原料有盐、味精、葱、姜、料酒、桂皮、大茴香、花椒等。无论红卤，还是白卤，尽管其调制时调味料的用量因地而异，但有一点是共同的，即在投入所需卤制品时，应先将卤汤熬制一定的时间，然后再下料。

（2）原料卤前处理　在原料入汤卤前，应先除去腥臊异味及杂质。动物性原料一般都带有血腥味，因此卤制前通常要经过焯水或炸制处理，一是去除原料的异味，二是可使原料上色。

（3）卤制原料　卤制品的成熟度要恰到好处。卤锅卤制菜品时通常是大批量进行，一桶卤水往往要同时卤制几种原料，或几个同种原料。不同的原料之间的料性差异很大，即使是同种原料，其个体差异也是存在的，这就给操作带来了一定的难度。

1）要分清原料之间的质地。质老的置于锅（桶）底层，质嫩的置于上层，以便取料。

2）要掌握好各种原料的成熟要求，不能过老或过嫩（不是指质地，而是指原料加热时的火候运用程度）。

3）如果一锅（桶）原料太多时，为防止原料在加热过程中出现结底、烧焦的现象，可预先在锅（桶）底层垫上竹垫或其他衬垫物料。

4）要熟练掌握和运用火候。根据成品要求，灵活恰当地选用火候。习惯上认为，卤制菜品时，先用大火烧开再用小火慢煮，使卤汁的香味慢慢渗入原料，从而使原料具有良好的香味。

4．卤水汁的保存技巧和出味法

当制作一桶全新的卤水时，无论肉味或色泽都很难让人满意。若汤骨和药材料放多了，其味会很俗；而有时材料适当，味却会寡。要做到恰到好处，必须谨慎操作每一步。在制作一桶标准的卤水时，要注意以下几点：

（1）首次调卤水时，汤骨、药材料不要用鱼篓或布袋分开装，待熬至汤骨、药材料已出味时再作适当处理（因分开盛载，药材较难出味）。如要加入红曲米来调色，要特别注意的是，与药材一起熬制时，水不能大滚，否则卤水会有苦味。

（2）熬卤水料时，卤水烧开后要转文火，最好熬两个半小时后熄火，待冷却后，再将全部材料取出，汤骨、生姜、香菜要弃去。因汤骨会碰损其他肉类，而生姜、香菜时间久了会使卤水变坏。将全部药材料用鱼篓或纱布袋装好后，放入卤水内，再将卤水烧滚。滚前要将浮面油小心撇去，再用干净毛巾抹去煲内周边的油污。注入玫瑰露酒或绍酒后，将药材包取出，然后将肉类放入，按各款肉类的不同要求，用不同的时间和火候来配合。

（3）当各款肉类卤好后，捞出，再将卤水烧开，因每次用时会有生水或手汗污染，如卤水用后不烧开，会很快变酸。烧滚前亦要将浮面油小心撇去，并用干毛巾抹去煲内周边的油污，再次把药材袋放回，再烧滚后熄火待冷却。

（4）卤汁用后只要保存得当，可以继续使用。再次使用时，可适当添加汤汁、香料及调味品等。反复使用的卤汁称为“老卤”，其清卤方法是：将卤汁倒入锅中烧沸撇去浮油，过滤渣滓，每次卤完后，可酌情加些浅色酱油、姜、料酒和水，并根据使用次数适当加入各种调味料和药材，不使卤汁减少。经过若干天后，要将鱼篓内的药材全部弃去，再将鱼篓洗净，放入新的药材料（俗称“换卤水胆”），药材的多少视每天所卤肉类的分量而定。

老卤的保质也是卤制成品成功的一个关键。卤水用的时间越久，卤过的东西越多，味也就更加浓厚而香醇，其制成品滋味更加醇香。所谓老卤，就是经过长期使用而积存的汤卤。这种汤卤，由于加工过多种原料，并经过了很长时间摆放，其质量相当高。因原料在加工过程中呈鲜味物质及老卤制作原料，会使原料的营养和风味有所增加，因而对于老卤的保存也就具有了必要性。通常认为对老卤的保存应当做到以下几个方面：定期清理，勿使老卤聚集残渣而形成沉淀；定期添加香料和调味料，使老卤的味道保持浓郁；取用老卤要用专门的工具，防止在存放过程中使老卤遭受污染而影响保存；使用后的卤水要烧沸，从而相对延长老卤保存时间；选择合适的盛器盛放老卤。

（5）卤在冷菜材料的制作中使用广泛，其原料的适用范围有：动物性原料，包括鸡、鸭、鹅及肚、肝、肫等动物内脏原料；野味也是常用的原料；极少数也有以植物性原料加工的如豆腐干、素鸡、香菇等。卤制的原料其料形一般以大块或整形为主，以鲜货为宜，而且生、熟料都可以卤。常见品种有卤猪肝、卤鸭舌、盐水鸭、卤香菇等。

（6）卤制成熟后一般把原料浸泡在卤汁中，食用时随用随取。这类卤菜的口味特别鲜香。也有的在卤制成熟后即行捞出，待凉透后在原料表面涂上一层油脂，一可增香，二可防止卤菜表面发硬和干缩变色。卤制品具有味鲜醇厚、香气浓郁、滑润红亮的特点。

（7）卤牛肚、鸡蛋、豆腐、猪大肠和咸虾时，要将卤水另外盛出，卤好后卤汁可当灼汁使用。注意：由于以上肉料非常抢味，所以不宜放入卤水桶中。而用以上肉料卤过的卤汁，味道已很淡，适宜于翻热卤味用。食用时，可将肉类放入热的灼汁翻热。另外，如卤过猪大肠或咸虾的卤汁有腥、尿味，请勿再用。

（8）卤牛杂时，将各款整件牛杂煮熟而未透时，冷却后分割切件块后，放入卤水盆内。须密切注意次序及时间，因时间过久便太咸，而时间短又太淡。

（9）熬卤水或滚卤水及浸卤味时，切勿将盖盖上。因盖上盖时，药材味会较浓，卤水色泽也较暗，锅内周边也会产生较多油污，还会造成滚时浮面油混入卤水内，或者因不易察觉到卤水已滚，以至溢出浇熄炉火。

（10）卤水盆每次用后翻滚待冷却时，不要盖上盖，因盖上盖会使盖上的冷却水倒流入卤水中，会导致卤水很快变坏。

（11）卤水盆存放的地方，切勿与生水、油污、杂物等接触。卤水在每次用后、翻滚前、撇油及翻滚后待冷却时，才将锅盖盖上。一般将卤水盆置于通风地方存放最为理想。

二、各种卤水及卤水菜式的制作

1. 白卤水制法

配方一

【用途】适用于浸“百味鸡”、“百宝鸡”、“路边鸡”、“悦香鸡”、“三悦鸡”、“清平鸡”、“处女肥鸡”、“江南一品鸡”及“脆皮鸡”、“脆皮大肠”等多种白卤味食品。

【用料】清水 6000g，冰糖 240g，白酒 120g，绍酒 240g，盐 320g，味粉 120g，鸡腿 2 只，瘦肉 400g。

【药材】八角、丁香、陈皮、草果各 6g，桂皮、沙姜各 60g，甘草 40g。将各料装入小布袋扎紧。

【制法】待水煲沸，放入鸡腿、瘦肉、布袋药材，用微火熬 1.5h，除去泡沫和黑色的水，去掉肉渣（或将渣隔去）。加入盐、糖、味粉、鸡精及白酒、绍酒，稍沸即成。

配方二

【用途】适用于浸乳鸽及“贵妃鸡”、“芳香鸡”、“香味鸡”、“香露鸡”、“香妃鸡”、“香油鸡”、“华香鸡”等多种白卤味食品。

【用料】清水 6400g，生盐 240g，味粉 80g，绍酒 240g，玫瑰露酒 1 瓶。

【药材】八角 24g，花椒 20g，香叶 40g，甘草 48g，桂皮 40g，沙姜 40g，陈皮 1 个。将上述药材装入小布袋，扎紧候用。

【制法】待水沸，放入药材，微火熬 1.5h，除掉泡沫和黑色的水。加入盐、酒稍沸即成。

配方三

【用料】清水 10kg，盐 250g，味粉 100g，鸡精 40g，绍酒 400g，玫瑰露酒 400g 及卤

味配料适量，老姜（拍裂）120g。

【药材】八角 15g、干沙姜 7g、丁香 2g、桂皮 3g、甘草 15g、花椒 15g、草果 12g、小茴香 10g、豆蔻 5g、白芷 3g、当归 3g、陈皮 5g、香叶 3.5g。

【特点】浓香型，适于加工原料异味较重的食品。

【制法】将药材装入小纱布袋，入锅，加姜，加清水煮 30min 后，再加精盐、味粉、鸡精、绍酒、玫瑰露酒煮沸，即成“白卤水”味汤。

配方四

【用料】清水 10kg，盐 150g、味粉 60g，鸡精 20g，绍酒 400g，玫瑰露酒 400g 及卤味配料适量，老姜（拍裂）80g，葱 5 条。

【药材】八角 3 粒、草果 2 只、干沙姜 5g、桂皮 2g、丁香 0.5g、花椒 3g、砂仁 2g、香叶 1 张、陈皮 1 块、小茴香 3g、豆蔻 2g、甘草 5g、白芷 1.5g、当归 1.5g。

【特点】清香型，适于加工原料异味较淡的食品，或某些白切类食品。

【制法】将药材装入小纱布袋，入锅，加姜，加清水煮 15min 小火熬后，再加精盐、味粉、鸡精、绍酒煮沸，即成“白卤水”味汤。

2．普通红卤水

【药材】八角 15g、干沙姜 7g、丁香 2g、桂皮 3g、甘草 15g、花椒 15g、草果 12g、小茴香 10g、豆蔻 5g、白芷 3g、当归 3g、陈皮 5g、香叶 3.5g。

【料头】老姜（拍裂）120g，葱 10 条。

【用料】清水 10kg、生抽 3kg、千杯少 1 瓶、加饭酒 2 瓶、白酒 1kg、二锅头 250g、玫瑰露酒 1/3 瓶、鱼露 1 瓶、精盐 150g、味精 100g、鸡精 50、冰糖 1.5kg、蚝油 250g、红曲米 120g。

【制法】参见精卤水做法。

【用途】可卤普通卤制品，如猪、猪脷、大肠、肚、鸡鸭、脚翼、猪头皮、猪尾巴、猪下巴等。素菜类可卤豆腐、菌类等。

【佐料】

A．咸香味：卤水汁加蒜、葱茸、香菜段、蚝油、花生油、香油、碎花生、胡椒粉。

B．咸辣味：在 A 料基础上加入生指天椒碎、辣椒酱、红油。

C．咸酸味：在 A 料基础上加入香醋、红醋、喼汁、酸料（辣椒、柠檬、荞头、梅子）。

D．咸酸辣味：在 B+C 的基础上加花椒粉、花椒油、紫苏。

3．精卤水制法（俗称“油鸡水”）

配方一

【药材】八角 25g、草果 20g、花椒 20g、甘草 25g、陈皮 5g、桂皮 5g、丁香 1.5g、豆蔻 5g、小茴香 10g、干沙姜 15g、桂丁 20g、玉枝子 20g、砂仁 5g、香叶 3.5g、罗汉果 1 只、白芷 3g、当归 3g。

【料头】干鱿鱼 100g、沙骨 1kg、生姜半斤（拍破）、生葱 150g、香菜 100g、红曲米 100g。

【用料】生抽王 5kg、千杯少 2 瓶、加饭酒 2 瓶、二锅头半瓶、白酒 750g、玫瑰露酒 1/3 瓶、鱼露 1 瓶、老抽 350g、蚝油 300g、冰糖 1.75kg。

【制法】

（1）配制药材：将各种药材香料按比例配制好。

（2）香料飞水处理：将拣好的药材放入烧沸的水中飞水，捞出沥干水分备用。

（3）配制调味料：另取一个大盆，将各种调味料按比例倒入盆中，搅拌均匀。

（4）香料的炒制与装袋：将飞水好的各种药材香料用热油炒香后用白纱布袋包好。

（5）配制卤汤：取一大锅，加入清水10kg，放入姜、葱、芫荽、香料包，倒入配制好的调味料，用大火烧沸后，改小火煮30min，捞出姜葱。

配方二

【用料】清水1.8kg，生抽3kg，葱（爆香）80g，老姜（拍裂、炸透）80g，老抽320g，冰糖1.2kg，绍酒160g，红曲米120g（另用小布袋装起，扎紧）。

【药材】八角、桂皮、甘草各20g，草果、丁香、沙姜、陈皮、花椒各8g，罗汉果1/8个。用小布袋装起，扎紧待用。

【制法】

（1）待水煲沸，加入药材袋，微火熬30min，除去黑色的水和泡沫。

（2）加入红曲米袋、葱、姜，续熬30min，弃掉米、葱、姜等渣。

（3）然后加入生抽、老抽、酒、糖，稍沸，撇去浮沫即可。

4．蚝油辣味卤汁

蚝油辣味卤汁适合于家禽类的内脏卤制，因为蚝油辣味卤汁的味道较浓厚，能够将内脏类特有的腥味盖过。喜欢吃辣的人，可以增加辣椒末的分量，或是将卤味卤好之后，淋上辣椒油增添风味。

【药材】八角25g、小茴香15g、甘草10g、桂皮5g、丁香2g、香叶4片、花椒10g。

【用料】辣豆瓣酱30g、蚝油30g、沙茶酱30g、辣椒油10g、蒜头5瓣、生姜5片、辣椒2个、米酒15g、冰糖15g，生抽王15g。

【制法】

（1）将所有药材装入棉质卤包袋中，再用棉线捆紧，即为蚝油辣味卤包。

（2）卤包和水2000ml、米酒一起放入锅中，浸泡20min备用。辣椒切末、蒜头拍破备用。

（3）烧热油锅，把蒜头、姜片爆香，加入辣豆瓣酱、蚝油、沙茶酱、辣椒油、辣椒末一起炒香，放入制法（2）的锅中，再加入冰糖，大火烧开后，小火熬煮20min即完成蚝油辣味卤汁的制作。

5．各种卤水菜式的制作

实例3-2-1 白切鸡

【菜肴简介】这款看来很平凡的菜式，要浸制出皮滑、肉嫩、煮熟（骨中带血），吃了赞不绝口，而且回味无穷的效果，需要注意一些秘诀。

白切鸡又名“白斩鸡”，是广式名菜。清代袁枚《随园食单》称之为白片鸡。他说：“鸡功最巨，诸菜赖之，故令羽族之首，而以他禽附之，作羽族单。”单上列鸡菜数十款，用于蒸、炮、煨、卤、糟的都有，列以首位的就是白片鸡，说它有“太羹元酒之味”。如今，在两广地区，鸡的菜式有200余款之多，而最为人常食不厌的正是白切鸡，原汁原味，皮爽肉滑，大宴小席皆宜，深受食家青睐。

【原料组成】

主料：光鸡1只（重约960g）。

佐料：麻油8g，姜、葱、盐适量。

【制作方法】

（1）初加工：将鸡除去内脏，洗净吊干水。

（2）熟处理及冷却：烧沸大锅水，将光鸡放入，用微火浸约3min，熄火续浸约18min后捞出，然后投入冷开水内浸到鸡冷却（5～10min）。

（3）抹上麻油：捞起用麻油涂匀鸡身，斩件上碟，配姜葱油蘸鸡吃。

【佐料制法】

（1）姜葱汁

配方：姜茸32g、盐200g、白糖24g、味粉40g、鸡精20g、炒姜粉24g、麻油40g、葱白茸600g、胡椒粉5g。

制法：把姜茸32g放在锅中，另起锅将生油600g烧滚，倒入姜内，加精盐200g、白糖24g、味粉40g、鸡精20g、炒姜粉24g、麻油40g、葱白茸600g拌匀即成。

（2）沙姜汁

配方：鲜沙姜茸32g、香菜末100g、葱白茸100g、生抽王20g、蚝油10g、糖10g、鸡精20g、胡椒粉5g、麻油10g、熟花生油600g。

制法：把鲜沙姜茸32g放在锅中，另起锅将生油600g烧滚，倒入姜内，加入香菜末100g、葱白茸100g、生抽王20g、蚝油10g、糖10g、鸡精20g、胡椒粉5g、麻油10g拌匀即成。

（3）蚝香汁

配方：姜丝32g、葱丝100g、芫茜段100g、蚝油100g、芝麻酱50g、生抽20g、胡椒粉5g、麻油10g、熟花生油600g。

制法：先用少许熟汤把芝麻酱调稀，再与其他调料拌匀即可。

【技术要领】

（1）选择良种鸡，首选龙岗鸡，其次是石龙鸡、信丰鸡，或肥嫩未生过蛋的母鸡。

（2）白切鸡要浸熟，不是煮熟，浸得好不好，关键在于调节汤水的温度和时间，浸鸡的时候不能让汤水沸起，沸起就变成煮了，会使鸡肉迅速收缩，使肉质变韧。

（3）浸鸡的时候，要不时翻动，让鸡身受热平均。浸时水温要保持80～90℃，浸一定时间后，再让其慢慢降至40～50℃。能浸到九成半熟、黏骨则最理想。

（4）浸鸡的时间，要看鸡的重量、品种和汤水量、水温及天气而确定。如汤水量多，浸鸡时间可以缩短些；鸡重些，品种差些，天气冷些，时间可以浸长些。当发现鸡膝关节的皮向上收缩，便表明鸡已浸至刚熟。或用竹签插入鸡腿看是否有血水流出，可知鸡是否已浸至刚熟。

（5）鸡浸至刚熟时捞起，放入冷开水中（冷水尽量多些），冷却5～15min。取出后，要将鸡周身涂上麻油或生油，使之皮爽滑，又可减少鸡肉水分蒸发、鸡皮转色、保持油润。

【菜肴创新】依据烹调方法、味型，利用变换原料和形状的方法，还可制作出白切鸭、白切鹅、白切猪脚（广西的陆川猪脚特别出名）等菜肴。

【健康提示】仔鸡的鸡肉占体重的 60%左右，含有丰富的蛋白质和磷酸，鸡肉的营养价值更高。加上仔鸡的肉里弹性结缔组织极少，所以容易被人体的消化器官所吸收，有增强体力、强壮身体的作用。鸡肉对营养不良、畏寒怕冷、乏力疲劳、月经不调、贫血、虚弱等有很好的食疗作用。

实例 3-2-2　豉油鸡（桶子油鸡）

【菜品简介】豉油鸡是广式烧卤菜肴中著名的一道菜，如今在广西、广东一带几乎每个酒楼都经营这道菜，可谓是广式烧卤菜肴中最流行的一道菜，这道菜色泽鲜亮，鸡肉嫩滑，便宜量足，开胃助消化，深受人们的喜爱。

【原料组成】肥嫩土光项鸡（750～900g）、精卤水适量。

【制作方法】

1）鸡的卤制前处理：先将光鸡洗干净，去掉残余的毛，将洗好的光鸡用挂钩挂起，吊干水分。

2）鸡的卤制：将锅中的卤水用大火烧开，用手提住鸡头，将鸡整个浸入卤水中再提起来，反复浸入七八次后，再把鸡放入卤水中，用碟子压住，使鸡全部浸没在卤水中，关火加盖，浸约 12～15min。

3）出锅晾凉：鸡浸好后，将碟子拿起，用挂钩将鸡取出，吊干水分，挂好后，趁热刷上一层花生油。

4）整鸡斩块装盘的方法：备好熟砧板、菜刀、干净的毛巾以及装盘用的腰碟；将鸡脖子切下备用，将两个鸡翅膀沿关节处割下备用；将两个鸡腿沿关节处割下备用；沿腹部将整块鸡胸割下备用；将剩下的背肉斩成两块；去掉鸡屁股和脊骨；削出两块腿肉；将两个鸡腿骨排好，斩成块，装盘垫底；将鸡脖子斩成块，装入鸡腿骨上垫底；将两块背肉分别斩成块，装在盘子的两边；鸡头装在腿骨正前方；将鸡胸的胸骨去掉，斩块盖在腿骨上；将腿肉斩块，装入鸡腿的位置；将鸡翅斩块，装在鸡翅的位置；用香菜装饰点缀即可上桌。

【成菜特点】色泽呈棕红色、鲜香嫩脆。

【技术要领】

（1）鸡种要优良，必须是农家饲养的鸡，净重一定要保持在 800g 左右，否则鸡体太小肉质虽嫩但香味不足，太大则肉质较老。

（2）油鸡水每次使用后必须烧开，因为油鸡水可以多次使用，所以每次都要消灭浸鸡时产生的细菌，以免变质。

（3）油鸡水每次用时要加适量生抽；用 5 次后，味已淡薄，便要补充香料；或用 10 次后，换一次香料包。要想带红色可加红谷米 100g（装入小布袋）。

（4）南方人食用鸡肉一般要求肉质比较细嫩，所以很多肉只要刚熟即可，北方厨师在烹调时可以适当增加鸡的卤制时间以适应北方人的口味要求。

【菜肴创新】依据烹调方法、味型，利用变换原料和形状的方法，还可制作出“玫瑰豉油鸡”、“豉油皇乳鸽”、“油气香汁鸡”等菜肴。

实例 3-2-3　卤鸭

【原料组成】光鸭 1 只，卤水约 6kg，白糖 20g。

【制作方法】

（1）鸭的初加工：将鸭取去内脏，洗净、沥干。

（2）卤制成熟：将处理好的鸭放入沸卤水锅内，用微火浸至恰熟，约 45min，如果是老鸭则需卤 1h 左右。

（3）抹麻油：将鸭起锅，乘热抹上麻油，略冷时斩件装盆。

（4）抹糖汁：把原卤汁 1/2 饭碗加白糖煮至稠浓，浇在鸭块上即成。

【成菜特点】色泽酱红，皮肥不腻，肉质鲜嫩，酥烂入味，咸中带甜。

【技术要领】

（1）最好选用鸭龄为 1 年左右的仔麻鸭。

（2）麻鸭宰杀清洗时应保持鸭体完整、表皮无伤痕。

（3）卤鸭要以小火为主，只有火候够了鸭肉才能入味，火大，容易把鸭皮煮烂，形状不完整。

【菜肴创新】利用主料变换，还可制作美味卤鸭头、卤水鸭脚翅、卤鸭舌等菜肴。

【健康提示】鸭肉营养丰富，鸭肉中的脂肪酸熔点低，易于消化，所含 B 族维生素和维生素 E 较其他肉类多，能有效抵抗脚气病、神经炎和多种炎症，还能抗衰老。鸭肉中含有较为丰富的烟酸，它是构成人体内两种重要辅酶的成分之一，对心肌梗死等心脏病患者有保护作用。

对于素体虚寒，受凉引起的不思饮食，胃部冷痛，腹泻清稀，腰痛及寒性痛经，以及肥胖、动脉硬化、慢性肠炎者应少食；感冒患者不宜食用。

实例 3-2-4　卤水金钱肚

【原料组成】

主料：金钱肚 1kg。

辅料：姜 50g、葱 50g。

调料：精盐 100g、料酒 50g、香料 200g、鲜汤 2kg、冰糖色 200g。

【制作方法】

（1）原料初步处理：金钱肚翻洗净后，放入约 100g 食用碱浸泡 10min，经过搓揉去净表层黑膜，再将其入沸水锅中焯水备用。各种香料放入一张纱布内扎为香料包。

（2）调制卤水：鲜汤内加入精盐、料酒、冰糖色、香料包、整姜葱，在中火上烧开约 30 分钟至味融和成为卤水。

（3）卤制成菜：将金钱肚入卤水内，中火烧开后打去浮沫，再用小火卤至熟软，捞起晾凉即成。

【成菜特点】色泽红亮、五香味浓、质地软糯。

【技术要领】

（1）搓揉时用力要均匀，必须刮洗干净，成菜后才能达到色泽光亮的要求。

（2）卤水中所用的各种香料主要是指常用的八角、山奈、灵草、小茴香、草果、砂仁、老蔻、花椒等。卤水在使用过程中要注意保养，每次使用后都应烧开存放，并随时进行补色、补味、去杂质等。

（3）卤菜的要求大多是熟软、味醇厚，所以卤制的时间必须充分才能入味，才能达到成菜要求。

【操作重点】金钱肚的洗涤加工；卤水保养与卤制时火候控制。

【菜肴创新】依据烹调方法、味型，利用变换原料和形状的方法，还可烹制卤猪肚、卤水鸭、卤鸭舌等菜肴。

【健康提示】本菜肴含丰富的蛋白质、脂肪，特别钙、磷、铁、硫胺素、核黄素、尼克酸含量很丰富等，具有补益脾胃、补气养血、补虚益精等食疗价值。

实例 3-2-5　卤水乳鸽

【原料组成】

主料：鸽 2 只（重约 750g）。

调料：卤水约 3.2kg，玫瑰露酒 100g 左右，麻油少许，白醋、蒜茸、红椒粒、糖各适量。

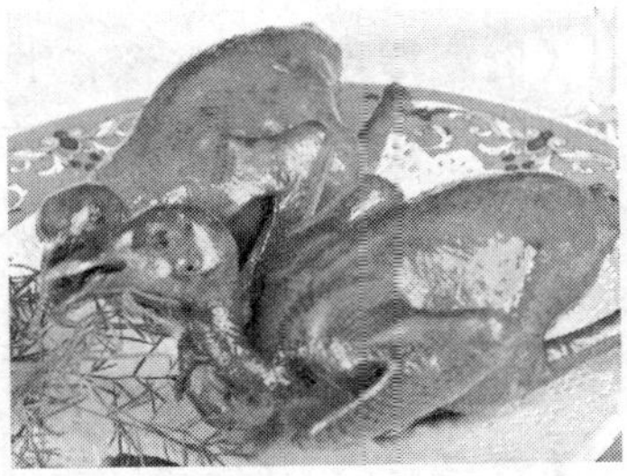

【制作方法】

（1）乳鸽的初加工：取精选的大皇鸽，将乳鸽取去内脏，切去脚爪，洗净、沥干。

（2）初次卤制：待卤桶里的卤水烧滚后，将鸽子放入卤水中，倒入玫瑰露酒，盖上卤桶盖，微火浸约 10min，把鸽子取出，在其腿部用钢针插几下（使鸽子易熟）。

（3）再次卤制：再将卤水煮稍沸，即熄火续浸 7min，便熟。

（4）斩件上碟：取出乳鸽，乘热抹上麻油，待冷，斩件上碟。白醋、蒜茸、红椒粒、糖拌匀，作为调料蘸食。

【成菜特点】肉质嫩而滑，皮香。

【技术要领】

（1）乳鸽选择：选用 28 日龄、毛重 0.75～1kg 的健康乳鸽。

（2）注意掌握好卤制乳鸽的火候，不能卤过头。

【健康提示】鸽肉味咸、性平、无毒，具有滋补肝肾之作用，可以补气血、托毒排脓，可用以治疗恶疮、久病虚羸、消渴等症。常吃可使身体强健，清肺顺气。对于肾虚体弱、心神不宁、儿童成长、体力透支者均有功效。乳鸽的骨内含丰富的软骨素，常食能增加皮肤弹性，改善血液循环。乳鸽肉含有较多的支链氨基酸和精氨酸，可促进体内蛋白质的合成，加快创伤愈合。

实例 3-2-6　蚝油辣鸭掌

【原料组成】

主料：鸭掌 12 只（重约 750g）。

调料：蚝油辣味卤汁 1 锅，麻油少许。

【制作方法】

（1）鸭掌的初加工：鸭掌去掌皮、爪尖洗净、沥干备用。

（2）鸭掌初加熟处理：鸭掌放入滚水中汆烫，煮至六成熟时，捞出过凉，然后去除鸭掌骨洗净备用。

（3）卤制鸭掌：将蚝油辣味卤汁烧滚，放入鸭掌，以中小火卤约 10min，熄火后浸泡约 5min 至鸭掌入味，取出后趁热滴入香油，迅速拌匀装盘即可。

【成菜特点】肉质脆嫩，咸鲜微辣，五香味浓。

【技术要领】

（1）鸭掌初步熟处理时煮制时间不宜过久，以能去除鸭掌骨为宜，去骨时须待其完全晾凉后，要力求保持鸭掌肉的原形。

（2）卤制鸭掌时不能用大火，以保持鸭掌肉的原形，先以小火卤制，再熄火浸泡，这样味道更好。

【菜肴创新】依据烹调方法、味型，利用变换原料和形状的方法，还可烹制麻辣鸭掌、怪味鸭掌、鱼香鸭掌、蚝油辣肥肠、香辣牛筋、辣脆管等菜肴。

【健康提示】鸭掌含有丰富的胶原蛋白，和同等质量的熊掌的营养相当。掌为运动之基础器官，筋多，皮厚，无肉。筋多则有嚼劲，皮厚则含汤汁，肉少则易入味。从营养学角度讲，鸭掌多含蛋白质，低糖，少有脂肪，所以可以称鸭掌为绝佳减肥食品。

实例 3-2-7　白云猪手

【菜品简介】白云猪手是广州名菜之一。广州几乎每个酒楼都设有这款菜式。最初是将猪手洗净斩件先煮熟，再放到流动的泉水漂洗一天，捞起再用白醋、白糖、盐一同煮沸，待冷却后浸泡数小时，即可食用。食之觉得皮爽脆，肉肥而不腻，带有酸甜味，醒胃可口，食而不厌，颇有特色。因泉水取自白云山，故名为白云猪手。

【原料组成】

主料：猪手、猪脚各 1 只（1.25kg 左右）。

配料：盐 1/2 汤匙、白醋 1.2kg、白糖 900g、五柳料 60g。

【制作方法】

（1）初加工及焯水：猪手及猪脚刮净，放入沸水内（加些姜、盐）微火煲 30min，熄火续浸半小时捞起。再用清水漂浸 20min，以便除去油腻。

（2）熟处理：将猪手脚取出，劈开成两半后斩件，放入沸水内微火煲 10min 后，熄火浸半小时，捞起。再用清水漂浸 20min，捞起，再用冷开水洗 1 次，然后放入糖醋汁内浸约 6h 便成。

【成菜特点】酸中带甜，肥而不腻，皮爽脆，食而不厌，骨肉易离，皮爽肉滑，是佐酒佳肴。

【技术要领】

（1）糖醋料做法：白醋 1.2kg、白糖 900g、盐 1/2 汤匙一起煮沸，待冷便成。

（2）五柳料：用瓜英、锦菜、红姜、白酸姜、酸芥头制成。白云猪手排碟时，可撒上红辣椒丝或五柳料丝。

（3）猪手要先煮后斩件，以保持形状完整。煮后一定要冲透，并洗净油腻。

（4）煮猪手的时间不要过长或过短，长了猪皮的原蛋白溶于水中过多，皮质不爽口，时间过短，其皮老韧。沸水浸时以猪手、脚皮仅可离骨为标准，这样才能泡制得皮爽肉滑、肥而不腻。

（5）用糖醋汁浸时，放入冰柜冷藏较好。

【菜肴创新】依据烹调方法、味型，利用变换原料和形状的方法，还可烹制“白云鸡爪”、“白云鸡翅膀”等菜肴。

【健康小提示】猪手、脚含有丰富的胶原蛋白，脂肪含量也比肥肉低，并且不含胆固醇，能防治皮肤干瘪起皱、增强皮肤弹性和韧性，对延缓衰老和促进儿童生长发育都具有特殊意义。为此，人们把猪蹄称为“美容食品”和“类似于熊掌的美味佳肴”。

猪手、脚对于经常性四肢疲乏，腿部抽筋、麻木，消化道出血，失血性休克及缺血性脑病患者一定辅助疗效，它还有助于青少年生长发育和减缓中老年妇女骨质疏松的速度。

实例 3-2-8　啤酒黄鸡

【原料组成】

主料：三黄鸡 1 只（杀好后约 750g）。

卤水料：啤酒 1 瓶，白卤水 1.2kg，冻啤酒 1 瓶，盐 25g。

佐料：鸡汤 20g、盐 3g、酱油 10g、米醋 10g、味精 2g、蒜泥 30g、红油 10g、香油 5g。

【制作方法】

（1）初加工：将鸡去掉内脏、硬喉，清洗干净。

（2）卤制及冷却：起锅，放入葱段、姜块、香料包，熬制白卤水，熬好后，加入啤酒、盐，将鸡浸入卤水中 3～5min 再提起来，反复 7～8 次，再将鸡全部浸入卤水中，卤浸 15min 后，将鸡捞出，淋上凉啤酒，待鸡肉降温变凉后，用保鲜膜封住碗口，放入冰箱冷藏。

（3）刀工及调汁：取出鸡斩件装盘，用啤酒汁、醋、盐、白糖、味精、酱油、红油、香油调成汁，淋在鸡块上，再撒上葱末、芝麻即可。

【技术要领】

（1）三黄鸡最好用一斤到一斤半左右的为宜。

（2）盐与啤酒一起下锅，早放盐会影响肉质的口感。

（3）用啤酒腌制鸡时，最好用从冰箱取出来的凉啤酒，目的是让鸡肉表面收缩，这样鸡肉口感更好，腌制过程可长可短，依自己的时间而定。

（4）此菜可热食或冻食，冻食更显皮爽肉香，风味更佳。

（5）斩件装盘，上席时淋上用浸鸡的啤酒汁调制好的味汁，口感更加鲜美。

第三节 烤炸类菜肴制作

一、中国的烧烤历史

烧烤的历史可追溯到旧石器时代的原始社会。据考古学者的考察，在距今 175 万年前的云南元谋人遗址中，已发现人类使用火的证据。如果说，使用火是人类社会发展史上的一个里程碑，那么，烧烤便是烹饪的开山祖了。烧烤的历史可以追溯到旧石器时代的原始社会。传说一场天火吓跑了所有的动物，先民们饥饿难忍，于是斗胆捡起了地上被烧死的动物尸体大嚼起来，却惊喜地发现熟食远比生食美味得多。从此人们学会了用火将食物烧熟了来吃，也就是今天所说的“烧烤”，只不过那时候的烧烤颇为原始、简单，且没有任何酱料调味。

烧烤在古代饮食史上占有特殊的地位。《帝王世纪》载“纣宫九市、车行酒、马行炙”，说明殷商宫室的膳食主要是各种肉类制成的烧烤食品。到了周代，著名的“八珍”中就有多款是烧烤制品。

秦汉以后，烧烤之风更加盛行。《西京杂记》说，汉高祖刘邦即位后，朝夕以烧鹿肝和烧牛肝下酒。皇室的饮食已如此的标新立异，仕宦豪富更以烧烤食品作为日常膳馔。烧烤这一烹调方法也因此逐渐达到较高的水平。

南北朝时期，贾思勰的《齐民要术》记载烧烤食品较为详尽，列举烧烤法 22 种，从中可以看出南北朝以前烧烤制作技术已达到相当高的水平。首先由整体或大块烧烤发展为精工细切的烧烤，这样不但美观，进食也比较容易。其次是由烧一种肉食发展为几种肉类配置一起烧制。最值得重视的是调味品的使用更加广泛，那时的调味品已有盐、醋、花椒、酒、鱼、酱油、葱、蒜和姜等十多种。此外，不少烧烤制品还采用上色技术（即今天的“上皮”）。上色的材料有汁、蜜水、麻油、鱼酱等，它们不仅使烧烤食品的色泽美观，味道也更加醇香。

到了隋唐，烧烤技术又得到进一步的发展。烹饪方法已发展到多种多样。《隋书 · 王劭传》：“劭上表曰；‘今灸肉用石炭、柴火、竹火、草火、麻荄火，气味不同。以此推之，新火、旧火理应有异。’”燃料的质地不同，散发出来的气味也有所差异，对烧烤已有如此的研究，当时的烧烤造诣可见一斑。

唐代的烹调方法虽然已经发展到多种多样，但烧烤食品仍占重要地位。仅韦臣源宴请唐中宗的“烧尾宴”，烧烤食品就有五六款之多。据《清异录》载，曾享受过各种美味的太常少卿段成式，一次驰猎郊外，吃了一道乡下人家的猪肉羹，味道竟是鲜美异常，故此将那羹称为“无心炙”。由此可见，烧烤还是“美味”的代名词。

及至宋代，各大城市的饮食市场空前活跃，烧烤食品更成了市肆的主角。《梦粱录》所载的酒肆菜肴中有烧青虾、蜜烧膂肉、烧獐肉、烧鳗鱼等十多种。这一时期可算是古代烧烤食品最繁盛的时期。

元代忽思慧的《饮膳正要》为皇帝精选的“聚珍异馔”中也有烧羊心、烧羊腰等。明清两代，无论是宫廷御宴或市肆筵席，烧烤食品都往往作头盘之用。

清代，盛极一时的“满汉全席”上，烧乳猪和烧鸭被列称为第二次摆台的首菜，地位显赫。随着“满汉全席”的盛行，“双烤”曾传遍大江南北，享誉各地。

烧烤之所以深受人们喜爱，且历久不衰，主要是烧烤的技艺精湛。

烧制食品发展到今天，同古代相比，基本方法没有大的变化，只是其延伸而已，但在用具、用料、品种上已有显而易见的变化。

首先是工具多样化、现代化和实用化。除了沿袭古法，在敞口的炭炉或火盆上放铁架（铁网），将原料用烧叉穿好，搁在上面反复烧外，还出现了以煤气、电等为能源的烤炉，而且炉具制作材料也更加高级，由铁制改成不锈钢制造。这样烤炉虽然不能直接拿烧叉进行原料控制，但相对明火烧烤来说，却更加环保和安全。

其次就是酱料的多样化。古人虽然也明白酱料的重要性，多渠道地加以创新，但与今天相比，仍有很大的差距。现代人在古人制作酱料技法上不断加以创新，将各种药材、香料、配料灵活搭配，制作出一款款色、香、味、形俱佳的菜肴。

二、烤的概念、种类及技术要领

1. 烤的概念与特点

烤，又称烧烤、炽烤，古称为炙。烤就是将生料腌渍或加工成半成品后，放在烤炉内，以木炭、煤气、电能等为热源，利用辐射的高温，使原料成熟的一种烹调方法。

烤制通常是将生料腌渍或加工成半成品后再进行，中途不加调味料。烤制成熟后用佐料蘸食，或现烤现吃。烤制品由于经过直接烧烤，表面可产生一中焦化物，因而使菜肴具有色泽红亮、表皮酥脆、肉嫩、干香不腻的特点。

2. 烧烤的方法与设备用具

虽然烧烤的发展力经数千年，但今天人们仍然应用祖先“把食物放到火焰上烧烤”的原理。尽管使用的器材和调料大不相同，但基本的方法却没有太大的改变。

现代的烧烤是指将原料腌制或加工成半熟制品，放进烧烤炉，用木炭、木材、煤气等燃料或用电力，利用高温的辐射热能（一般在200℃），把原料直接烤熟。

（1）烧烤方法

1）木炭燃烧：炭烧是最古老的烧烤方式，采用炭炉燃烧木炭，把食物上叉后（穿入烧叉）放在炉面上，直接利用火的热力烧熟。因为食物直接用火烧熟，故被称为明火烧烤。食物在烧烤期间，由专人料理，可随意移动和调节火位，因此火力比较平均，食物致熟的效果最佳。人们日常在街头巷尾所见的小贩在没有遮盖的火炉上用火的热力来进行烤制羊肉、鸡腿等的方法，就属于炭烧。

2）烧炉烧焗：食物采用烧炉烧熟，是利用热力烧焗的原理。当烧炉底部加热，热力上升，热气积存于炉内，内里的食物渐渐会吸热致熟。炉烧的优点是可以容纳更多的食物，在同一时间内受热致熟，节省燃料和人力，降低成本，是近代烧烤的一大突破。

（2）烤炉种类

1）明炉烧烤：用一个敞口的炭炉或火盆，上放铁架，将原料用烧叉穿好或放在烤盆上，搁在铁架上反复烧烤。明炉烧烤的特点是设备简单，火候容易掌握，便于操作。缺点是火力分散，烤肉不容易烧得匀透，而且烧烤时间较长。但它对小型原料及大型原料的某一部位进行重点烧烤时要比暗炉烧烤的效果好。

2）焗炉烧烤：焗炉比烤炉小，能源有煤气和电等。焗炉预热后将原料放入，可根据原料的质地和大小，按焗炉的能力确定火力和焗制时间。开始焗时宜用高温，待原料上色后再改用中火至小火烤焗。焗炉也可焗制菜肴、面包和点心等。相对炭炉和煤气炉而言，电炉较为环保和安全。

3）微波炉烧烤：微波炉是一种利用高频电波——微波进行加热的先进炊具。微波烧烤较传统的烧烤有以下优点：加热迅速、均匀，耗电量低。早期的微波炉不能使烤制的食物表面有焦黄色，但现在的微波炉已解决此问题。

（3）对烤炉的要求　烤炉的炉体结构（包括炉膛的体积大小、形状）及供热性能对烤制成品的数量、质量都有很大的影响，因此在选用烤炉时必须考虑下列因素：

1）热能的利用效率：烤炉所用燃料的放热量与食物实耗热量相称，以便节约能源，降低成本，提高经济效益。

2）炉体的设计：要求精致完善、操作方便、调温容易，有利于发挥潜力，提高效益。

3）安全卫生：建炉的场地要根据生产、加工的供应量来确定，烤炉的大小、操作场地的宽窄要适当，要有良好的通风降温设施，以保证工作人员的安全与健康。同时要经常清洗操作所用的设备和工具，打扫环境卫生，清理烤炉烟道，保持室内空气清新，利于操作。

3．烤的操作要领

（1）烤制原料表面需涂抹饴糖或其他调味料，涂抹要均匀，饴糖浓度要适中，要挂置于通风处吹干表皮。

（2）腌渍的烤制原料，要掌握调味料的比例和腌渍时间的长短。

（3）根据原料的体形、肥瘦、老嫩及风味不同来确定烤制时间的长短。通常明炉适用于体形较大、烤制时间长的原料，暗炉适用于体形较小、烤制时短的原料。

三、烤炸类菜肴的制作

实例3-3-1　广式烧鸭

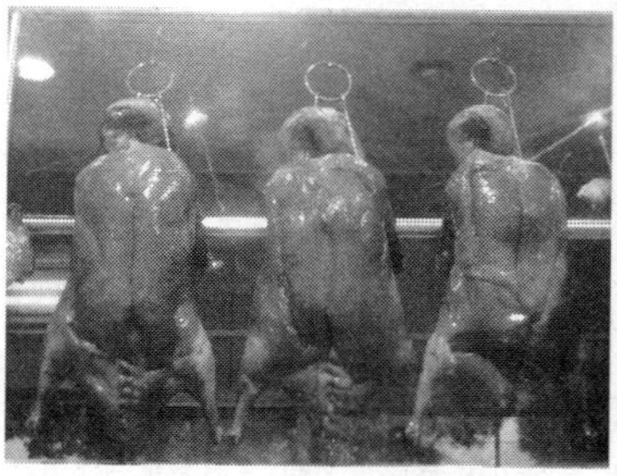

【菜品简介】很久以前在岭南地区就流传着这样一句话：“广州吃烧鹅，南宁吃烧鸭。”南宁人自古喜欢吃鸭，这和南宁的气候有极大关系。南宁天气炎热，居住于此的南宁先民认为鸭肉清热祛火，而鹅肉性毒，吃了会使患处愈加发炎肿胀，多食上火生疮。据说，南宁最早出现烧鸭是在清康熙年间。南宁烧鸭的原料多选用南宁本地的芝麻鸭，皮香肉嫩，骨头带香。南宁烧鸭与北京烤鸭代表了中国烤鸭的南北两派别。

【味型】味型与肚料和佐料有关，一般有4种：

A．咸香味；B．酸甜味；C．咸酸味；D．咸酸辣味。

【原料组成】

主料：光鸭1只（2.2kg左右）。

五香盐配方：炒盐350g、白糖200g、味精75g、芝麻茸30g、五香粉10g、八角粉5g、沙姜粉 7.5g、芫茜粉 5g、胡椒粉 2.5g、甘草粉 5g。

糖皮水配方：清水 500g、麦芽糖 50～60g、白醋王 30g、酒 10g。

肚料配方：（可以放入以下两种配方中的一种）：

A．干料：八角 1 粒、香叶 3 片、姜 1 片、葱条 2 条、白酒 1 瓶盖、五香盐 50g。

B．湿料：盐豉（茸）35g，梅子、柠檬各 30g，香油 10g，姜葱蒜茸 30～35g，生抽 40g，蚝油 20g，香醋适量，腐乳半块，白糖 15g，料酒 15g，盐 10g，五香粉 5g，甘草粉 5g，八角 1 粒，胡椒粉 2.5g，陈皮茸 2g。

佐料配方：

A．咸香味：姜、葱、蒜茸、芫茜段、盐、味精、胡椒粉、生抽、蚝油、腐乳汁、五香肚料原汁、白糖、酒、鸡精、汤水、香菇汁、芝麻、花生茸。

B．酸甜味：冰花梅酱+糖醋（清水 200g、白醋 250g、红醋 50g、茄汁 3 匙、冰糖 250～350g、喼汁几滴、盐 10g）。

C．咸酸味：在 A 料中加入白醋、红醋、茄汁、喼汁、酸（姜、辣椒、荞头、柠檬、梅子）。

D．咸酸辣味：在 C 料基础上加入生指天椒碎、四川辣酱、红油、花椒油、花椒末、番茄、芫茜（鱼腥草）。

【制作方法】

（1）鸭的初加工：用热水把光鸭烫一下，捡去细毛，在颈部割一小孔吹气至鸭皮全涨起。在腹部划一直刀取出内脏，用刀切去翅尖、下巴，双脚，洗净挂起晾干。

（2）腌制处理：把五香盐和料头（姜片、葱、八角、香叶、酒等）放入鸭肚内，用手抹擦匀，用鸭尾针缝好口，腌约 30min。

（3）充气、烫皮、上色：将充气管从鸭的杀口处插入，给鸭子充气至鸭皮全涨起，用沸水烫至各割口处皮肉收缩，汤制好后，提起鸭子，用钩挂好，沥干水分后，淋上调制好的糖皮水，吊在通风处晾干至鸭皮透明、干爽。

（4）将晾干皮的鸭坯挂入已烧热的烤炉内，用中火烧烤。先烧背部至金黄色时（约 15min），再转烧胸部，待烤至鸭皮呈金红色、鸭眼凸出、流清汁时便熟，一般约需 30min。

（5）将烤好的鸭子从烤鸭炉中取出即可。

【脆皮的关键】

选料是决定烧鸭质量的首要因素，要注意以下几点：

（1）成数足，斤两够：应选用大小一致，每只重 2.2kg 左右的光鸭。因为烧鸭的烧制不是单个进行，而是分组分批进行。如果光鸭的大小不一致，做起来就很麻烦。最常见的是出现烧生现象（多数是熟的，但有未熟的），原因是烧生的鸭较大。若在烧制过程中打开炉门将一两只大小不一的鸭抽出来，会影响整炉鸭的质量。

（2）选用四不鸭：光鸭不破皮、不淤血、不断骨、不打水（打水鸭弹性好、滑手）。不能选用烂皮、破皮、缺少部分皮的光鸭。因为烧鸭能吸引人的地方正在于皮亮肉香。鸭皮破损，破损的部位在烘烤时成为鸭体排出水分的缺口，起不到吸热的作用，所以加倍时间也不能将它烧熟。烂皮的原因是多样的：有在鸭场宰杀时造成的，由于烫鸭的水过热，使用拔毛机拔毛时将鸭皮扯烂；有因烧腊工人操作技术不够熟练造成的，在烫皮的时候，将鸭在开水里停留过久，浸熟了鸭皮。

（3）不能选用腹部切口被撑破的光鸭。因为在烧鸭之前，应先将味料放进鸭肚内，然后用鸭尾针缝好，不让味汁流出来。而光鸭如果烂了肚皮，很难将味料封住在鸭腹腔里，鸭未烧熟，汁已流掉，鸭身脱水，很快会受热烧干。

【技术要领】

（1）充气：充气的目的是使鸭皮肉分离，一般要充两次气，第一次要先充气后才能开肚。

（2）鸭子上糖皮水后，一定要风干透后（皮干爽透明）才能烤制，风干的方法有以下几种：

自然风干：要天气晴朗，气温要高，夏秋季节一般要4～6h，冬季一般要8h以上。

大功率电风扇吹干：如果是潮湿天气，气温低，湿气重，可以选用此方法，一般要吹8h以上。

焙炉：如果需要急用，可以选用焙炉的方法，炉温应在45℃左右，不能加盖。

（3）烤：

如果选用小火烤制，炉温控制在60～70℃，需要烤40～50min，成数可以达到7.5成，外观色泽稳定均匀，但光泽和口感欠佳。

如果选用中小火烤制，炉温控制在85℃左右，需要烤制25～30min，成数可以达到8成，皮色金红，色泽光亮，皮脆肉嫩。

如果选用中大火烤制，炉温控制在95℃以上，需要烤15～20min，成数可以达到8.5成左右，但色泽偏深，往往出现熟不透现象，需要改变火力，转小火烤胸部5～8min。

【脆皮的原因】同是一家字号，同是一个师傅，为什么有时买的烧鸭皮脆，有时皮又不脆呢？有人说这是本身老嫩的问题，但这种说法不全对。原因是多方面的，归纳起来主要有以下5点原因：鸭未风干透就开始烤制；未经焙炉就将鸭挂入炉里烤；打开炉门的次数过多；打开炉门的时间过久，使炉里的热量流失；烤炉内鸭挂得太密。以上5点都可导致皮不脆。

想烤出质量好的鸭，一定要让上过糖皮水的鸭干透后，才可以入炉烤制，一般要晾8h以上才能够干透。假如为了赶时间，最少也要4h以上，而且烤制的时间要适当延长，因鸭身未干，其吸热作用就很低，烤多些时间才能成熟。一般在酒店的烧卤厨房或烧腊店里，烧鸭都是提前一天上好糖皮水，第二天才烤制的。

当然要想达到真正理想的效果，还要注意以下几个方面：

（1）已经进行了合格上皮处理。

（2）鸭身晾皮干爽。

（3）已经烧过空炉，将干爽的鸭进行慢火焙炉，看见鸭尾部开始出现红斑，则拿出来晾冷（不冷则烧不脆皮）。

（4）有一定炉温后，将焙过而又晾冷的鸭挂入炉里（不可挂得太密），用中小烤制。

（5）必要时中途替鸭换位。

在烤鸭的过程中，如果做以上5点，烤出来的鸭基本上是理想的，皮脆肉香。

【菜肴创新】依据烹调方法、味型，利用变换原料和形状的方法，还可烹制南乳琵琶鸭、广式烧鹅、脆皮乳鸽、脆皮鸡、广式扒鸭等菜肴。

实例 3-3-2 吊烧鸡

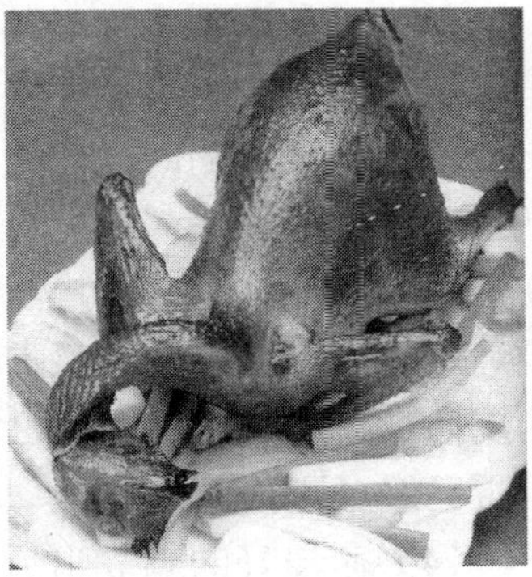

【菜品简介】 吊烧鸡又名香茶鸡、太爷鸡，也称茶叶熏鸡。但最早的名称是叫“太爷鸡”。

百年前的广州市叫做省城，当时有位官宦世家，人称呼为老太爷的，经常去陆羽居饮茶，每去都有三妻四妾及跟班，包厅娱乐。老太爷最喜欢吃豉油鸡，不单喜欢堂食，还经常饮完茶后买回家吃。有一次，老太爷与往常一样，也订购了一只外卖的油鸡。油鸡一向受欢迎，师傅唯恐到时交不了货，于是立即为老太爷留起一只。太爷那天特别开心，吃到茶楼收市，才叫账房结账，并叫把订购油鸡的钱也计在一起。账房司爷殷勤为老太爷服务，结账之后还亲自进入厨房为老太爷取外卖油鸡。岂料留给老太爷的油鸡不翼而飞了。众人都大惊失色，厨房的众人也找得很急。当时厨房已收市。所有的鸡都卖光了。大家知道老太爷的脾气，交不出订购的鸡，必然会令熟客不快乐。

忽然听见清理茶渣垃圾的伙计大声说：“鸡不是在这里吗？”原来油鸡掉入装茶叶渣的竹篓里，被发热的茶叶渣覆盖起来，鸡还是热的。外面的老太爷等得已经很不耐烦，正移步欲走。厨房的伙计拿起这只油鸡看看并不脏，只是沾满一身茶叶渣。除了它确找不出其他方法交代，于是拂掉鸡身的茶叶，将鸡包起来，交给老太爷的姨太太，就此了结一场紧张气氛。当晚老太爷吃的油鸡，与以前的味道完全风味不同，赞不绝口。老太爷次日去陆羽居饮茶，第一句话就赞昨天的油鸡好吃，风味独特，非同凡响，要求订购 3 只带回家请朋友品赏。

这个消息立即传入厨房，厨房也立即明白这是意外收获。几位厨师就立即研究，确定茶叶熏鸡所得的特殊香味与众不同，进行试制，最后定名为“太爷鸡”。以后陆羽居的太爷鸡则誉满羊城了。

【味型】 咸香型。

【原料组成】

主料：肥嫩土光项鸡（750～900g）。

佐料：茶香汤加生沙姜茸、葱白丝、芫茜段。

茶香汤卤水配方：清水 1 锅（约 9kg），盐 750g，味精、鸡精各 350g，姜、葱、酒适量，香料 1 小包（八角 2 粒、草果 1 只、甘草 12g、陈皮 1 片、桂皮 5g、香叶 6 张、干沙姜 6g、冰糖 75g、茶叶 15g）。

糖皮水配方：白醋 15g、白酒 10g、红醋 120g、麦芽糖 35g。

【制作方法】

（1）制茶香汤：锅内加入清水、姜、葱、酒、药材（洗过），大火烧沸，小火煮 10min 后，调入盐、味精、鸡精、冰糖、茶叶，小火煮 5min 即成茶香汤。

（2）煮制：提鸡浸入卤汤中七八次，再把鸡放入汤中，关小火浸约 30min，取出用清水洗净表面油渍，晾干水分，淋上糖皮水，吊在通风处晾干皮。

（3）烤制：将晾干皮的鸡挂在已热的炉内，中火烤约 12min 至鸡皮呈浅黄色取出，再用六成热的油来淋炸至鸡皮呈金红色即可。

【技术要领】

（1）鸡种要优良，必须是农家饲养的鸡，净重一定要保持在 800g 左右，否则鸡体太小肉质虽嫩但香味不足，太大则肉质较老。

（2）卤浸鸡的时候，先要提鸡浸入卤汤中七八下，其目的是为了使鸡紧皮，不要直接把生鸡放入卤汤中，以免鸡皮肉分离。

（3）卤浸鸡的时间，要看鸡的重量、品种和汤水量、水温及天气而确定。如汤水量多，浸鸡时间可以缩短些；鸡重些，品种差些，天气冷些，时间可以浸长些。当发现鸡膝关节的皮向上收缩，便表明鸡已浸至刚熟。或用竹签插入鸡腿试一试有否血水流出，便可知鸡是否已浸至刚熟。

（4）卤浸好的鸡取出后，一定要马上将表面油渍洗净，晾干水分后，再淋上糖皮水，否则会影响上色的效果。

【菜肴创新】依据烹调方法、味型，利用变换原料和形状的方法，还可烹制南乳吊烧鸡、琵琶吊烧鸡、蚝皇吊烧鸡、吊烧乳鸽等菜肴。

实例 3-3-3　蜜汁叉烧

【菜肴简介】叉烧是广式烧卤特色肉制品之一，多呈红色，由瘦肉做成，略甜，是把腌渍后的瘦猪肉挂在特制的叉子上，放入炉内烧烤而成。“叉烧”是从“插烧”发展而来的。插烧是将猪的里脊肉加插在烤全猪腹内，经烧烤而成。因为一只烤全猪最鲜美处是里脊肉。但一只猪只有两条里脊，难于满足食家需要。于是人们便想出插烧之法。但这也只能插几条，更多一点就烧不成了。后来，又改为将数条里脊肉串起来叉着来烧，久而久之插烧之名便被叉烧所替代。插在猪腹内烧，用的是暗火，以热辐射烧烤而熟。叉着烧用的是明火，是直接用火烤熟的，这样全瘦的里脊会显得干枯，故后来便将里脊肉改为半肥瘦肉，并在面上涂抹饴糖，使其在烧烤过程中用分解出来的油脂和饴糖来缓解火势而不致干枯，且有甜蜜的芳香味，蜜汁叉烧因此而得名。

【味型】咸甜香。

【原料组成】

主料：猪枚肉 5kg。

腌制原料：盐 60g、生抽 200g、老抽 40g、白糖 400g、芝麻酱 50g、腐乳 30g、鸡蛋黄 3 只、五香粉 5g、八角粉 5g、沙姜粉 8g、胡椒粉 2g、千杯少 50g、白酒 100g、姜葱芫荽适量、食用色素少许。

【成菜特点】肉质软嫩多汁、色泽鲜明呈红色、香味四溢。

【制作方法】

（1）刀工处理：将猪肉改成厚薄均匀，长 40cm、宽 3.5cm、厚 1.5cm 的长条，每一条都打上浅花刀。

（2）冲去血污：将打好花刀的猪肉条洗干净，并用清水反复冲漂，去尽血水。

（3）腌制处理：将冲洗净血水的肉条捞起，沥干水分，放入大盆内，加入各种腌制原料，用双手捞拌均匀至肉条充分收汁，每隔 10min 要翻搅一次，以使肉料入味均匀，腌制约 3～4h，急用时至少也要腌 40min。

（4）烤制处理：将腌制好的肉条取出用叉烧针穿排整齐（注意：选五花肉时必须穿瘦肉部分）吊挂入已烧热的烤炉内烤制（注意：如果选用五花肉制作叉烧，挂炉时，瘦肉面向炉火），用中小火烤约 1h，中途适当转动位置，烤至瘦肉部分滴出清汁时便熟。

（5）上蜜汁：将烤熟的叉烧取出，趁热放入糖浆中上糖均匀后，再入炉用中小火约烤 5min 即成。

【技术要领】

（1）选肉分类（大量制法）。

胫背肌肉：大生猪的胫背肌肉，俗称“枚肉”，肉质松软，肥瘦相间，是制作叉烧的最佳肉类。制成品肉质松软香滑。

髀赤肉：生猪的后腿部瘦肉，俗称“髀赤”，因脂肪少，全瘦肉质，如用来制作叉烧，制成品肉质会显粗糙且略带韧性。

前赤肉：生猪的前腋肩，俗称“前赤”，此部分瘦肉肉质筋膜甚多，因此制成品肉质十分粗糙且韧性最高。

（2）如何鉴定叉烧成品质量。这个问题涉及各人的喜好，不能强求一致。但一般来说，鉴定叉烧成品质量也有一个普遍公认的标准：不太咸，不太甜，没有化学物的味道；口感松软，咀嚼有汁，不韧；颜色鲜艳，纸包不染色，滚汤不会让汤变红；隔日或入冰柜不会变成黑色。

这样的叉烧堪称上品。日本人、菲律宾人也喜欢吃叉烧，开派对时常常一买就是 20kg，年年光顾，可见上品叉烧很受欢迎。

（3）烧上品叉烧的秘诀。

刀工处理的技术要领：如果选用猪枚肉、前赤肉或后腿肉制作叉烧，要先把猪肉肥的部分片净，然后将瘦肉切成厚薄均匀的、约 2cm×4cm 的长条，这样入炉烤的时候，成熟的时间则大致一样，不会出现厚的熟时薄的干、薄的熟时厚的生的现象。

口感和入味的技术要领：把切好的肉条一条条放入平底盘里，每 4.5kg 肉加入 900g 清水和 20g 食用苏打粉和匀。水以仅淹没肉为好。将原盘水和肉放入冷房浸泡过夜，次日早上拿出来洗净，用透明胶袋装好，放回冷房备用。这样处理过的瘦肉，体积变厚，松浮，容易入味，减少猪臊味。

（4）在刀工处理时，枚肉头的一端要切得略厚些，以方便穿钢针。切肉时，应与肉纹方向垂直切割。

（5）穿肉。用钢针（叉烧针）将已腌好的枚肉穿起，注意要穿较厚的一端（俗称“叉烧头”），切勿扭曲穿过，也不要穿得太挤，要以扁平穿过为标准，挂钩时要平衡吊起，切勿倾斜，以免叉烧在烧时掉进炉内。

（6）盖叉烧头。俗称“戴帽”，即是将牛油纸裁成宽 5cm 的纸条，将纸条沾上叉烧汁后，弯曲纸条，盖在穿起的叉烧头上，以避免烧焦叉烧头。

（7）叉烧在炉里烤制时，将烧炉预先加热，放入枚肉后用高温烧约 10min，然后把枚肉改转方向，转中火烧约 15min，烧熟之后取出，待稍冷却后，弃去牛油纸，用剪刀剪去烧焦部分（俗称“火鸡”），立即放入糖浆中浸过。再入炉用中小火烤 8～10min（俗称“回炉”）。其作用是使肉料吸收蜜汁，令肉料色泽鲜明、口感松软，将已回好炉的叉烧取出，待冷却后，再淋一次蜜汁便成。

注：第二次淋蜜汁的作用是使叉烧面有光泽，美观。

【菜肴创新】依据烹调方法、味型，利用变换原料和形状的方法，还可烹制叉烧鸡翅、叉烧鸡腿、叉烧鸡、叉烧鸭子、叉烧牛肉等菜肴。

【健康提示】

猪肉（肥瘦）含有丰富的优质蛋白质和必需的脂肪酸，并提供血红素（有机铁）和促进铁吸收的半胱氨酸，能改善缺铁性贫血，具有补肾养血、滋阴润燥的功效。但由于猪肉中胆固醇含量偏高，故肥胖人群及血脂较高者不宜多食。

实例 3-3-4　蜜汁烧排

【菜肴简介】但凡肉类，越接近骨的地方，就越好吃，其味越鲜，其肉越瘦。猪的排骨就是整只猪最受人喜欢的部分。排骨位于猪腹腔，连着脊背的两边，上部较硬、较长。下腔部较短，并连着可以嚼碎的软骨，吃起来别有情趣，所谓蔗骨就在该处。因为猪排骨除骨之外就是瘦肉，烹饪时骨髓受热分泌精华，所以特别鲜味可口。在肉档中猪排骨不亚于瘦肉价格，商人为了满足顾客要求，特在猪肺部割多些瘦肉附于排骨上，称为肉排。屠场交给烧腊铺的排骨规格没有一定标准，视乎烧腊铺的要求，附瘦肉多则价格另议，一般都是很薄肉的，吃排骨的人意在少吃肉，只喜欢品尝骨味。

【味型】咸甜香。

【原料组成】

主料：猪排骨 5kg。

腌制原料：盐 60g、生抽 200g、老抽 40g、白糖 400g、芝麻酱 50g、腐乳 30g、鸡蛋黄 3 只、五香粉 5g、八角粉 5g、沙姜粉 8g、胡椒粉 2g、千杯少 50g、白酒 100g、姜葱芫荽适量、食用色素少许。

【成菜特点】甘香中带有蒜香和蜜味、色泽鲜明呈红色。

【制作方法】

（1）刀工处理：将每块猪排骨的肥肉片割干净，并将突出形外的硬骨头斩去，再用刀在腹腔内壁的骨膜上划伤透明薄膜，从伤处挑起坚韧的薄膜，用手执住，用力拉离，将整块薄膜撕下，然后将肉排的骨面斩段，用刀将排骨的瘦肉划成榄核形，厚肉部分深划，薄肉部分浅划，刀距约 2.5cm，在骨面上每条骨与骨之间的肉上打上“一”字花刀。

（2）去血污：将打好花刀的排骨洗干净，并用清水反复漂洗，去尽血水。

（3）腌制处理：将冲洗净血水的排骨捞起，沥干水分，放入大盆内，加入各种腌制原料，反复抹匀调味料，腌制3～4h。

（4）烤制处理：将腌制好的排骨取出用钩挂好，吊挂入已烧热的烤炉内烤制，用中小火烤约50min，中途适当转动位置，烤至瘦肉部分滴出清汁时便熟。注意掌握好烤制的成熟度，过熟则骨缝的肉立即向后收缩，变成见骨不见肉，不美观。

（5）将烤熟的排骨取出，趁热放入糖浆中上糖均匀后，再入炉用中小火烤约5min即成。

【技术要领】

（1）选用猪的后腩排：排骨条小、肉质结实、肥瘦均匀。

（2）烤制时先烤肉面，后烤骨面。烤30min后再翻面，一般烤50min即可。

（3）注意掌握好烤制的火候，用中小火烤制，切记用大火烤，以免烤焦。

【健康提示】猪排骨可提供人体生理活动必需的优质蛋白质、脂肪，其丰富的钙质可维护骨骼健康。本菜品适宜于气血不足、阴虚纳差者，湿热痰滞内蕴者慎服，肥胖、血脂较高者不宜多食。

实例3-3-5 烤乳猪

【菜肴简介】烧乳猪在誉满中外的广式烧卤中堪称一绝，是广式烧卤中最著名的特色菜。早在西周时此菜已被列为“八珍”之一，那时称为“炮豚”，以后历代都是珍馐美味。在我国，早在南北朝时，贾思勰已把烤乳猪作为一项重要的烹饪技术成果而记载在《齐民要术》中了。他写道：“色同琥珀，又类真金，入口则消，壮若凌雪，含浆膏润，特异凡常也。”1400多年前，我国的烹饪技艺已有这样高深的造诣，实在令世人赞叹。清朝康熙年间，烤乳猪是宫廷名菜，成为“满汉全席”中的一道主要菜肴，获得朝野青睐，并一直在官府和民间流行。由于多种原因，烤乳猪在原产地的北方地区已失传，全国只在粤菜中流传下来。在广东、广西，烤乳猪在餐饮业中久盛不衰，深受食客青睐。

烧乳猪在种类上分麻皮与光皮两种：光皮乳猪用火较慢，烧时涂油少，有的可在猪身上烧出花纹图案，观感较好；麻皮乳猪用旺火，烧制时不断涂油，利用油爆出的气泡疏导乳猪表皮，烧制后乳猪皮色金黄，皮层酥脆，入口则化。由于口感方面的优势，麻皮乳猪较受欢迎。

【适用范围】这是一道大菜，适合人多或高档正式宴席，地位相当于燕窝、鱼翅，在广式宴席中，一般可用在中高档宴席中做主菜，是最为隆重的大菜之一，广东、广西一带历来有清明节用烤乳猪拜祭先祖和开业祈福等习俗，每逢婚嫁祭祖或开张大吉，甚至于电影电视的开镜仪式，无一不用到烧乳猪，所以广东、广西一带的烤乳猪就烤得特别好。据说婚宴上如果有烤乳猪，就表明该婚宴是高档次的，而在高档次的宾馆办的酒席，也是绝对不能少了烤乳猪这道名菜。

【成菜特点】颜色大红，火色均匀，光滑如镜，皮脆肉嫩，香而不腻，不焦不煳。

【制作方法】乳猪的烧制方法有明炉烧烤与挂炉烧烤两种，广东、广西一带烧乳猪坚持用明炉烧烤，制法如下：

（1）刀工处理：将乳猪放上案板，四足朝天平放，劈猪时从猪尾开始直至猪头，把猪脊骨和猪头骨开两边，不伤猪皮，不分离，使猪身呈平板状，然后斩断第三、四条肋骨，取出这个部位的全部排骨和两边扇骨，劈开猪头，挖出猪脑，在两旁牙关各斩一刀，洗净，沥干水分。

（2）腌制处理：将吊干水分的猪，用五香盐涂匀乳猪内腔，腌约 30min，即用铁钩挂起，滴干水分后取下，再把乳猪酱均匀涂在猪腔内腌约 20min。

（3）上叉：腌制好后，用乳猪叉从臂部插入，跨穿到肩关节，最后穿至腮部。而且串穿着排骨而过，又不能伤着表皮。猪腔内用木棍把里面撑开，前后腿也各用一条木条横撑开，外面把四肢叉开用木棍捆扎固定，以便使乳猪保持这种趴着的形状。

（4）烫皮上糖水：上叉后将猪头向上斜放，清水冲洗油污后，用沸水遍淋猪身使皮绷紧、肉变硬，将烫好的猪体头朝上放，用毛刷扫刷糖水，晾干。

（5）焙炉：将乳猪放进烤炉中焙，至猪腔仅熟，焙好一只猪的时间大约需要 15min，这要视炉温而定。

（6）烤制：点燃炭火，拨作前后两堆，将猪头和臀部烤成嫣红色后用针扎眼排气，然后将猪身遍刷植物油，将炉炭拨成长条形通烤猪身，同时转动叉位使火候均匀，至猪通身成大红色便成。

（7）上席时一般用红绸盖之，厨师当众揭开片皮。

【技术要领】

（1）原料猪的选择：烧烤的原料猪应该选择黔桂的香猪，如广西环江的香猪和巴马香猪，也可选用华中华南地区的地方品种猪。挑选乳猪时要特别留意 3 个基本标准：一是选用 45 日龄左右，体重 7～8kg，体膘良好的乳猪；二是烧猪的色泽要均匀，皮色以枣红色为佳，皮色偏黑的最不可取；三是选用健康、皮肤无伤痕的乳猪，要观察整只乳猪是否完整，麻皮完整才能让乳猪皮持久酥化。

另外，乳猪需用糯米或大米喂养，使其肉细皮嫩为上。然后以独特工艺、熟练的火工精心烤制，使其皮丝黄透亮，然后切块上盘，拌以葱酱、白糖食之，其味香甜松脆、肉质细嫩甘香，具有滋心润肺、养颜养容功效。

（2）娴熟的碎骨刀法是切开脊椎的关键。乳猪的脊椎长而细，没有娴熟的刀法和熟练而适度的刀力，所切的脊椎会偏刀，缺少工整疏密之美。

（3）烧烤的时候，如果不对乳猪的四支加以绑紧固定，烧烤时乳猪就会出现随着乳猪的烤熟而猪肉收缩的现象，既影响肉质的烘烤，又影响烤完后猪形的美观。

（4）在烤乳猪时，为了防止耳朵、尾巴烤焦，保持猪完整而美好的体形，在烤之前，往往用菜叶或锡铂纸等将这些部分包裹好，并在猪腹内塞一个盛水的瓶子，以免腹腔被烤焦。

【品尝要点】烤乳猪要一观形，二吃皮，三吃肉。

（1）观形：烤好的乳猪颜色大红，火色均匀，皮光油亮，不焦不煳。

（2）吃皮：上桌前，先要把猪皮片成 4 大片，每大片再分片成 8 小片。然后把这 32 片猪皮完整地重新覆盖到乳猪身上（这种覆盖式的片切方法已经被借鉴到片北京烤鸭）。上桌的时候跟上薄饼、甜面酱、葱、酸甜菜及白糖供食者选用。味道浓香，口感酥脆。

（3）吃肉：吃完皮之后要把烤猪端下来，把肉改刀切开再上桌，供客人继续食用。味道清香鲜嫩。

猪皮与猪肉在颜色、口感上都不相同。猪皮酥脆、猪肉香嫩。按部位分开食用，不仅有味道上的差别，也有程序上的乐趣，并使人富于期待感和好奇心，更能满足食用者的心理消费需求。

【化皮猪的原理】猪皮由网状胶质纤维所组成，含有水分。猪皮受热软化，在水分挥发出来之后立即变硬。在300℃以上高温情况下，皮的水分化成气体，在猪皮内部扩张，网状皮胶水分像子弹从浮起的猪皮射出来，发出如爆米般的响声。水分全部排出去之后，皮的体积固定成不规则的多孔硬块，口感松脆化皮。

【麻皮烤乳猪的制作】

（1）原料

光乳猪1只（约8kg）、乳猪腌制料200g、乳猪酱100g、糖皮水约300g。

（2）乳猪腌制料

五香粉30g，沙姜粉60g，八角粉20g，甘草5g，草果粉5g，丁香粉5g，茴香粉5g，甘松粉5g，孜然粉5g，花椒粉5g，山黄皮粉5g，白扣粉20g，胡椒粉10g，腐乳25g，蚝油130g，食盐150g，白糖100g，味精75g，鸡精75g，姜、葱、蒜、酒汁50g（由姜、葱、蒜加高度酒榨汁过滤而成），大江浙醋80ml。

（3）糖皮水配方

配方一：清水150g、醋250g、酒50g、表芽糖50g。

配方二：清水500g、麦芽糖20g、白醋30g、红醋80g、高度酒20g。

（4）乳猪酱配方

配方一：柱侯酱2匙，花生酱、芝麻酱各15g，海鲜酱1匙，南乳1块半，白糖10g，腐乳1块，蒜茸10g，干葱茸10g，干淀粉5g，味粉5g，料酒15g，五香粉0.5g，八角粉1g，沙姜粉1g，盐焗鸡料2g，陈皮茸2g。

配方二：芝麻酱185g、花生酱185g、海鲜酱150g、柱候酱100g、冰花酸梅酱150g、柠檬酱150g、桂林腐乳（花桥牌）150g、南乳100g、豆瓣酱100g、番茄酱250g、黄皮酱150g、蚝油130g、大红浙醋300ml（不突出酸味）、绍兴黄酒500ml（后放）、胡椒粉25g、味精50g、白糖250g、鸡精50g（后放）、小磨麻油50ml（后放）、水300ml、盐100g、姜150g、葱白茸250g、蒜茸150g、花生油250g、沙姜茸20g、生抽150g、老抽20g。

（5）制法

1）刀工处理：从乳猪肚内劈开背骨，不要太深，见骨髓为止，切去四脚、双耳和尾巴，洗净，沥干水分。

2）烫皮抹糖皮水：烧沸水，淋在猪身上，猪皮硬即可，用五香盐和乳猪酱调和涂腌在猪内腔，腌约20min后，用猪叉从猪臂部扦入，穿到肩胛关节，最后穿出腮部，用木条支撑好猪后，用鸭勾把猪挂好，用毛刷扫上糖皮水，吊在通风处晾干皮。

3）烤制：将乳猪放进烤炉内，焙内腔到刚熟取出。

4）刷油烤制：将烤乳猪的炭炉点燃，在猪皮上扫上花生油，先烤头部和臀部，再烤猪身，烤至猪皮起麻泡、金黄色为准（烤时皮要靠近火口，不停地转动，发现起大泡时，用针刺破，并扫上油）。

（6）乳猪酱的调制工艺

1）将花生酱、芝麻酱、海鲜酱、柱候酱、酸梅酱、柠檬酱、番茄酱、黄皮酱、豆瓣酱（背成泥）、豆腐乳（抓茸）、南乳、黄酒、浙醋、蚝油、盐、糖、胡椒粉放入盆中混合均匀（备用）。

2）锅中烧油，下姜、葱、蒜茸、沙姜茸炒香，倒入混合好的酱料熬至汁稠浓香色泽棕红时，加入绍酒 500ml、水 300ml、白糖 250g、味精 50g、盐 100g，试至口感合适。

3）浓缩 30min 后加入 150g 花生油和香油搅拌，同时加少量胡椒粉，最后起锅。

【健康提示】猪皮含大量胶原蛋白，有养颜健肤功能。乳猪较瘦，脂肪含量少，老年人亦可放心食用。

实例 3-3-6　孜然牛肉串

【菜肴简介】孜然牛肉是西北菜，以牛肉为制作主料，孜然牛肉的烹饪技巧以炸为主，口味属于咸鲜。孜然牛肉串是将传统的孜然牛肉的做法与烧烤技术结合而成的一道创新菜，口味可以为咸鲜味，也可加做成带麻辣的，主要是为适应流动人群和外卖小吃店经营需要，同时也方便旅客携带和保存。

【原料组成】

原料：黄牛柳肉 1kg、孜然粒 30g、指天椒碎 10g、竹签 1 扎。

腌味料：盐 5g，味精 8g，胡椒粉 3g，白糖 1g，料酒 10g，腐乳 10g，芝麻酱 5g，生抽 25g，五香粉 10g，八角粉 5g，小苏打 6g，生粉 75g，花生油 150g，香油 15g，鸡蛋 1 只，鸡精 5g，老抽 5g，清水 150g，姜、葱、蒜、酒汁 50g（由姜、葱、蒜、芫茜、洋葱、青椒拍碎，加入少许生抽、酒抓汁过滤而成）。

【制作方法】

（1）腌制漂洗：牛肉切薄片，加入少许小苏打、清水，抓腌至稠，再用清水漂洗后，捞起沥干水分。

（2）调汁：姜、葱、蒜、芫茜、洋葱、青椒拍碎，加入少许生抽、酒、抓汁过滤备用。

（3）腌制：将牛肉放入大盘里，加入过滤汁和上述腌味料，拌匀，生油盖面，腌约 30min。

（4）烤制：用竹签把牛肉串好，热锅下油，烧至四五成热时，倒入牛肉炸至刚熟捞起，沥油，油倒回锅烧至五成熟时，再倒入牛肉串复炸至外酥里嫩、呈浅棕红色时捞起沥油。

（5）上孜然味：锅内留少许油，放入孜然粒、生指天椒碎、小火炒香，加入牛肉翻炒入味即可。

【成品特点】突出孜然香味，咸香辣味，也可以做麻辣风味。

【技术要领】

（1）此菜腌制的调料用量必须掌握准确，不能过咸。腌制时间要足，才能使成菜入味。

（2）炸制时要控制好炸制油温，最好分两次炸制。

【健康提示】牛肉（瘦）富含蛋白质，氨基酸组成比猪肉更接近人体需要，能提高机体抗病能力，对生长发育及术后、病后调养的人在补充失血、修复组织等方面特别适宜。寒冬食牛肉可暖胃，是该季节的补益佳品。牛肉有补中益气、滋养脾胃、强健筋骨、化痰息风、止渴止涎之功效，适宜于中气下隐、气短体虚、筋骨酸软、贫血久病及面黄目眩之人食用。水牛肉能安胎补神，黄牛肉能安中益气、健脾养胃、强筋壮骨。

感染性疾病、肝病、肾病的人慎食；黄牛肉为发物，患疮疥湿疹、痘痧、瘙痒者慎用。

实例 3-3-7　樟茶鸭子

【菜肴简介】樟茶鸭子是川菜宴席的一款名菜。此菜是选用成都南路鸭，以白糖、酒、葱、姜、桂皮、茶叶、八角等十几种调味料调制，用樟木屑及茶叶熏烤而成，故名“樟茶鸭子”。其皮酥肉嫩，色泽红润，味道鲜美，具有特殊的樟茶香味。许多中外顾客品尝后，称赞不已，说它可与北京烤鸭相媲美。四川名厨访问香港时，不少顾客食用此菜后大加赞扬，说它是“一款融色、香、味、形四绝于一体的四川名菜”，引起各界人士极大关注，其名声逐渐传扬海外，现在许多到四川旅游的华侨及国际友好人士，都要品尝“樟茶鸭子”。

【原料组成】

主料：肥土鸭 1 只（1500g）。

辅料：姜 50g、葱 100g、花椒 5g、花茶 50g、樟树叶 200g、柏树枝 500g。

调料：精盐 20g、料酒 20g、芝麻油 10g、胡椒粉 2g、醪糟汁 50g、精炼油 1500g（约耗 100g）。

【制作方法】

（1）原料初加工：将净鸭从背尾部横开 7cm 长的口，取出内脏，割去肛门洗净。盆内放料酒、醪糟汁、胡椒粉、精盐、花椒、整姜、葱段拌匀后抹遍鸭身内外，腌制约 15h 取出，入沸水锅内焯一水至皮紧，捞起挂上吊勾，在阴凉通风处晾约 3h，待鸭的表层水分干后，放入熏炉内。将花茶、柏树枝、樟树叶拌匀作熏料，熏至鸭皮呈黄色时取出，再将鸭放入蒸盆内，蒸约 1h，取出晾凉。

（2）炸制成菜：锅内放油，旺火烧至七八成热，将鸭放入，炸至鸭皮酥香后起锅，刷上芝麻油。将鸭脖斩为 2cm 长段，盛入盘中，再将鸭身斩为 5cm 长、2cm 宽的条，鸭皮朝上盖在鸭脖段上，摆成鸭形，另配荷叶软饼和葱酱碟一同上桌即成（也可以整形上桌）。

【成菜特点】色泽红亮、烟香味浓、皮酥肉嫩。

【技术要领】

（1）此菜属一次性调味，腌制的调料用量必须掌握准确。鸭的腌制时间要足，才能使成菜入味。熏制时要注意观察，必要时需进行翻动，做到上色均匀。蒸时要求火候到家，做到熟软而形整不烂。

（2）炸制时要控制好色泽，根据熏制上色的程度来决定炸制的火候。

【操作重点】原料初加工控制；炸制时火候控制。

【菜肴创新】依据烹调方法、味型，利用变换原料和形状的方法，还可烹制樟茶乳鸽、茶米熏鸡、樟茶鱼柳等菜肴。

【健康提示】本菜肴鸭肉中的脂肪酸熔点低，易于消化。所含 B 族维生素和维生素 E 较其他肉类多，能有效抵抗脚气病、神经炎和多种炎症，还能抗衰老。鸭肉还含有较为丰富的烟酸，它是构成人体内两种重要辅酶的成分之一，对心肌梗死等心脏疾病患者有保护作用。

实例 3-3-8　假烧鹅

【菜肴简介】所谓假烧鹅，顾名思义，它不是用真正的烧鹅，而是用猪七寸（猪大肠头）制作的。因其色、香、味与真烧鹅相似而得名，据说这道菜在广西南宁已有 300 多年的历史了。根据记载，关于假烧鹅的“身世”，有这样一段趣事：多年前，南宁一青年男子有一手祖传的烹饪手艺，于是被一家饭馆聘为厨师。饭馆老板为此挣了不少银子，而做厨师的男子却依然一贫如洗，穷得快 40 岁时还是光棍一条。在邻居的撮合下，这名穷厨师与一名寡妇结婚。成亲当天，穷厨师打算款待亲邻好友，却苦于贫穷，只好向老板借了几两银子，买回便宜的猪七寸，精心烹调，做出来的菜肴味如烧鹅，宾客吃后备加赞赏，问此菜是何名，穷厨师想了想，回答说：“就叫假烧鹅吧。”在 20 世纪 80 年代，南宁市一年四季均有假烧鹅生产，其中以南宁市食品公司的产量最大。如今假烧鹅已是广式烧卤菜的代表菜之一。

【原料组成】

主料：猪七寸 1kg。

卤水：白卤水适量。

糖皮水：清水 50g、白醋 20g、红醋 30g、麦芽糖 20g、白酒 10g、喼汁几滴、色素少许。

佐料：A．味椒盐；B．冰花酸梅酱；C．糖醋+生指天椒碎。

【制作方法】

（1）初步熟处理：七寸洗净，飞水捞起，放入白卤水锅中，小火煮至七八成软烂，取出洗净。

（2）上糖皮水：扫上糖皮水，吊在通风处晾干皮。

（3）炸制：热锅下油，烧至四成热时放入七寸，炸至酥脆、色泽大红时取出，沥油。

（4）装盘：七寸切日字形，排放碟上与佐料上席。

【成菜特点】皮色泽枣红，有皱纹，皮外酥脆，内软嫩，甘香爽口。

【技术要领】

（1）如何选购七寸：土黄色为最佳，而暗黑色为老猪，粉红色为病猪。

（2）清洗：购回七寸，翻回原形（除杂油，留一层薄油），清洗后再翻回原形。再冲水。清洗前加些食盐和碱，可减少异味，在水中加些食醋和一汤匙明矾，搓揉几遍，再用清水冲洗数次，即可使其清洗干净。

（3）猪七寸的初步处理：选用清香型卤水。

【健康提示】猪七寸是猪大肠的肠头，里面含有丰富的氮、磷、钾，有润燥、补虚、止渴、止血之功效，可用于治疗虚弱口渴、脱肛、痔疮、便血、便秘等症。一般人都可食用，但更适宜大肠病变者（如痔疮、便血、脱肛者）和小便频多者食用。

第四节 刺身类菜肴制作

一、刺身的概念、特点

1. 刺身的概念

刺身是来自日本的一种传统食品，是最出名的日本料理之一，它是将新鲜的鱼（多数是海鱼）、乌贼、虾、章鱼、海胆、蟹、贝类等依照适当的刀法加工成片、条、块等形状，享用时佐以用酱油与山葵泥调出来的酱料的一种生食料理。若要追溯历史，刺身最早还是唐代从中国传入日本的。以前，日本北海道渔民在供应生鱼片时，由于去皮后的鱼片不易辨清种类，故经常会取一些鱼皮，再用竹签刺在鱼片上，以方便大家识别。这刺在鱼片上的竹签和鱼皮，当初被称作“刺身”，后来虽然不用这种方法了，但“刺身”这个叫法仍被保留下来。

中国人一般将“刺身”叫作“生鱼片”或“鱼生”，因为刺身原料主要是鱼类而且食用的方法又是生食。中国鱼生最讲究的是配料，它的配料和酱料不下20种，配料如荞头、姜丝、葱瓣、柠檬丝、洋葱丝、榨菜丝、酸蒜瓣、香芋丝、西芹丝、花生、蒜米、炸粉丝、指天椒、芝麻等，酱料则是油、酱油、盐、糖等。

2. 刺身的特点

在中餐里，刺身一般视为冷菜的一部分，上菜时与冷菜一起上桌。因为原料是生的，外形很好看，故饭店一般都会在冷菜间且接近顾客用餐的地方单独划出一间玻璃房，以让厨师在里面现场制作，这也成了许多中餐馆的一道吸引顾客的靓丽风景线。

（1）刺身造型美观、口感鲜美。刺身以漂亮的造型、新鲜的原料、柔嫩鲜美的口感以及带有刺激性的调味料，强烈地吸引着人们的注意力。刺身已经走进了数量众多的中高档中餐馆，跻身于冷菜间，鲜艳夺目。

（2）刺身原料选择比较广泛，新鲜的即可。刺身最常用的材料是最新鲜的鱼类，其次是甲壳类、贝类。常见的有金枪鱼、鲷鱼、比目鱼、鲈鱼、鲻鱼等海鱼，也有鲤鱼、罗非鱼、黑鱼等淡水鱼。在中国古代，鲤鱼曾经是做刺身的上品原料，而现在刺身已经不限于鱼类原料了，像鲍鱼、贻贝、扇贝、牡蛎等贝类，像龙虾、对虾、虾菇、梭子蟹、青蟹、蟳等甲壳类，以及海胆、章鱼、鱿鱼、墨鱼等都可以成为制作刺身的原料。

（3）刺身佐料简单而富有特色。刺身的佐料主要有酱油、山葵泥或山葵膏（浅绿色，类似芥末），还有醋、姜末、萝卜泥和煎酒（经灭菌后的黄酒）。在食用动物性原料刺身时，酱油、山葵泥或山葵膏是必备的，其余则可视地区不同以及各人的爱好加以增减。粉状的山葵泥要先用水调和以后才能使用，粉和水的比例为1:2。调和均匀以后，还应当静放2～3min，以便其刺激的辣呛味和独特的风味产生。不过调好后应当尽快使用，否则辣呛味会挥发。山葵泥提供刺激味，解除生料的腥异味；酱油则提供咸味、鲜味，调和整体的美味。酒和醋在古代几乎是必需的。

（4）盛刺身的器皿用浅盘，漆器、瓷器、竹编或陶器均可，形状有方形、圆形、船形、五角形、仿古形等。刺身造型多以山、船、岛为图案，根据器皿质地形状的不同，以及批切、摆放的不同形式，可以有不同的命名。讲究的，要求一菜一器，甚至按季节和菜式的变化去选用盛器。

（5）刺身并不一定都是完全的生食。有些刺身料理也需要稍作加热处理，如蒸煮，大型的海螃蟹就用此法；炭火烘烤，将鲔鱼腹肉经炭火略为烘烤（鱼腹油脂经过烘烤而散发出香味），再浸入冰中，取出切片而成；热水浸烫，生鲜贝类以热水略烫以后，浸入冰水中急速冷却，取出切片，即会表面熟、内部生，这样的口感与味道自然是另一种感觉。

二、刺身的基本操作

1. 常用刺身原料介绍

（1）三文鱼　三文鱼（见图 3-1）即鲑鱼，也叫大马哈鱼，是一种生长在加拿大、挪威、日本和俄罗斯、中国黑龙江省佳木斯市等高纬度地区的冷水鱼类。鱼体长、侧扁、口大、眼小、鱼体肥壮，背部灰黑色，分布斑点，肚白色，两侧线平行。肉色粉红且均匀间隔白肉，特别适合做刺身，烧熟了难有佳味，三文鱼食用价值极高，含大量的 Omega-3，对预防心脏病和中风有较好的作用。

（2）金枪鱼　金枪鱼（见图 3-2）是一种大型远洋性重要商品食用鱼，华人世界又称其为“吞拿鱼”，主要生长在海洋中上层水域里，分布在太平洋、大西洋和印度洋的热带、亚热带和温带的广阔水域。鱼体长，粗壮而圆，呈流线型，向后渐细尖而尾基细长，尾鳍呈叉状或新月形。尾柄两侧有明显的棱脊，背、臀鳍后方各有一行小鳍。枪鱼类一般背侧呈暗色，腹侧银白，通常有彩虹色闪光。金枪鱼是高蛋白、低脂肪、低热量的健康美容、减肥食品。整条金枪鱼肉质鲜红，口感鲜嫩，是制作刺身的上好原料之一。

图 3-1　三文鱼

图 3-2　金枪鱼

（3）鲷鱼　鲷鱼（见图 3-3）又称加吉鱼、铜盆鱼，在我国各海区均有出产，黄海、渤海产量较大，是我国名贵的经济鱼类。鱼体椭圆、头大、口小、呈淡红色、背部有许多淡蓝色斑点。鲷鱼栖息于海底，以贝类和甲壳类为食，是一种上等食用鱼，肉质细嫩紧密、肉多刺少、滋味鲜美，经常被整条用于刺身，头尾作装饰，鱼肉批下后整齐地摆放于盘中。

（4）比目鱼　比目鱼（见图 3-4）包括了鲆科、鳎科、鲽科等。各地叫法也不同，北方叫偏口鱼、江浙叫比目鱼、广东叫左口鱼或大地鱼，也有人称鞋底鱼，一般统称比目鱼。

鱼体侧扁，呈长圆形。两眼均在体的左侧，有眼的一侧为褐色，有暗色或黑色斑点，无眼的一侧为白色。肉质细嫩而洁白，味鲜美而丰腴，刺少。做刺身食用较多的为多宝鱼（即大鲮平）、左口鱼。

图 3-3　鲷鱼

图 3-4　比目鱼

（5）鲈鱼　鲈鱼（见图 3-5）又称为花鲈、鲈板、鲈子，鱼体长而侧扁，一般体长为 30～40cm，体重 400～1 200g，眼间隔微凹，口大，下颌长于上颌，吻尖，牙细小，在两颌、犁骨及腭骨上排列成绒毛状牙带，皮层粗糙，鳞片不易脱落，体背侧为青灰色，腹侧为灰白色，体侧及背鳍棘部散布着黑色斑点。鲈鱼具有治水气、风痹、安胎的功效，肉细嫩而鲜美，刺少，也是制作刺身的上好原料。

（6）鳜鱼　鳜鱼（见图 3-6）又称为桂鱼、季花鱼、花鲫鱼、淡水老鼠斑等，鱼体侧扁，背部隆起，呈青黄色，有不规则黑色斑点块。鳜鱼营养丰富，含脂量较高，能补中益气、补虚劳，肉质紧实细嫩，刺少，滋味鲜美，肉色洁白。古诗有“桃花落尽鳜鱼肥”，李时珍把鳜鱼比作“水豚”，有河豚的美味。

图 3-5　鲈鱼

图 3-6　鳜鱼

（7）乌鳢　乌鳢（见图 3-7）又称为黑鱼、乌鱼、生鱼、财鱼、斑鱼等，我国除西北高原外均有分布，冬季肉质最佳。鱼体呈亚圆筒形，青褐色，有黑色斑块，无鳞，口大，牙尖，5～7 月产卵。乌鳢营养丰富，是滋补食品，具有健脾利水、通气消胀的功效，肉多刺少，肉质细嫩，味道鲜美。

（8）龙虾　龙虾（见图 3-8）是虾类中最大的一族，体长 20～40cm，一般重约 500g，大者可达 3～5kg。龙虾品种很多，可分中国龙虾、澳洲龙虾、日本龙虾、波纹龙虾等。国产龙虾分布于东海、南海等海域，尤以广东、福建、浙江较多，夏秋为龙虾上市旺季。龙虾体粗壮，色鲜艳，常有美丽斑纹。头胸甲壳近圆筒形，腹部较短，背腹稍扁，腹部附肢退化。尾节呈方形，尾扇较大。龙虾栖息海底，行动缓慢，不善游泳。龙虾体大肉厚，味鲜美，是名贵的海产品，其外形威武雄壮，最能体现档次，做刺身时，头尾做装饰，虾肉批成片。

图 3-7 乌鳢

图 3-8 龙虾

（9）象拔蚌 象拔蚌（见图 3-9）又名名皇帝蚌、女神蛤，是远东包括华人及日本人崇尚食用的高级海鲜，原产地在美国和加拿大北太平洋沿海，生活在海底沙堆中，每只重 1 000～2 000g。因其又大又多肉的红管，被人们称为“象拔蚌”。贝壳一般为卵圆形或椭圆形，左右两壳相等，表壳为黄褐色或黄白色。肉足大而肥美，伸出壳外。象拔蚌肉特别爽脆，鲜嫩回甜，是做刺身的绝佳材料。酒楼食肆大多以烹制风味独特的“象拔蚌刺身”菜式吸引顾客，售价虽昂贵，但仍颇受消费者欢迎。

（10）北极贝 北极贝（见图 3-10）是埋藏在北大西洋 50～60m 深海底缓慢生长，耗时 12 年，因而形成天然独特的鲜甜味道，生长环境非常干净，很难受到污染。与其他贝类海产相比，北极贝中胆固醇含量低，对人体有良好的保健功效，有滋阴平阳、养胃健脾等作用，是上等的食品原料。北极贝在捕获后加工焯熟，鲜活的北极贝呈深紫色，焯熟后呈玫瑰红和白色，非常漂亮，令人食欲大增。北极贝味道非常鲜美、口感爽脆鲜甜，十分适合制作刺身。

图 3-9 象拔蚌

图 3-10 北极贝

（11）扇贝 扇贝（见图 3-11）有两个壳，大小几乎相等，壳面一般为紫褐色、浅褐色、黄褐色、红褐色、杏黄色、灰白色等。它的贝壳很像扇面，所以就很自然地获得了“扇贝”这个名称。扇贝具有降低血清胆固醇的作用。人们在食用贝类食物后，常有一种清爽宜人的感觉，这对解除一些烦恼症状是有益的。贝壳内面为白色，壳内的肌肉为可食部位。扇贝只有一个闭壳肌，闭壳肌肉色洁白、细嫩、味道鲜美。

（12）贻贝 贻贝（见图 3-12）又称壳菜、海红、淡菜、青口等。我国沿海均有分布，主产于渤海、黄海。贻贝两壳相等，略呈长三角形，壳表面为紫黑色，有细密生长纹，被有黑褐色壳皮，壳内面为白色略带青紫。前闭壳肌退化，后闭壳肌发达。壳顶尖，壳质脆薄。贻贝营养丰富，含钙、磷、铁、碘、尼克酸等微量元素，具有滋阴、补肝肾、益精血、调经的功效。贻贝肉质细嫩、滋味鲜美，经常被用于刺身，口感滑嫩。

图 3-11 扇贝

图 3-12 贻贝

（13）鲍鱼 鲍鱼（见图 3-13）是一种原始的海洋贝类，单壳软体动物。鲍鱼是中国传统的名贵食材，四大海味之首。鲍鱼品种较多，有澳洲黑边鲍、青边鲍、棕边鲍和幼鲍；日本网鲍、窝麻鲍和吉品鲍，其中网鲍为鲍中极品；我国北部沿海常见的是皱纹盘鲍，南部沿海常见的为杂色鲍。鲍鱼的贝壳呈耳状，质坚厚，螺旋部很小，体螺层极大，几乎占壳的全部；壳表面有螺纹，侧边缘有 8～9 个孔；足部肥厚，是主要的食用部分，肉质细嫩、滋味鲜美，生吃口感柔滑，为贝中上品。

（14）海胆 海胆（见图 3-14）体型呈球形、半球形、心形等，壳生有很多能活的棘，一般生活在印度洋、大西洋的岩石裂缝中，少数穴居泥沙中。常见的有马粪海胆、紫海胆和大连紫海胆等。《本草纲目》记载，海胆有“治心痛”的功效，近代中医药认为“海胆性味咸平，有软坚散结、化痰消肿的功用。”海胆的可食部分为“海胆黄”，即海胆的生殖腺。在生殖季节，几乎充满整个体腔。此时海胆的生殖腺为黄色至深黄色，质地饱满，颗粒分明，品质最好。做刺身时应取新鲜海胆洗净，把腹面口部撬裂，露出海胆黄，用小匙舀出，直接食用。

图 3-13 鲍鱼

图 3-14 海胆

（15）梭子蟹 梭子蟹（见图 3-15）俗称蝤蛑、抢蟹、白蟹、盖子等，头胸甲两侧具有梭形长棘。雄性脐尖而光滑，螯长大，壳面带青色；雌性脐圆有绒毛，壳面呈赭色，或有斑点。梭子蟹肉肥味美，有较高的营养价值和经济价值，且适宜于海水养殖。我国沿海均产，黄海北部产量较多。蟹含有丰富的蛋白质及微量元素，对身体有很好的滋补作用。蟹还有抗结核作用，吃蟹对结核病的康复大有裨益。梭子蟹肉质细嫩、洁白。

（16）青蟹 青蟹（见图 3-16）俗称锯缘青蟹、朝蟹、膏蟹、肉蟹等。蟹甲壳呈椭圆形，体扁平、无毛，头胸部发达，双螯强有力，后足形如棹，故有据棹子之称。头胸甲宽约为长的 1.5 倍，背面隆起，光滑；头胸甲表面有明显的“H”形凹痕；前额有 4 个突出的三角形齿，齿的大小及间距大致相等；前侧缘有 9 个大小相若、突出的三角形齿。青蟹主要分布在浙江以南海域，是我国南方主要食用海蟹之一。蟹不可与南瓜、蜂蜜、橙子、梨、石榴、西红柿、香瓜、蜗牛、同食，吃螃蟹不可饮用冷饮，否则会导致腹泻。青蟹肉质细嫩、肉色洁白、肉比较多、滋味鲜。

图 3-15　梭子蟹

图 3-16　青蟹

（17）章鱼　章鱼（见图 3-17）又称八爪鱼或八带鱼。章鱼其实不是鱼，它是软体动物门头足纲动物。其形态特点是胴部短小，呈卵圆形，无肉鳍，头上生有发达的 8 条腕，故称八带鱼。各腕均较长，内壳退化。章鱼含有丰富的蛋白质、矿物质等营养元素，并还富含抗疲劳、抗衰老的重要保健因子牛磺酸。章鱼肉质柔软鲜嫩，是制作刺身的优质原材料，韩国人最爱吃“昏厥章鱼”。

图 3-17　章鱼

（18）乌贼　乌贼（见图 3-18）又称墨鱼、墨斗鱼。乌贼遇到强敌时会以“喷墨”作为逃生的方法，伺机离开，因而有乌贼、墨鱼等名称。乌贼属软体动物门头足纲。胴部呈袋状，左右对称，背腹略扁平，侧缘绕以狭鳍，头发达，眼大，共有 10 条腕。内壳呈舟状，很大，后端有骨针，埋于外套膜中。体色苍白，皮下有色素细胞。体内墨囊发达。墨鱼不但味感鲜脆爽口，蛋白质含量高，具有较高的营养价值，而且富有药用价值。

（19）枪乌贼　枪乌贼（见图 3-19）俗称鱿鱼、柔鱼等，胴部为袋状，呈长圆锥形。两鳍分列于胴部两侧后端，并相合呈菱形，头部两侧眼较大，共有 10 条腕。内壳角质，细、薄而透明。我国沿海均有分布，南海产量较多，尤以广东、福建出产量较高。上市期为 5～9 月。鱿鱼具有养血滋阴、补心统脉的功效，可用于治疗慢性肝炎、降低胆固醇等。鱿鱼肉质细嫩、色泽洁白、滋味鲜美，做刺身以大为佳，口感爽脆。

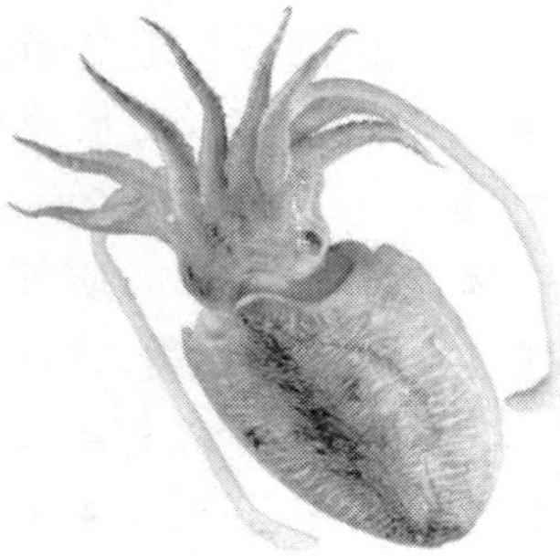
图 3-18　乌贼

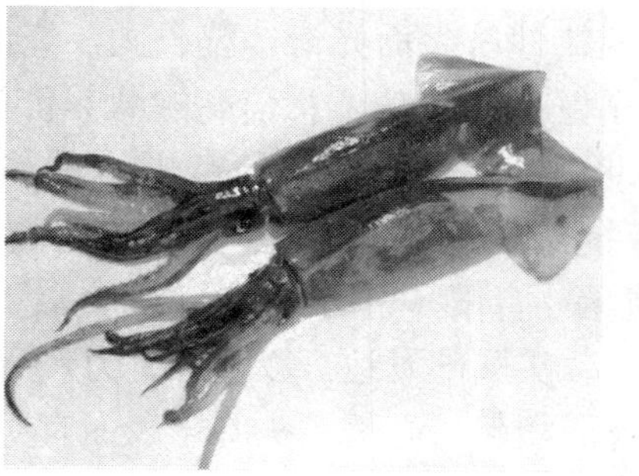
图 3-19　枪乌贼

2．刺身原料的选择

（1）春吃北极贝、象拔蚌、海胆（春至夏初）。

（2）夏吃鱿鱼、鲕鱼、池鱼、鲣鱼、池鱼王、剑鱼（夏末秋初）、三文鱼（夏至冬初）。

（3）秋吃花鲢（秋及冬季）、鲣鱼。

（4）冬吃八爪鱼、赤贝、带子、甜虾、鲕鱼、章红鱼、油甘鱼、金枪鱼、剑鱼。

（5）其他如鸡肉、鹿肉和马肉等，都可以成为制作刺身的原料。

3．刺身刀工成型

（1）刀具　刺身类菜肴非常强调原料形态和色彩的赏心悦目。在做刺身时，如果用不合适的刀具或不锋利的刀具，那切割时就会破坏原料的形态和纤维组织，造成脂类溃破，破坏原料本身的特殊风味。处理刺身的刀具相当重要，一般都有5～6把专用的刀，这些刀按外形可分为两类，一类刀背较厚，近半寸，尖头短身，多用来斩鱼头及起鱼肉，可以轻易斩断鱼骨，称为出刃庖刀。另一类则称为柳刃庖刀，刀锋薄，刀身较长，用以将大块鱼肉切成等份或切片状，按用途分则可分为去鳞、横剖、纵剖、切骨等用刀。另外，做刺身用得比较多的工具还有刺身筷。刺身筷细而长，一端尖细，专门用于将切好、排好的片状料摆放于盘中。

（2）常用刀法

1）退拉切：右手执刀，从鱼的右边开始切。将刀的刀跟部轻轻压在鱼肉上面，以直线往自己方向退拉着切。切好的第一片使其横倒、靠右边，第二片倾斜靠在第一片上，第三片靠在第二片上，依次这样一边切，一边顺手摆整齐，直到切完。切时最好一刀切完一片，这样切出的鱼片光洁，动作潇洒利落，给人以美感。

2）削切：把整理好的一块鱼肉放在砧板上，从鱼的左端开始下刀。刀斜切进鱼肉，再向自己的方向拉引，直至一片鱼肉切完。再用同样刀法将整块切完。每切好一片，用左手将鱼片叠放整齐，方便装盘。

3）抖刀切：把鱼肉放砧板上，从鱼肉的左端开始切。刀斜切进鱼肉，立即开始均匀抖动刀，向自己的方向拉引，左手将切好的鱼肉叠放整齐即装盘。此刀法多用于切章鱼、象拔蚌、鲍鱼等。

（3）成型厚度　无论运用哪种刀法都要顶刀切，这样切出的鱼片筋纹短，利于咀嚼，口感好。刀忌顺着鱼肉的筋纹切，因为筋纹太长，口感不好。要特别注意的是，鱼肉一定要剔净鱼骨，装进盘里的生鱼片，绝对不能有鱼骨，以防卡住食客，发生危险。

日本刺身一般厚约 0.5cm，如三文鱼、鲔鱼、鲷鱼、旗鱼等。这个厚度，吃时既不觉腻，也不会觉得没有料。不过像横县鱼生、顺德鱼生的鱼得切很薄，约 0.5mm 厚，要求薄如蝉翼，因为这些地方采用的江河鱼肉质紧密、硬实，所以要切得薄才好吃。至于章鱼之类只能根据各部位体形切成各不相同的块了，还有的刺身，如牡蛎、螺肉、海胆、寸把长的小鱼儿、鱼子之类，就可以整个地食用。

4．刺身的装盘造型方法

装盘方法有锥形拼摆、平面拼摆、环围拼摆和象形拼摆法等。刺身的装盘方法，原则上强调正面视觉。例如，山的造型装盘方法，盘子前面的原材料应堆放得低一点，品种可以多些，强调山上有小的点缀物，下面犹如海水缓缓流过的境界。山可以用白萝卜丝、京葱丝等堆放而成，还可以加上些点缀物围边，这样整体均衡感就体现出来了。另外，黑色的原料能够配合盘子的整体视觉效果，因此用海藻、海带、干紫菜等衬托，往往会起到较好的效果。

提供刺身菜肴时，原料要求有冰凉的感觉，可以先用冰凉净水泡洗，还可以先以碎冰打底，面上再铺生鱼片。出于卫生考虑，应先在碎冰上铺保鲜膜，然后再放生鱼片。

（1）锥形拼摆法　锥形拼摆法（见图 3-20）是在盛器的底部用冰块、萝卜丝或其他原料做成锥形状，然后把刺身原料放在案板上切成片后铺在造型好的冰块或萝卜丝上，然后在盛器物中增加一些点缀物，以表现生动活泼。这种造型从不同的角度看都显得立体感强。

（2）平面拼摆法　前面低、后面高是平面拼摆法（见图 3-21）的典型装盘方法，对于平面拼摆法，原料的刀工处理效果是其成败关键。例如，青鱼肉就要切得薄一些，这样吃起来口感才爽脆、滑嫩；金枪鱼肉质比较柔软，就应切厚一些，吃起来口感才会有弹性；做墨鱼刺身时，把墨鱼肉切大片沿盛器周边摆一圈，中间可放些点缀物，可以配上其他种类的原料拼摆。

图 3-20　锥形拼摆法

图 3-21　平面拼摆法

（3）环围拼摆法　环围拼摆法（见图 3-22）一般使用圆盘，在中式鱼生（如横县鱼生、顺德鱼生）制作当中运用得很多。拼摆后一般还能看到盘底的底色，所以盘子的底色一般与刺身肉的颜色搭配相适应，使盛器的颜色与刺身原料的颜色融为一体，达到色彩的平衡。

（4）什锦拼摆法　什锦拼摆法（见图 3-23）就是以一种刺身原料为主料，辅以多种刺身原料一起拼摆在一起，间隔处可以用一些点缀物装饰，要求有高低起伏，呈现立体感。此造型的另一个突出的特点就是迎合下筷方便，即片厚、形大的放外层，细小的放里层。这种造型使用的装饰点缀物较多，体现出造型的气势。

图 3-22　环围拼摆法

图 3-23　什锦拼摆法

(5) 象形拼摆法（见图 3-24）　刺身象形拼盘，又称艺术拼盘、花色拼盘、工艺冷盘和图案装饰冷碟等。它是在保持原料营养成分的基础上，将各种各样的刺身原料按照原料本来的形状特点，采用不同的刀法和拼贴技巧，制作成与加工前基本相似的造型刺身。象形拼盘不仅要求造型美观、逼真、艺术性强，而且还要求选料多样、注重食用、富有营养。

图 3-24　象形拼摆法

5. 食用刺身的味汁

刺身的佐料主要有酱油、山葵泥或山葵膏（浅绿色，类似芥末），还有醋、姜末、萝卜泥和煎酒。在食用动物性原料刺身时，前两者是必备的，其余则可视地区不同以及各人的爱好加以增减。酒和醋在古代几乎是必需的。新鲜、口感好、不同品种的刺身原料有其固有的香味，同时为进一步适合我国各地方消费者的饮食口味，这种单一的味料是远远不够的，因此刺身酱油完全可以在突破主味的基础上再混合其他材料进行变化，产生新的味型。下面介绍几种不同味型的味汁：

(1) 豉油刺身汁

原料：卡夫奇妙酱 25g、青芥辣膏 15g、水果沙律酱 20g、豉油汁 20g、柠檬汁 15g。

制法：把卡夫奇妙酱、青芥辣膏、水果沙律酱搅拌均匀后，再将豉油汁、柠檬汁慢慢加入混合酱中，一边加一边搅打，充分调匀后即可。

适用范围：龙虾刺身、北极贝刺身、海参刺身等。

(2) 酸辣刺身味汁

原料：鱼生酱油 50g、大红浙醋 20g、红腐乳 15g、辣椒酱 15g、青芥辣膏 15g、姜末 20g、鱼子酱 20g、生抽 40g。

制法：把红腐乳压碎成泥，加入青芥辣膏、鱼子酱、辣椒酱搅拌均匀后再调入其他料调匀即成。

适用范围：青竹鱼刺身、青鱼刺身、黑鱼刺身、鳜鱼刺身等。

(3) 酱油醋芥汁

原料：鱼生酱油 50g、纯米醋 50g、青芥辣膏 15g、腌渍梅子 1 小粒、腌渍枪鱼肉 10g。

制法：把腌渍梅子、腌渍枪鱼肉剁碎后加入鱼生酱油、纯米醋、青芥辣膏调和均匀即可。

适用范围：金枪鱼刺身、三文鱼刺身、北极贝刺身、象拔蚌刺身等。

(4) 什锦刺身汁

原料：泡野山椒 5 粒、青椒 20g、青芥辣膏 10g、鱼生酱油 30g、纯米醋 10g、柠檬汁 5g、精盐 2g、芝麻油 10g、白糖 5g、紫苏叶 2 片，香菜、柠檬叶、姜末、盐适量。

制法：把紫苏叶、香菜、柠檬叶切成细丝，野山椒、青椒切成小粒，再用汁碗加入柠檬汁、纯米醋、精盐、酱油、白糖、青芥辣膏，加入矿泉水调和均匀后，再调入各种切好的原料，淋入芝麻油调匀即可。

适用范围：鱿鱼刺身、章鱼此生、青鱼刺身、比目鱼刺身等。

(5) 蚝芥汁

原料：蚝油 40g、纯米醋 5g、白糖 5g、鱼生酱油 10g、青芥辣膏 15g、香油 20g、蒜末 5g、白胡椒粉 3g。

制法：将以上原料混合均匀即成。

适用范围：扇贝刺身、贻贝刺身、蟹肉刺身、金枪鱼刺身等。

（6）果味刺身汁

原料：苹果醋 5g、橙汁 20g、番茄汁 15g、椰浆 5g、什锦果酱 10g、青芥辣膏 10g、米酒 4g、白糖 5g、熟白芝麻 2g、花生油 5g。

制法：将以上原料混合均匀即可。

适用范围：北极贝刺身、三文鱼刺身、鲍鱼刺身、金枪鱼刺身等。

（7）酸甜刺身汁

原料：橙汁 15g、炼乳 10g、青芥辣膏 5g、蜂蜜 6g、纯米醋 3g、泰式鸡酱 4g、熟白芝麻 2g。

制法：将以上原料混合均匀即可。

适用范围：牡蛎刺身、瓜螺刺身、海参刺身、墨鱼刺身、鲷鱼刺身等。

（8）蒜香辣酱油汁

原料：蒜瓣 2 粒、小米辣 2 粒、鱼生酱油 25g、香醋 5g、香油 3g、花生油 2g、清汤 30g、盐 2g、味素 1g。

制法：把蒜瓣、小米辣剁碎后加入汤汁碗中，调入其他调味料调和均匀即可。

适用范围：青鱼刺身、斑鱼刺身、鲷鱼刺身、鮸鱼刺身等。

（9）柠檬酱油汁

原料：柠檬汁 20g、腌制枪鱼肉 10g、鱼生酱油 40g、鱼清汤 50g、盐 2g、白胡椒粉 1g、花生油 5g。

制法：把腌制枪鱼肉剁碎后加入其他调味料调和均匀即可。

适用范围：龙虾刺身、三文鱼刺身、蟹肉刺身、鱿鱼刺身、比目鱼刺身等。

（10）紫苏松子汁

原料：紫苏叶 15g、松子仁 5g、清汤 25g、米酒 5g、味素 2g、花生油 5g、精盐 2g、青芥辣膏 3g。

制法：把紫苏叶剁细、松子拍碎后加入其他调味料调和均匀即可。

适用范围：龙虾刺身、鲍鱼刺身、三文鱼刺身、鲷鱼刺身、牡蛎刺身等。

6．刺身制作的注意事项

刺身的制作不仅仅要严格按照国家《食品卫生法》及“行业规范”、“厨房冷菜间食品卫生管理制度”来控制食品安全。制作刺身还应注意所选的原料必须新鲜度高、无任何污染，由资深厨师操控，刀工处理、调理、作料摆设都必须熟练，刀具、盛器、砧板等都必须和一般冷菜加工用具分开使用。具体来说，刺身制作必须掌握以下 3 个要点：

（1）原料必须新鲜度高、防寄生虫　做刺身的原料需要绝对的新鲜，自然死亡或人工宰杀后自然存放超过 20min，不论是否变质均不能用于作刺身，因为它们的肠胃里带有大量的致病细菌和有毒物质，一旦死后便会迅速繁殖和扩散，食之极易中毒甚至有生命危险，所以不能使用。

做刺身尽量不要用淡水鱼类，如果非要选择淡水鱼，也应选择无污染的野生江河鱼，决不要选用人工养殖的鱼类，因为人工养殖的饲料及养殖环境都极可能引发寄生虫生长，寄存在鱼的肌肉组织中。这样的鱼片生吃后，寄生虫也随肉下肚，穿过肠道钻入血管，还可以达到皮肤。颚口线虫还能在皮肤内自由移动，使皮肤表面形成一条条红线。当然海水鱼也并非全都安全，只有远洋鱼类且生活于深海处的鱼类相对安全。例如，三文鱼、鳕鱼虽然都属海水鱼，但日本、韩国的一些专家在其体内也检测出了“异尖线虫”，对人体危害性很大。

（2）以科学的方式保存刺身原料 对于鲜活的刺身原料在酒店活养储存过程中应有专人负责养殖看护，对投放的饲料和活养的水质都应进行科学化验检测，应确保其没有任何污染方可投放。当冷藏或冷冻的海鲜送到酒店时，应要求出示食品安全检测报告，符合刺身食品安全标准的应立即验收然后储存在冷冻柜或冷藏柜内，以保持所需的温度。冷冻食品需储存在 18℃或以下。冷藏储存是指把食物储存在 0～4℃之间。对冷冻和冷藏库的温度必须定期检查，并保存适当记录。同时还应做到刺身原料同其他原料分空间存放，未经切配的原料应与已切配的原料分开存放，经切配、装盘成型后及在保鲜、传送给顾客的途中应用保鲜膜或保鲜盖盖好。对已做好当餐没销售完或客人剩余的刺身应立即处理掉，严禁再次销售。

（3）操作严格符合卫生要求 鱼类原料容易滋生可引起食源性疾病的微生物，称为食源性病原体。另一些微生物可引致食物腐败，使食物变色和变味。部分病原体可能附在生的食物中，并在食物制作过程中存留下来。例如，副溶血性弧菌通常可在海鲜中发现，而金黄葡萄球菌和沙门氏菌类则可能在食物加工时，因交叉污染或处理不当而引进食物中。

因此，刺身加工必须在一个通风良好、温度适宜、清洁卫生的独立工作范围内进行。刺身加工人员必须严格注意个人卫生，必须专人加工，不得带病、带伤上岗，同时制作人员的双手必须彻底消毒，制作过程中尽量减少直接触碰食物和说话，尽可能佩戴专用手套、口罩、帽子等。所有用具必须专用，使用前后都应彻底消毒。

三、刺身类菜肴的制作实例

实例 3-4-1 横县鱼生

【菜肴简介】“横县鱼生”俗称“两片”，历来被广西横县人称作“县菜”，它代表着广西横县的烹饪技术和饮食文化的最高水准、接待客人的最高规格。据说，曾经有一位日本料理大师慕名从日本来到广西横县，看过横县的鱼生师傅所做的鱼生工序，在品尝完这道名菜之后，大呼：“这才是真正的鱼生料理！”横县鱼生之所以出名、美味，与其做法工艺之独特、选料配料之精细有着密切的关系。

【原料组成】

主料：青竹鱼 1 条，约 1kg。

辅料：白萝卜 80g、胡萝卜 100g、酸藠头 50g、酸柠檬 1 个、酸姜 50g、生姜 50g、洋葱 40g、泡青椒 3 个、紫苏叶 15 片、香菜叶 25g、葱头 65g、薄荷叶 30 片、大葱 40g、柠檬叶 20 片、花生仁 100g、香芋 120g、粉丝 30g、小米辣 5 只、木瓜 50g。

调料：盐 2g、香油 13g、花生油 5g、青芥辣膏 15g、鱼生酱油 70g、香醋 15g、蒜米 13g、小米辣碎 5g、熟白芝麻 2g。

【制作方法】

（1）细料加工　把白萝卜、胡萝卜、生姜、紫苏叶、柠檬叶、薄荷叶、大葱、生姜、香菜叶、洋葱切成银针丝，葱头顶刀切成圆片后小火炸酥，小米辣切小圆圈片，然后用鱼生专用配菜碟把这些原料分别装入盘中，见图 3-25。

（2）粗料加工　把花生仁炸酥并加少量的盐拌匀、酸藠头切片、香芋切二粗丝后炸酥、酸柠檬连皮切成二粗丝、酸姜切二粗丝、木瓜切小丁、粉丝炸酥、泡青椒切成 0.1cm 厚的圆片，然后用鱼生专用配菜碟把这些原料分别装入盘中，见图 3-26。

图 3-25　细料装盘

图 3-26　粗料装盘

（3）味汁调制

1）醋酱油汁：把香醋 10g、鱼生酱油 15g、蒜米 4g 调和均匀即可。

2）芥末酱油汁：把青芥辣膏 15g、鱼生酱油 30g 调和均匀即可。

3）蒜香辣酱油汁：蒜米 6g、小米辣碎 5g、鱼生酱油 25g、香醋 5g、香油 3g、花生油 2g、清汤 30g、盐 2g 调和均匀即可。

4）香油汁：香油 10g、花生油 5g、蒜米 3g、熟白芝麻 2g 调和均匀即可。

味汁装盘见图 3-27。

（4）鱼片加工

1）取一条鱼，剥掉鱼鳃，在鱼尾处左右两边各割一刀，深度到鱼脊骨处，然后放入水槽中，待鱼在游动挣扎中流尽血液。

2）待到血放干净时，将鱼鳞刮净，用干净的消毒毛巾或吸水性强的纸将鱼身抹干，但不要将鱼开膛，切记。

3）将砧板洗净，用吸水纸或毛巾擦干，将鱼平放，沿鱼脊背用刀轻切开一条缝，看清鱼骨走向，再用刀顺着鱼骨切下，在鱼尾和鱼头与鱼身结合处割开，片到鱼胸骨的 2/3，片下一条无刺的鱼肉，马上用吸水纸（要用干净、吸水性强的草纸或纱纸，不要用卷筒纸，因为会掉纸屑）或消毒过的干净毛巾包好，内外都要包，以吸掉鱼肉中的水分。将鱼翻身，在另一边也片下一条鱼肉。

4）将用吸水纸包好的鱼肉剥去，不要在鱼肉上留下纸屑。鱼皮朝下放在砧板上，用刀斜着下刀，将鱼肉和鱼皮分开，把鱼肉切成大片、极薄的薄肉片，鱼肚处的肉较薄，不能切片，就切成细长的丝。

5）把片好的鱼片整齐的摆放在垫有冰块并用保鲜膜覆盖的盘内，装盘造型见图 3-28。

图 3-27 味汁装盘

图 3-28　鱼片装盘

【成菜特点】

色泽：鱼肉洁白、晶莹剔透、无血污。

成型：粗、细料加工粗细一致，装盘整齐美观。

【技术要领】

（1）品种选择。吃鱼生要选好鱼的品种，青竹、桂花、草鱼、鲤鱼等江河无污染有鳞鱼都可加工鱼生，但正宗横县鱼生均选产自其境内郁江的原生态活鱼，郁江是横县的主流水系，水流湍急、冲击力大，所产鲜鱼尾部肌肉特别发达，结实强劲，口感较好，以肥厚少刺的青竹鱼为最好。

（2）鱼肉要洁白。"白"就是鱼肉莹白如雪、玲珑可观，鱼肉的肌肤纹理，纤毫毕见。要"白"就要把血放干净，最好的办法是，将鱼割腮后继续放入水中，这样鱼不会马上死去而是在水中放血，几分钟后，血尽鱼亡，鱼肉就会莹白如雪、玉色逼人。当然也可以斩尾，让鱼血自然滴落，但肉色白不过割腮，稍逊。

（3）刀工处理要薄。"薄"即鱼片要切得薄如蝉翼，才容易入味。要想切薄片，须准备一把极快的刀，左手拇指、食指压住鱼肉，右手把刀，看准部位，一刀切下，片羽滑落，可得薄片。展开一看，薄得可见字为上品，目不见字的为下品。

（4）味要厚。调料的种类一定要丰富厚重，才能压住腥味，才能体会到鱼生的鲜美可口。葱、姜、蒜、辣椒、酱油、醋是必不可少的基本配料，横县鱼生更在这些基础上加入横县独特的木瓜丁、柠檬、柠檬叶、洋葱、芋头丝等 20 多种配料，再配上横县本地花生油、香油、青芥辣膏等多种生鲜猛料，这样才能真正体现横县鱼生的香、滑、爽、脆、鲜等特点。

【健康提示】由于没有受到炒、炸、蒸等烹饪方法的破坏，鱼生自身丰富的蛋白质、维生素与微量矿物质都得以保存，有助于对感冒发烧的治疗。鱼生的脂肪含量低，含有不少具美容养颜功效的脂肪酸，适合爱美的女性朋友。鱼生鲜美可口，质地柔软，易咀嚼消化，但应注意适量食用。

实例 3-4-2　顺德鱼生

【菜肴简介】顺德鱼生不同于普通的日式刺身，它充分体现了中国饮食文化的丰富深远，是广东顺德菜的代表，与广西横县鱼生有异曲同工之处。有人说，来顺德不吃鱼，等于没到过顺德；而凡在顺德吃过鱼的人，都难忘顺德鱼生的滋味。当今的顺德鱼生制作，通常以江河鲜鱼为原料，经过刀工切制、调料拌和、选配器皿并装盘等几个环节成菜，与各色食材相结合，以清、鲜、爽、嫩、滑为特色。

【原料组成】

主料：鲩鱼1条，约750g。

辅料：酸萝卜100g、胡萝卜120g、酸藠头50g、酸姜50g、生姜50g、洋葱45g、红甜椒50g、泡山椒25g、紫苏叶20片、香菜叶25g、葱头65g、大葱50g、柠檬叶20片、花生仁60g、香芋150g、粉丝30g。

调料：盐10g、糖40g、香油35g、花生油50g、青芥辣膏30g、鱼生酱油70g、香醋15g、蒜米30g、小米辣碎20g、熟白芝麻20g。

【制作方法】

（1）辅料加工

1）把酸萝卜、大葱、青葱、紫苏叶、柠檬叶、胡萝卜、红甜椒、洋葱切成银针丝分别整齐地装入盛器中。

2）把香芋切成细丝后入油锅中炸酥；花生仁炸酥后拍碎；粉丝入油锅炸至起泡酥脆；酸藠头、酸姜切二粗丝；泡山椒去蒂后剁碎，把这些辅料分别整齐地装入盛器中。

（2）味汁调制　把盐、糖、香油、花生油、青芥辣膏、鱼生酱油、香醋、蒜米、小米辣碎、熟白芝麻分别用味碟装好，上桌后由顾客根据自己的口味随意搭配。

（3）鱼片加工

1）把鱼放在砧板上，在活鱼下颌处和尾部两侧各割一刀，然后将鱼放回有水流动的水中。

2）待到鱼血放干净时，将鱼鳞刮净，用干净的消毒毛巾或吸水性强且不掉渣的餐巾纸将鱼身抹干。

3）将鱼平放已消毒处理且干燥的墩子上，沿鱼脊背用刀轻切开一条缝，用刀顺着鱼骨切下，在鱼尾和鱼头与鱼身结合处割开，片到鱼胸骨的2/3，片下一条无刺的鱼肉，马上用干净的消毒毛巾或吸水性强且不掉渣的餐巾纸包好，内外都要包，以吸掉鱼肉中的水分。将鱼翻身，用相同方法取下另一边鱼片。

4）将用吸水纸包好的鱼肉剥去，鱼皮朝下放在砧板上，用刀斜着下刀，将鱼肉和鱼皮分开，把鱼肉采用连到片的形式切成极薄的薄鱼片（越薄越好）。

5）把切好的鱼片整齐摆放在专用的鱼生器皿里面。

6）把切好的生鱼片同各种辅料和调味汁一起上桌。装盘造型见图3-29。

a）

b）

图3-29　装盘参考图

（4）下脚料充分利用 鱼头、鱼尾和鱼骨煲粥，鱼腩油炸，鱼肠、鱼膘焗蛋，鱼皮汆水后捞起凉拌。

【成菜特点】

色泽：鱼肉洁白、薄如蝉翼、晶莹剔透。

成型：粗、细料加工粗细一致，装盘整齐美观。

【技术要领】

（1）选料：一般选用重约750g左右的“壮鱼”（传统制法是选用江河有鳞鱼，现在很多酒楼也开始选用海产有鳞鱼类），鲜美嫩滑，恰到好处。

（2）瘦身：鱼买回来，先放在无污染的山泉水中饿养“瘦身”几天，消耗体内脂肪，经此做出来的鱼生则肉实甘爽。

（3）放血：顺德鱼生最讲“品相”，鱼肉必须要透明晶莹才算好，因此在做鱼生时非常讲究放血，也最是“技术含量”所在，一般是在完整无伤的活鱼下颌处和尾部各割一刀，然后将鱼放回水中，待鱼在游动挣扎中流尽鲜血，便能得到毫无淤血、洁白如霜的鱼肉。

（4）切片：鱼生好不好吃，全看师傅的刀工。把鱼背的肉起出后切片，强调的是“薄”，最理想的厚度为0.5mm左右。

实例3-4-3 日式刺身

【菜肴简介】刺身（中国称其为“生鱼片”）是日本的传统食品，在日本料理中的地位无可替代，是日本料理中最“清淡”的菜式，非常受日本人欢迎，但在20世纪早期冰箱尚未发明前，日本内陆很少有人吃，只是在沿海比较流行。现在随着保鲜和运输技术的改进，食用刺身的人也多了起来，而且越来越受到世界各地人的欢迎。

日本人吃鱼有生、熟、干、腌等各种吃法，而以刺身最为常见和名贵。国宴或平民请客以招待生鱼片为最高礼节。日本一般的刺身以鲣鱼、鲷鱼、鲈鱼配制，最高档的刺身原料是金枪鱼。

【原料组成】

主料：各种刺身原料各50g（金枪鱼、三文鱼、鲷鱼、比目鱼、甜虾、北极贝等）。

辅料：白萝卜250g、柠檬1个、紫苏叶10片、青竹叶10片、番芫荽20g、黄瓜100g、冰块500g。

调料：刺身酱油50g、芥末膏20g、红萝卜泥50g、柠檬醋50g、日式泡姜片35g。

【制作方法】

（1）把金枪鱼肉、三文鱼肉切厚片，甜虾进沸水锅焯至颜色呈橘红色出锅用冰水激凉，比目鱼肉、鲷鱼肉切成薄片。

（2）白萝卜切成细丝后用冰水冰镇至爽脆，黄瓜切成椭圆片，柠檬切圆片。

（3）把冰块铺在刺身盛器里然后用保鲜膜覆盖，用冰镇过的白萝卜丝垫底，然后用柠檬片、黄瓜片、番芫荽、紫苏叶配合改刀后的金枪鱼、三文鱼、比目鱼、鲷鱼、甜虾等按照高低起伏、错落有致、美观大方的标准摆入盛器中即可。

（4）把刺身酱油、芥末膏、红萝卜泥、柠檬醋、日式泡姜片分别用味碟装配好，和摆好盘的刺身上桌即可。装盘造型见图 3-30。

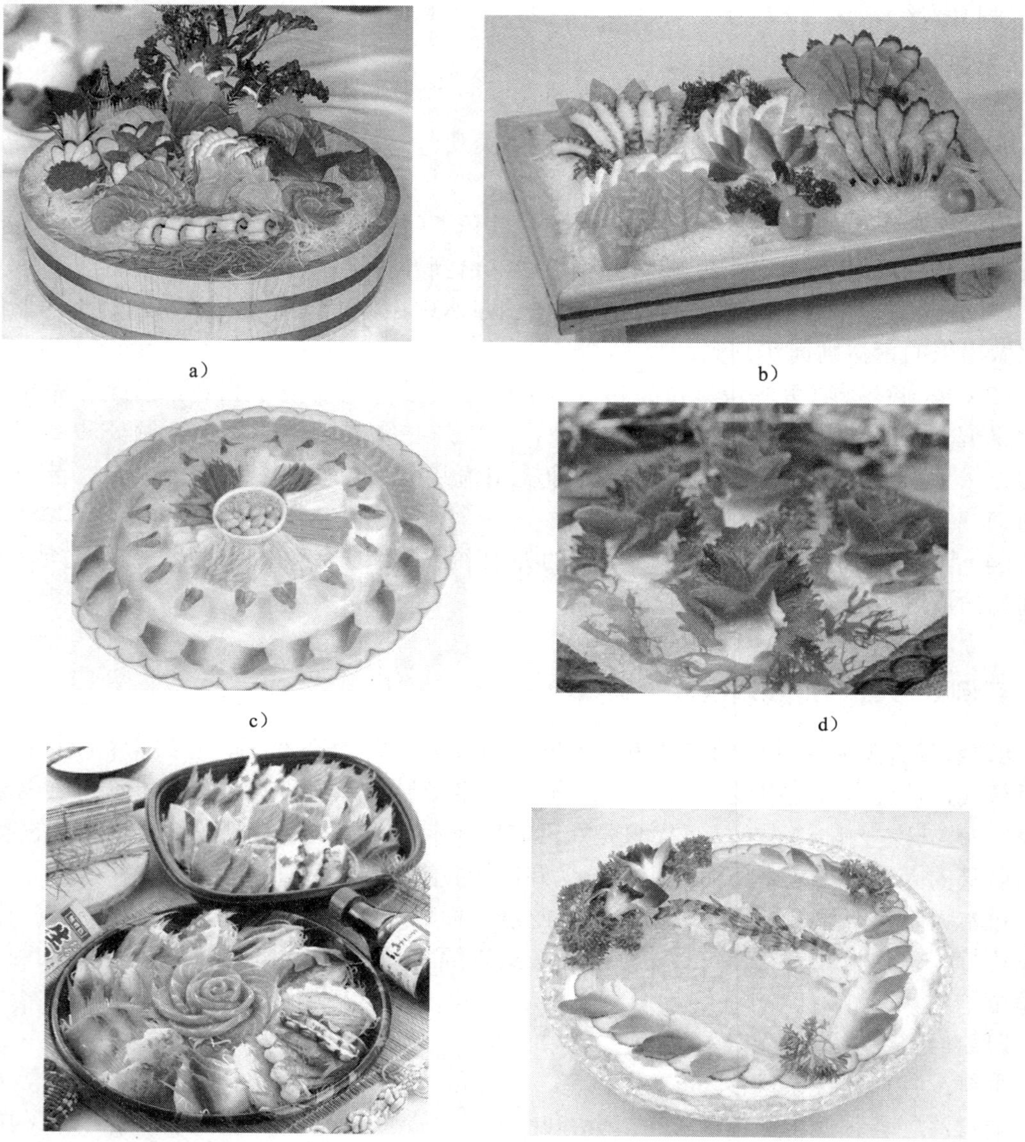

a） b） c） d） e） f）

图 3-30 日式刺身摆盘参考图

【成菜特点】

刀工：干净、利落、整齐。

装盘：高低起伏、错落有致、美观大方。

口感：柔嫩鲜美、口味多样。

【技术要领】

（1）选料一定要新鲜，不能使用二次冷冻的刺身原料，这是保证刺身质量的根本保证。

（2）刺身原料表皮的水一定要用消毒毛巾吸收干净且切刺身原料的刀也不能沾水，避免滋生细菌，保持原料的鲜嫩滑爽的口感。

（3）刺少、肉质疏松的刺身应切成 0.5cm 左右的厚片，如三文鱼、金枪鱼、鲔鱼、鲥鱼、旗鱼等。这个厚度，吃时既不觉得腻，也不会觉得没有料。刺多、肉质紧密、硬实的刺身原料应切成 0.1cm 左右的厚片，如鲷鱼、鲈鱼、鳜鱼、青竹鱼等，只有切得薄才好吃。

（4）加工刺身时，都要顶丝切，即刀与鱼肉的纹理应当呈 90°夹角。这样切出的鱼片筋纹短，利于咀嚼，口感也好。切忌顺着鱼肉的纹理切，因为这样切筋纹太长，口感也不好。

【健康提示】刺身类菜肴热量较低，且含丰富的优质蛋白，适合于各类人群食用，且维生素的含量较丰富，矿物质铁的含量较高，对于贫血患者可将其作为食补的良品。

【备注】

（1）日式刺身佐料：酱油、山葵泥、醋、姜末、萝卜泥、煎酒。在食用动物性刺身时，前二者几乎是必备的，后几者则视乎地区不同以及各人爱好和食肆特色进行增减。

（2）日式刺身装饰料：生鱼片多选用半圆形、船形或扇形等精美竹制餐具作盛器，再以新鲜的番芫荽、紫苏叶、薄荷叶、海草、菊花、黄瓜花、生姜片、细萝卜丝、酸橘等作配饰料。这样体现出日本人亲近自然的食文化，同时这些配饰料既可作装饰和点缀，又可起到去腥增鲜、增进食欲的作用。

（3）食用顺序：按照日本人的习惯，刺身原料有多种时应从相对清淡的原料吃起，通常次序为：北极贝、八爪鱼、象拔蚌、赤贝、带子、甜虾、海胆、鱿鱼、金枪鱼、三文鱼、剑鱼。

第五节　其他类冷菜的制作

一、冻制类菜肴制作

1．冻

冻亦称水晶，是将含胶质丰富的原料投入到适量的水中，通过煮、蒸等方法加热使胶质充分溶入到汤水之中，过滤后加入烹制成熟的原料，经冷却后凝结成冻的一种成菜方法。

制冻的方法分为蒸和煮两类，一般以蒸法为优。因为冻制菜品通常的质量要求是清澈晶亮、软韧鲜醇，蒸法在加热过程中是利用蒸汽传导热量，而煮则是利用水沸后的对流作用传导热量，蒸可以减少沸水的对流，从而使冷凝后的冻更澄清、更透明。

2．冻的种类

饮食行业中加工冻制菜品习惯上有两种类型：皮胶冻和琼脂冻。

（1）皮胶冻法　用猪肉皮熬制成胶质液体，并将其他原料混入其中（通常有固定的造型），使之冷凝成菜的方法称为皮胶冻法。在实际操作过程中，根据其加工方法的不同又可以分为花冻成菜法和调羹成菜法（盅碟成菜法）。所谓花冻成菜法，就是洗净的猪皮加水煮至极烂，捞出制成蓉泥状（或取汤汁去皮），加入调味品，淋入蛋液，亦可掺入诸如干贝末、熟虾仁细粒，并调以各式蔬菜细粒，后经冷凝成菜。成品具有美观悦目、质韧味爽的特点，如“五彩皮糕”、“虾贝五彩冻”等。调羹、盅碟成菜法是指在成菜过程中需要借助于小型器皿如调羹、盅、碟（或小碗）等，制作时，取猪肉皮洗净熬成皮汤，取盅碟等小型器皿，将皮汤置入其中，放入加工成熟的鸡、虾、鱼等无骨或软骨原料（按一定形状摆放更好），经冷凝成菜。用此法加工的冻菜，除猪肉外，一般都宜将原料加工成丝状或小片、细粒等。调味亦不宜过重，以轻淡为主。此法在行业中使用较普遍，如"水晶鸡丝"、"水晶鸭舌"等。

冻制菜的先决条件是冻的制作。首先是所用肉皮必须彻底洗净，应达到无毛、无杂质油脂。因此在正式熬制前应先将肉皮焯水后将肉皮内外刮净，清洗后改成小条状入锅加热，便于熟烂。其次熬制汤时，要掌握好皮汤中皮与水的比例，一般认为以1:4为宜。

若汤水过多，则冻不结实；若汤水过少，则胶质过重，韧性太强。待汤凝结后一般以透明或半透明为主，所以在熬汤时除了用盐、味精、葱结、姜块及少量料酒外，一般不用有色调味料和调味用的香辛料，防止因使用有色调味料而影响冻的成色。待冻熬好后，根据成菜要求，添加所需调味品。

（2）琼脂冻法　琼脂学名石花菜，俗称冻粉。此法是指将琼脂掺水煮或蒸溶后，浇在经过预熟的原料上，冷却后使其成菜的方法。琼脂冻与皮冻比较，具有不同的质地和口感。通常情况下，琼脂冻较为脆嫩，缺乏韧性，所以一般用于甜制品制作的较多。有时也用于花色冷盘的衬底或掺入其他原料作冷菜的刀面原料。琼脂冻类的菜品操作比较简便，成菜具有色泽艳丽、清鲜爽口的特点。琼脂冻的操作要领体现在以下几个方面：所用琼脂一般为干品，使用前用清水浸泡回软后，洗干净，再放清水中煮化或蒸溶。倘若是制作甜品，可不加水，掺入冰糖，蒸制待琼脂及冰糖溶化倒入事先备好的容器中冷凝成形。掌握好琼脂及水的使用比例。一般地说，琼脂都要加水熬制成菜，这就有个比例，即水加多了成品不宜凝结；水加少了，凝冻质老易于干裂，口感欠佳。琼脂与水的比例一般控制在1:10左右为宜。

根据用途不同，琼脂在熬制过程中可适量添加一些有色原料，以丰富菜品色彩。例如，若要做"海南晨曲"这样一个花色冷盘，可将绿色素加入到熬制的琼脂中搅匀，倒于盘中使之冷凝近似于海水；也可将可可粉或咖啡调入琼脂中，使之凝结成褐色的冻用于花色冷盘切摆刀面。

琼脂冻类菜品若无特殊用途，通常要借助于一定的成形器皿来完成，如"草莓琼脂冻"、"牛奶琼脂果杯"等。

另外，近年来也常用鱼胶制作冻类冷盘材料。用鱼胶来制作冷盘材料，较适宜用味较浓烈或色较重的菜品类型，如"辣香鱼冻"、"果味鱼冻"等。

实例 3-5-1　水晶肴蹄

【菜肴简介】水晶肴蹄又名水晶肴肉，是江苏镇江的一款名菜，迄今已有300多年的历史。水晶肴蹄成菜后肉红皮白，光滑晶莹，卤冻透明，犹如水晶，故有"水晶"之美称。食用时，具有瘦肉香酥、肥肉不腻、酥香嫩鲜等特点，若用其佐以姜丝和镇江香醋，更是别有一番风味。有诗赞曰："风光无限数今朝，更爱京口肉食烧，不腻微酥香味溢，嫣红嫩冻水晶肴。"

【原料组成】

主料：去爪猪蹄膀1只，约1 000g。

调料：姜片 50g，葱白段 50g，八角 10g，桂皮 15g，花椒 15g，明矾 2g，绍酒 100g，硝水 3g，粗盐 120g。

【制作方法】

（1）初加工：将猪蹄放在砧板上，用刀沿蹄中间平剖至腿部（不能偏），掀开，剔去骨（后蹄须抽去蹄筋），拔净毛。

（2）腌制：皮朝下平摊在案板上，用铁钎在瘦肉处戳若干下。均匀地洒硝水 3g，用盐擦匀、擦透，平放在缸内。（随气候的变化所用精盐和腌制的时间不同，夏季用精盐 150g 腌 6～8h；冬季用精盐 200g 腌 7 天；春秋两季用盐 175g，腌约 3～4 天出缸），放冷水内浸泡 4h，去涩味，取出刮除皮上污物，再用温水漂洗干净。

（3）煮制：锅内放清水约 500g（以浸没蹄肉为度），加精盐，用旺火烧沸，肉皮朝上入锅，炖沸后再撇去浮沫，将葱末、姜末、花椒、八角装在一只布袋内，投入锅中，加绍酒，上置竹箅一只，再放大盘一只压紧蹄肉，用小火煮约 1h 后，将蹄肉上下换翻（皮朝下），再煮 1h 至酥烂出锅，捞出葱姜香料袋，汤留用。取一平底瓷盘将猪蹄皮朝下放入，将锅内卤汤烧沸，撇去浮油，放入明矾 1g，待皮冻汤烧沸，再撇去浮油后将卤汤倒入瓷盘中，没过肉面，上放一平盘，盘内放置重物挤压，放阴凉处冷却凝结成冻（天热时可置于冰箱中），即成水晶肴蹄成品。

（4）改刀装盘：食用时，改刀成 6.5cm 长、3cm 宽、0.5cm 厚的片，整齐地码放盘内，盘边点缀生姜丝，淋上镇江醋即可上桌。

【成品特点】晶莹剔透，香酥鲜嫩。

【操作要领】

（1）蹄膀要选择皮色洁白的，加工时要洗干净。

（2）熟制时火力不要过大，保持微沸即可，否则影响汤。

（3）煮制时要把浮沫撇净以保证成品晶莹剔透。

（4）制作皮冻所用的猪肉皮，以选用猪的脊背及腰肋部皮为佳，并要除尽肉皮上的肥膘和污秽，汤汁要去掉油分，一般采用过滤等方法使汤汁清澈。

（5）我国规定硝酸钠的最大用量为 0.5g/kg，亚硝酸钠的用量为 0.15g/kg，肉制品中的残留量，以亚硝酸钠计不得超过 0.03g/kg。

【菜肴创新】

（1）冻制类菜肴中可以加入些新鲜的蔬菜，如胡萝卜、香菜叶、可食用花卉等，丰富其颜色。

（2）可以在主料上进行变化，如鸭舌、火腿、虾仁、鳕鱼等，菜品如“水晶鸭舌”、“蚕丝鸡冻”、“水晶虾仁”、“冰糟鳕鱼冻”等。

【健康提示】猪蹄中含有丰富的胶原蛋白，猪蹄中的胶原蛋白被人体吸收后，能促进皮肤细胞吸收和贮存水分，防止皮肤干涩起皱，使面部皮肤显得丰满光泽。胶原蛋白还可促进毛发、指甲生长，保持皮肤柔软、细腻，指甲有光泽。经常食用猪蹄，还可以有效地防止进行性营养障碍，对消化道出血、失血性休克有一定疗效，并可以改善全身的微循环，从而能预防或减轻冠心病和缺血性脑病。对于手术及重病恢复期的老人，有利于组织细胞正常生理功能的恢复，加速新陈代谢，延缓机体衰老。

二、炸酥类菜肴制作

1. 炸酥

炸酥卤浸就是把原料用热油炸后，趁热浇上卤汁或以卤汁浸渍的一种烹调方法，其操作方法是：有的把炸好后的原料放入卤汁锅中用小火烧至入味，再用大火收干卤汁；有的把已炸好的原料趁热浇上预制的卤汁拌匀即可；还有的原料先用适量的调味品腌渍一下再炸，然后用卤汁浸渍。

实例 3-5-2　糖醋脆鳝

【菜肴简介】脆鳝就是采用油炸后浇汁的方法成菜的。脆鳝全称梁溪脆鳝，梁溪是江苏无锡的别称，在无锡城西有一条流经市区的河叫梁溪，相传它因南朝梁武帝时曾对其加以修浚而得名，也有的说是因为东汉名人梁鸿曾居于此地故得其名。无锡南滨太湖，西倚惠山，是一座山清水秀、风景优美的城市。这里水产丰富，所产青鱼、鲫鱼、塘鲤鱼都鲜活肉嫩，特别是鳝鱼鲜肥细嫩，更受人们喜爱。据说在明末清初，无锡厨师就用活鳝，经开水煮熟去骨划丝，入油锅炸脆再用酒、酱油、糖、味精、五香料制成浓卤烩煮，鳝丝甜鲜松脆，是佐酒的上等佳肴。后来，此菜便闻名全城，驰名江苏各地，成为无锡著名的传统风味菜，现在上海许多苏锡风味菜馆都经营此菜。

【原料组成】

主料：熟鳝丝 500g。

调料：酱油 10g，白糖 50g，醋 10g，麻油 15g，味精 2g，精盐 5g，姜丝 20g。

【制作方法】

（1）酥炸：炒锅上火，倒入油，待油温升至六七成热时，轻轻投入熟鳝丝炸至酥脆。然后用漏勺捞起沥尽油，倒入沸水内略烫。捞出沥干水分，再投入到已升至八成热的油锅内炸脆捞出，沥去油装入盘。

（2）浇汁：锅上火放入酱油、白糖、醋、味精及少许清水调成稠卤汁，浇于脆鳝鱼丝上面。

（3）装盘：用细姜丝做成蓬松状的姜丝花，上面放半颗红樱桃点缀即可。

【成品特点】色泽深褐，香酥松脆，酸甜适口。

【操作要领】

（1）鳝肉投入油锅时要防止油外溢和爆溅。

（2）鳝鱼肉料形细小，经过两次炸制很容易炸焦，影响质量，在具体操作时要注意严格控制火候。

（3）凡是油炸卤浸的原料一般不挂糊上浆，而是直接放入旺火热油中炸，油温要控制在六成左右，而且一次投料不宜太多，对片大形厚的原料必需复炸。

（4）原料在炸制之前需调味的不宜太重，而且要沥去一部分水分再炸。

（5）需要预先制卤的，味要浓厚，卤汁与原料比例应适当，并且原料在卤汁中浸渍时间应根据菜肴特点而定，不宜太长或太短。

【菜肴创新】此类菜肴可以在味型进行变化，主料上选择容易炸酥的，如“五香酥鱼”、“蒜香酥排”等菜肴。

【健康提示】鳝鱼中含有丰富的DHA和卵磷脂，它们是构成人体各器官组织细胞膜的主要成分，而且是脑细胞不可缺少的营养。根据美国试验研究资料，经常摄取卵磷脂，记忆力可以提高20%，故食用鳝鱼肉有补脑健身的功效。它所含的特种物质“鳝鱼素”，能降低血糖和调节血糖，对糖尿病有较好的治疗作用，加之所含脂肪极少，因而是糖尿病患者的理想食品。鳝鱼中维生素A的含量高得惊人。维生素A可以增进视力，促进皮膜的新陈代谢。有人说“鳝鱼是眼药”，过去患眼疾的人都知道吃鳝鱼有好处。常吃鳝鱼有很强的补益功能，特别对身体虚弱、病后以及产后之人更为明显。它的血还可以治疗口眼歪斜。祖国医学认为，它有补气养血、温阳健脾、滋补肝肾、祛风通络等医疗保健功能。

三、腌制类菜肴制作

1．腌

腌是将原料浸渍于调味卤汁中，或采用调味料涂擦、拌和排除原料水分和异味，使原料入味并使某些原料具有特殊质感和风味的方法。

在腌制过程中，主要调味品是盐。腌制菜品的成菜，植物性原料一般具有口感爽脆的特点；动物性原料则具有质地坚韧、香味浓郁的特点。腌制的原料一般适用范围较广，大多数的动、植物性原料均适宜于此法成菜。

2．腌的种类

在实际操作过程中，腌一般可以分为盐腌、醉腌和糟腌3种形式。这里之所以未将其他教材中出现的腌风、腌腊等纳入分类中，是因为腌风和腌腊仅是一种初加工的方法，而不是冷盘材料的成熟方法。经过腌风和腌腊的原料尚须经过蒸或煮后方可成菜，故不作为一种分类形式。至于腌拌，其内涵仍是盐腌。

（1）盐腌　将盐放入原料中翻拌或涂擦于原料表面的一种方法。这种方法是腌制的最基本方法，也是其他腌法的一个必经工序。此法操作简单易行，操作中注意原料必须是新鲜的，且用盐量要准确。经过盐腌的原料，水分溢出，盐分渗入，可以保持原料清鲜脆嫩的口感。常见品种如“酸辣黄瓜”、“辣白菜”、“姜汁莴笋”等。

（2）醉腌　以酒和盐为主要调味料，调制好卤汁，将原料投入到卤汁中，经浸泡腌制成菜的方法。用于醉腌的原料一般都是动物性原料，通常是禽类和水产类居多。如果是水产品，则通过酒醉致死，不需加热，经过一段时间后即可食用；若是禽类原料，则通常要煮至刚熟，然后置于卤汁中浸泡，经过一段时间后便可食用。醉腌制品按调味品的不同可分为红醉（有色调味品，如酱油、红酒、腐乳等）与白醉（无色调味品，如白酒、盐等）。浸卤中成味调味料的用量应略重一些，以保证成品菜肴的口味，浸泡必须经过一段较长时间后方可食用，否则不能入味。常见的品种如“醉蟹”、“醉鸡”、“醉虾”等。

（3）糟腌　以盐及糟卤作为主要调味卤汁腌制成菜的一种方法。糟腌之法类同于醉腌，不同之处在于醉腌用酒（或酒酿），而糟腌则用糟卤（亦称香糟卤）。冷盘中的糟制菜品，一般多在夏季食用，因此类菜品清爽芳香，故而“糟凤爪”、“糟卤毛豆”等均属于夏季时令佳肴。

实例 3-5-3　香糟鸡

【原料组成】

主料：仔鸡 1 只（约重 1 250g）。

调料：香糟 150g，葱 25g，黄酒 50g，精盐 10g，胡椒粉 1.5g，姜 25g，味精 1.5g，糖桂花 10g。

【制作方法】

（1）焯水：仔鸡洗净，放入开水锅中略烫，捞出后洗净血污。

（2）煮制：下汤锅用小火慢慢煮熟，捞出晾凉。

（3）刀工处理：鸡去头颈、大骨，剖 6 大块待用。

（4）糟腌：香糟、绍酒、白糖、精盐、糖桂花和花椒一同放容器中搅匀成糟汁，再将鸡块放入糟汁中浸泡 4h。

（5）装盘：食用时将鸡块切片装盘，淋入香糟即成。

【成品特点】肉香味鲜，香糟浓厚，夏令佳肴。

【操作要领】

（1）煮制时的原料成熟度是否恰到好处。

（2）在操作时各种调料的投放比例情况，在工艺过程中要力求做到“一投准”。

（3）糟制的时间要到位，成品出卤后糟卤要采取恰当的保管措施。

【菜肴创新】

（1）盐腌类多选用质地清脆的新鲜蔬菜原料，如“酸辣萝卜丝”、“蒜香黄瓜”等。

（2）醉腌类多选用鲜活的海鲜原料，如“醉虾”、“醉蟹”等。

（3）糟腌类的原料大都要经过先熟处理，如“糟烩鞭笋”、“糟香猪肉”等。

【健康提示】中医认为鸡肉具有温中益气、补精填髓、益五脏、补虚损的功效，可用于脾胃气虚、阳虚引起的乏力、胃脘隐痛、浮肿、产后乳少、虚弱头晕的调补，对于肾精不足所致的小便频数、耳聋等症也有很好的辅助疗效。

四、泡制类菜肴制作

1．泡

泡菜是以新鲜蔬菜及水果为原料，经过初步加工，用清水洗净晾干，不需加热，直接放入到泡菜卤水中泡制的一种方法。

2．泡菜的种类

（1）按泡制的卤汁及选用的原料的不同，大体可分为甜泡和咸泡。咸泡的卤水以盐、白酒、花椒、生姜、干辣椒、蒜等为主要调味品，成品咸酸辣甜，别有风味。它是一种发酵食品，不但味美、爽口，而且具有丰富的营养，是餐桌上不可缺少的主要开胃菜。

（2）按泡制时间长短，可分为滚水菜和深水菜。滚水菜又叫“洗澡菜”，意即在泡菜水里待一两天即成，需要随泡随吃，泡久了会变酸，如萝卜皮儿、莴苣条、叶菜类等。深水菜，顾名思义就是那些可以在泡菜水里常呆的，如仔姜、蒜、泡椒、心里美等。

（3）按地名分，最有名的为四川泡菜和韩国泡菜。四川泡菜又叫泡酸菜，味道咸酸，口感脆生，色泽鲜亮，香味扑鼻，开胃提神，醒酒去腻，老少适宜，一年四季都可以制作。韩国泡菜，是高丽咸菜的别称，严格说韩国泡菜只能说是腌菜，也可称之为韩国咸菜。

实例 3-5-4　四川泡菜

【菜肴简介】在四川筵席、宴会中，在品尝美味佳肴之余，最后上几种泡菜，以调节口味，也有醒酒解腻的特殊效果。四川泡菜易于贮存，取食方便，既可直接入馔，又可作辅料，如泡菜鱼、酸菜鸡豆花汤，以及鱼香味菜肴必需的泡生姜、泡辣椒等，均能增加菜肴的风味特色。

【原料组成】（咸泡）

白菜 2 000g、黄瓜 250 克、青笋 250 克、萝卜 100 克、嫩姜 100 克、蒜头 50 克、鲜红椒 100 克、精盐 50g、干辣椒 10g、白酒 50 克、花椒 15 克、冷开水 2 500 克、姜 25 克、红糖 25 克。

【制作方法】

（1）清洗：蔬菜洗干净后，切成大块或条（不要太小），晾干水分备用。

（2）调味：培养泡菜发酵菌。首先在冷水里放入花椒 15g、盐 250g、干辣椒 10g，然后把水烧开，待水完全冷却后，灌入坛子内，水量占坛子容量的 10%～20%，然后加白酒 50 克。

（3）泡制：将净原料放入卤中加盖盖严，夏天泡 2～3 天，冬天泡 5～6 天。即可食用。

【成品特点】咸酸适口，爽脆鲜香，甜中有香。

【操作要领】

（1）坛子内壁必须洗干净，然后把生水擦干，或干脆用开水烫一下也行，绝对不能有生水。

（2）泡菜菌属于厌氧菌，坛口的密封十分重要。

（3）胡萝卜和黄瓜最好当天食用，时间太长会引起坛子里生花。

（4）坛子一定要密封，最好选用土烧制的带沿口的那种坛子。

【菜肴创新】

（1）新的泡制类菜肴，融入了野山椒水，选料上也选用了一些动物性原料，如“泡凤爪”、“山椒脆猪耳”、“山椒猪尾”等。

（2）利用老泡菜水和野山椒水的融合，创制的新跳水泡菜，如“山椒木耳”、“山椒黄瓜”、“山椒西芹”等。

【健康提示】四川泡菜在密闭的容器中腌制发酵，抑制了不良微生物的活动，同时产生大量乳酸菌，它有利于蔬菜中维生素 C 的保持。但是过久的腌制发酵，可能会产生对身体有害亚硝酸盐。

实例 3-5-5 韩国泡菜

【菜肴简介】韩国冬天腌制咸菜的风俗，历经多年一直保存至今。因冬季三四个月间，大部分蔬菜难以耕种，咸菜腌制一般都在初冬进行。咸菜是一种以蔬菜为主原料，各种水果、海鲜及肉类为配料的发酵食品。它不但味美、爽口，而且具有丰富的营养，是韩国餐桌上不可缺少的主要开胃菜。

韩国人中流行的说法是“没有金齐（韩语：咸菜）的饭不是给韩国人准备的。”每个家庭制作出来的咸菜，其味道和营养各不相同。韩国咸菜种类很多，按季节可分为春季的萝卜咸菜、白菜咸菜；夏季的黄瓜咸菜、小萝卜咸菜；秋季的辣白菜、泡萝卜块儿；冬季的各种咸菜。咸菜的发酵程度、所使用的原料、容器及天气、手艺的不同，制作出咸菜的味道和香味及其营养也各不相同。

【原料组成】

主料：大白菜 1 棵（约 2 500g）。

辅料：白萝卜 500g、大枣 50g、柴鱼干 65g、杏仁 25g、葱白 70g、韭菜 50g、芹菜 70g、洋葱 45g、苹果 120g、雪梨 100g、凉开水 3 000g。

调料：盐 65g、虾酱 120g、鱼露 25g、丁香 4g、大蒜 50g、辣椒粉 150g。

【制作方法】

（1）刀工处理：将大白菜平均分为四等分；白萝卜切细丝；姜、蒜、洋葱分别用料理机磨成泥；苹果、雪梨去皮后也用料理机磨成泥；柴鱼干泡发后切成细丝；大枣切细丝；韭菜、芹菜、葱白切段。

（2）腌料调制：将白萝卜丝用 5g 盐腌制 10min 后倒掉水分后，将辣椒粉、姜、蒜、洋葱、苹果、梨泥、柴鱼干丝、大枣丝、丁香、杏仁、鱼露、虾酱等倒入萝卜丝中拌匀。

（3）制作：将 40g 盐用 3 000g 冷开水溶解，将 20g 盐均匀地抹在白菜每片叶子的根部，然后将白菜放入盐水中浸泡 10h 后捞出白菜沥干水分，将腌料均匀涂抹在每一片白菜叶子上，再将韭菜、芹菜、葱白切段夹在白菜叶中后卷成一个球状；把腌好的白菜放入可以密封的大容器中在室温中放置 5 天左右即可食用。

【成果特点】泡菜作为发酵食品，发酵程度不同其味道和营养也不同。泡菜是一种以蔬菜为主料，各种水果、海鲜及肉类为辅料的综合营养食品。所使用的原料、容器及天气、手艺的不同制作出的泡菜的味道和香味也各不相同。尤其在韩国，每个家庭都保留着其独特的制作方法和味道。

【健康提示】泡菜中的绿色蔬菜和辣椒里含大量维生素 C 和胡萝卜素，有抗癌作用。蔬菜中的纤维素对预防便秘和抑制大肠癌有疗效。泡菜的纤维素可降低胆固醇，对预防高血压、动脉硬化等成人循环系统病症有疗效。泡菜中的辣椒、蒜、姜、葱等刺激性作料可起到杀菌、促进消化酶分泌的作用。

五、挂霜类菜肴制作

将小型原料加热成熟后在其外表包裹上一层洁白糖霜的方法称为挂霜。挂霜的实质是利用糖的再结晶原理。根据人们在日常工作中的运用，通常将挂霜分为葡萄糖粉挂霜法、直接撒糖粒挂霜法和熬糖挂霜法 3 种形式。其中以熬糖挂霜法为优。挂霜的原料一般是较小型的动、植物性原料，又以植物性原料居多。为了丰富菜品的口味，有时也可掺入可可粉、芝麻粒（粉）等。

实例 3-5-6　挂霜花生

【原料组成】

主料：花生仁 250g。

辅料：绵白糖 150g，清水 50g，色拉油 300g（约耗 25g）。

【制作方法】

（1）初步熟处理：主要是通过炒、炸、烤等方法，使原料口感达到酥香、酥脆、外酥里嫩或外酥里糯，这样配合糖霜的质感，菜肴才有独特的风味。通过油炸成熟，可以吸去原料表面的油脂，以免挂不住糖霜。

（2）熬糖：最好避免使用铁锅，可选用搪瓷锅、不锈钢锅等，以避免影响糖霜的色泽。同时，熬糖时糖和水的比例要掌握好，一般为 3:1，不要盲目地多加水，原则是蔗糖能溶于水即可。

（3）火候：在熬糖时，火力要小而集中，火焰覆盖的范围最好小于糖液的液面，使糖液由锅中部向锅四周沸腾；否则，锅边的糖液易焦化变成黄褐色，从而影响糖霜的色泽。

（4）挂霜：当糖液熬至达到挂霜程度时，炒锅应立即离火，倒入主料，手握分散的筷子迅速炒拌，使糖液快速降温，结晶成糖霜。炒拌时，要尽可能使主料散开，糖液粘裹均匀。如果蔗糖结晶而原料粘连，应即时将原料分开。

【成菜特点】酥脆香甜，洁白如霜。

【技术要领】

（1）炒锅置旺火上加入色拉油烧至 150℃放入花生仁炸至浅金黄色时捞出沥油。

（2）炒锅置中火上，加入白糖、水熬至起小泡时，将锅离火，下核桃仁用手勺轻轻翻动，使糖汁均匀地粘结在花生仁上，冷却后装盘即成。

（3）鉴别糖液是否熬制到可挂霜的程度，一般有两种方法：一是看气泡，糖液在加热过程中，经手勺不停地搅动，不断地产生气泡，水分随之不断地蒸发，待糖液浓稠至小泡套大泡同时向上冒起、蒸汽很少时，正是挂霜的好时机；二是当糖液熬至浓稠时，用手勺或筷子沾起糖液使之滴下，如呈连绵透明的固态片、丝状，即到了挂霜的时机。熬糖必须恰到好处，如果火候不到，难以结晶成霜，如果火候太过，一种情况是糖液会提前结晶，俗称“返沙”，另一种情况是熬过了饱和溶液状态，蔗糖进入熔融状态（此时蔗糖不会结晶，将进入拔丝状态），都达不到挂霜的效果，甚至失败。

【菜肴创新】如果挂霜要赋予其怪味、酱香、奶油等口味，必须在熬糖挂霜前对主料进行调味处理，并保证原料表面干燥，如“怪味花仁”、“酱香桃仁”、“奶香腰果”等。

【健康提示】花生和大豆一样营养丰富，是一种高蛋白油料作物，其蛋白质含量可高达30%左右，营养价值可与动物性食品如鸡蛋、牛奶、瘦肉等媲美，且易于被人体吸收利用。花生仁中含有人体必需的8种氨基酸，且比例适宜，还含有丰富的脂肪、卵磷脂、维生素A、维生素B、维生素E、维生素K，以及钙、磷、铁等元素。经常食用花生能起到滋补益寿作用。

六、炝制类菜肴制作

1. 炝

炝是把切成的小型原料，用沸水焯烫或用油滑透，趁热加入各种调味品，调制成菜的一种烹调方法。炝与拌的区别主要是炝是先烹后调，趁热调制；拌是指将生料或凉熟料改刀后调拌，即有调无烹。另外，拌菜多用酱油、醋、香油等调料；而炝菜多用精盐、味素、花椒油等调制成，以保持菜肴原料的本色。

2. 炝的特点及适用范围

炝菜的特点是清爽脆嫩、鲜醇入味。炝菜所用原料多是各种海鲜及蔬菜，还有鲜嫩的猪肉、鸡肉等原料。

3. 炝的分类及操作要领

炝法有焯炝、滑炝、焯滑炝3种。

（1）焯炝　焯炝是指原料经刀工处理后，用沸水焯烫至断生，然后捞出控净水分，趁热加入花椒油、精盐、味精等调味品，调制成菜，晾凉后上桌食用。对于蔬菜中纤维较多和易变色的原料，用沸水焯烫后，须过凉，以免原料质老发柴，同时也可保持较好的色泽，以免变黄，如“海米炝芹菜”。

（2）滑炝　滑炝是指原料经刀工处理后，须上浆过油滑透，然后倒入漏勺控净油分，再加入调味品成菜的方法。滑油时要注意掌握好火候和油温（一般在三四成热），以断生为好，这样才能体现其鲜嫩醇香的特色，如“滑炝虾仁”。

（3）焯滑炝　焯滑炝是将经焯水和滑油的两种或两种以上原料，混合在一起调制的方法，具有原料多、质感各异、荤素搭配、色彩丰富的特点，如“炝虾仁豌豆”。操作时要分头进行，原料成熟后，再合在一起调制，口味要清淡，以突出各自原料的本味。

实例3-5-7　滑炝鱼丝

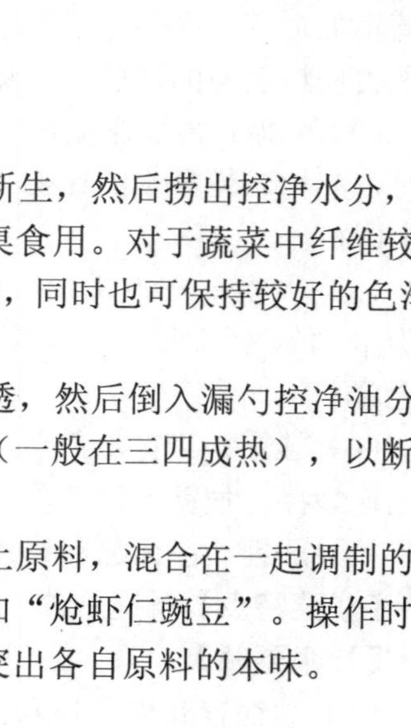

【原料组成】

净鱼肉140g，青椒50g，精盐2g，味精1g，辣油15g，鸡蛋1只，黄酒5g，淀粉适量，花椒油10g，色拉油750g。

【制作方法】

（1）刀工处理：将鱼肉切成黄豆芽丝状，用水漂去血水，待漂白后，用干净的毛巾吸去多余水分。

（2）上浆：将经过刀工处理的鱼丝拌入精盐、味精、鸡蛋清、黄酒、水淀粉拌和上劲，放入少许色拉油调散。

（3）滑油：将上好浆的鱼丝投入四成油温的油里，至鱼丝变色即可捞出，倒入盛有冷开水的器皿中冲凉漂净。

（4）焯水：将青椒丝投入烧开的水油锅内，焯至变色捞起，再投入凉开水中漂净。

（5）制调味汁：取花椒油 10g，辣油 15g，精盐、味精各适量调成味汁。

（6）装盘：将经过熟处理的鱼丝和青椒丝装入盘中，上浇调味汁即可。

【成菜特点】成品白亮鲜嫩，色彩鲜艳味美。

【技术要领】

（1）制作炝制菜肴时特别要注意卫生，尤其是在制作特殊炝（生料炝）时一定要洗净原料，严格加工，要认识并运用白酒的杀菌消毒作用，进行食品卫生的防护。

（2）鱼丝上浆时先加入调料，搅拌上劲后再加入蛋清和水淀粉。

（3）原料在进行刀工处理时要厚薄适当、大小均匀。

（4）初步熟时要注意火候要恰到好处，绝不能过火，防止散碎。

【菜肴创新】炝制类菜肴的创新可以选择在主料上，选择新鲜清脆的蔬菜或者新鲜的海鲜原料等，如“辣炝青笋”、“滑炝虾仁”等。

【健康提示】鱼肉含有丰富的完全蛋白质。脂肪含量较低，且多为不饱和脂肪酸。鱼肉含有叶酸、维生素 B_2、维生素 B_{12} 等，有滋补健胃、利水消肿、通乳、清热解毒、止嗽下气的功效，对各种水肿、浮肿、腹胀、少尿、黄疸、乳汁不通皆有效。鱼肉中富含维生素 A、铁、钙、磷等，常吃鱼还有养肝补血、泽肤养发的功效。

七、蒸制类菜肴制作

将初步调味成型的原料置于盛器中，用蒸汽加热的方式使原料成熟或定型的方法称为蒸。

蒸制菜品的原料以动物性为主、植物性为辅，其料形一般以蓉、块、片以及经过加工成特殊形态的形状居多。

蒸制菜肴成功的关键在火候，一般要求是旺火沸水煮制。根据成菜要求，可采用放汽蒸与不放汽蒸两种形式进行加工。

（1）放汽蒸，就是在蒸制过程中，防止因汽过足而使成品疏松而具空洞结构，影响成品的口感，而在蒸制过程中放掉一部分蒸汽，仅使一部分蒸汽作用于原料，将原料加热成熟的方法。这种方法适用于蓉泥状及蛋液类原料，如“双色鱼糕”、“蛋黄糕”、“蛋白糕”等。

（2）不放汽蒸，就是蒸制过程中，使充足的蒸汽完全作用于原料，从而使原料成熟的方法。这种蒸法的原料往往具有一定的形态，它们不会因充足的蒸汽而使原料变形或起孔，能够较好地保持原料的形态。此法适用于具有一定形态的原料及一些经过腌制的原料的成熟，如“如意蛋卷”、“相思紫菜卷”、“旱蒸咸鱼”等。

蒸法尽管不是一种常用的冷盘材料的制作方法，但蒸法在冷盘材料制作中的作用却很大。很多的冷盘刀面材料，特别是一些花色冷盘的刀面材料，都需要通过蒸法成形，因而在冷盘制作中具有重要的地位。

实例 3-5-8 老醋茄子

【原料组成】

原料：嫩茄子 300g，肉末 30g，花生油适量。

调料：精盐 3g，老抽 3g，味精 1g，陈醋 20g，白糖、芝麻油各 5g。

【制作方法】

（1）将茄子顺刀切条，上笼用旺火蒸熟，取出装入盘中。

（2）锅中倒入花生油烧至六成热，倒入肉末滑散至熟，加入老抽、精盐、味精、白糖煮至汤汁浓稠，加入香油、米醋略煮，浇入盘中即成。

【成菜特点】成品鲜嫩，醋香味美。

【技术要领】

（1）制作蒸制菜肴时特别要注意蒸制的时间，时间过短，原料不能熟透，时间过长，原料不易成形，这些都会影响原料的口感。

（2）在浇汁前，倒出蒸制茄子时盘里存留的汽蒸水。

【健康提示】茄子含丰富的维生素 P，这种物质能增强人体细胞间的黏着力，增强毛细血管的弹性，减低毛细血管的脆性及渗透性，防止微血管破裂出血，使心血管保持正常的功能。茄子含有龙葵碱，能抑制消化系统肿瘤的增殖，对于防治胃癌有一定效果。茄子含有维生素 E，有防止出血和抗衰老功能，常吃茄子可使血液中胆固醇水平不致增高，对延缓人体衰老具有积极的意义。

第六节 特殊冷菜的制作

本节所讲的特殊冷菜，并不是指选用稀有原料制作而成的，而是从两个方面进行考虑的：一方面这些冷盘材料通常很少用于一般宴席的单碟冷盘之中，而更多的运用于造型冷盘的拼摆（色彩和形状的需要）；另一方面是指这些冷盘材料在制作过程中往往需要两种（或两种以上）原料，其工艺程序相对比较繁琐、复杂，对烹饪工艺的要求相对比较高，还有一些材料虽然制作工艺不是很复杂，但在冷盘的制作中也发挥着重要的作用，如土豆泥，虽然制作简单，但在冷盘的造型中却发挥着重要的作用。从某种角度来说，这些特殊材料是变化和丰富造型冷盘品种的必备条件之一，同时也是使某些造型冷盘成功制作的有力保障。因而，特殊冷菜的制作技术在冷盘制作中有着非常重要的意义。

下面介绍几个常用的实例。

实例 3-6-1 蛋松

【原料组成】

主料：鸡蛋 5 只。

调料：精盐 1.5g、黄酒 5g、味精 1.5g。

【制作方法】

（1）初加工：鸡蛋打散，加入盐、黄酒、味精，打匀。

（2）加热成品：锅中加油烧至五六成热，手握细眼筛子对准油锅，四面均匀的淋入打匀的蛋液，使之逐渐淋入油中受热成丝并浮起时，用筷把它翻过来，略炸一下捞出，放在笊篱中尽量压干油分。

（3）整理：用干净的纱布或餐巾纸，放入压干的蛋丝，卷起，轻轻地推搓，纸潮即换纸，反复3～4次，使蛋丝成为干而膨松的蛋松即可。

（4）成品待用：可用作主盘的中的堆砌、装饰等。

【成菜特点】色泽淡黄、膨松。

【技术要领】

（1）油温的控制：油温要控制在五六成热，过低难成松，过高易焦枯。

（2）倒蛋液的动作：倒蛋液时要慢，也可以将蛋液直接慢慢地倒入油锅，并用筷子拨散。

（3）注意用油：要用植物油，不能用动物油，并且要吸尽蛋松中的油，否则不蓬松。

实例 3-6-2　鱼松

【原料组成】

主料：黄鱼 500g。

调料：姜、葱各 10g，盐 5g，料酒适量。

【成菜特点】色泽米黄，干松，呈绒毛状。

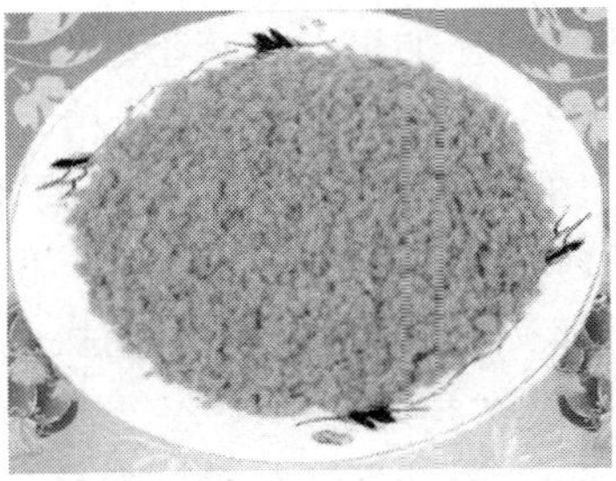

【制作方法】

（1）初加工：将黄鱼加工整理后，去骨去皮，并剔除红肉，将鱼肉用清水漂洗至白净。

（2）加热成品：鱼肉放入盛器内，加姜、葱、盐、料酒，上笼蒸透（约 20min）取出，放入净纱布中挤干水分。

（3）烹调成品：把锅烧热，不要放油，将鱼肉倒入锅中，用小火一边炒一边揉，待鱼肉水分炒干、发松呈绒毛状时即成。

（4）成品待用：可用作主盘的中的堆砌、装饰等。

【操作要领】火候的控制：炒制时要用小火，否则鱼肉难以起松，且易焦枯。

【菜肴创新】米黄鱼、黄姑鱼等原料均可按此法进行制作，适用此法的还有鸡松、肉松、干贝松、蟹松、鸽松等菜肴。

实例 3-6-3　菜松

【原料组成】

主料：油菜叶 500g。

调料：味精 1g、盐 1.5g。

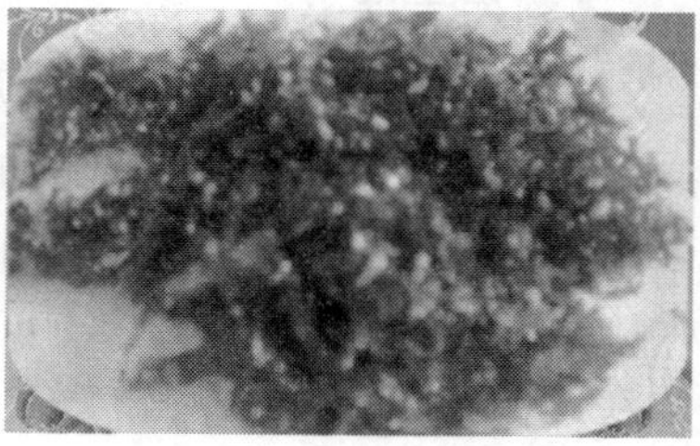

【成菜特点】成品膨松、色泽碧绿。

【制作方法】

（1）初加工：将油菜叶洗净，去掉粗筋，卷起切成细丝。

（2）烹调成品：将油菜丝投入五六成热的色拉油中炸制，并用筷子轻轻拨动，待起小泡时（青菜呈碧绿色时）捞起，趁热用餐巾纸轻轻抚压，吸尽菜松中的油，抖散晾凉。

（3）调味：拌入味精、精盐即可。

（4）成品待用：用于冷盘的装饰、点缀等。

【操作要领】

（1）油温的控制：炸制菜松时，油温不宜过高，否则易焦枯，颜色发黑。

（2）加热后的处理：炸好后一定要趁热吸尽其中的油，否则菜松不够蓬松。

【菜肴创新】大叶绿色蔬菜均可按此法进行制作。

实例 3-6-4　蛋白糕

【原料组成】

原料：鸡蛋 500g。

调料：盐 3g、味精 2g、水淀粉少许。

【成菜特点】色泽洁白，发硬，弹性很低。

【制作方法】

（1）初加工：将鸡蛋磕开并取蛋清盛放于容器中。

（2）调味：加入盐、味精、水淀粉轻轻调散、搅匀。

（3）倒模蒸制：取方形不锈钢小盘（方形小蛋糕模），在其内壁均匀地抹上一层油，倒入蛋液，上笼用小火蒸透，取出晾凉即可。

（4）成品待用：可加工成各种形状，如柳叶状、半圆形、长条形等，用于拼摆各种图案。

【操作要领】

（1）搅打蛋液时动作要轻，不可起泡。

（2）蒸制时，一定要用小火，切忌用大火，否则易起孔，影响成品质量。

【菜肴创新】

（1）蛋白液中加入松花蛋白（切成三角形小块）即为“黑白蛋糕”，如再加入咸蛋蛋黄（切成丁状）即成为“彩色蛋糕”。

（2）还可以在蛋白液中还可加入绿菜汁、红曲水、可可粉（加水调匀）、胡萝卜素、苋菜汁（鲜红色）等原料来变化、丰富蛋糕的色彩。

（3）用同样的方法可以制作蛋黄糕。

实例 3-6-5　鱼糕

【原料组成】

主料：桂鱼 500g、肥肉 100g。

调料：盐5g、味精3g、姜葱汁少许、蛋清1只。

【成菜特点】鲜香嫩滑，清香可口。

【制作方法】

（1）初加工：将桂鱼肉处理干净后剔除红肉，并用清水漂白。

（2）搅打鱼缔：用刀将鱼肉、肥肉分别剁成蓉（或用粉碎器），加鸡蛋清搅匀后加水、姜葱汁、味精、盐，搅拌上劲成鱼缔。

（3）倒模上笼蒸：在方形不锈钢盘（按需要也可用圆形的）内壁涂抹一层色拉油，将鱼缔倒入盘中，上笼用中小火蒸透。

（4）成品待用：成品晾凉后按需要形状加工拼摆。

【操作要领】鱼肉与肥肉一定要剁细，搅拌时摔打上劲。

【菜肴创新】

（1）白鱼、青鱼、草鱼、鸡脯肉、虾肉均可按此法制作。

（2）在鱼缔中也可加入有色原料来丰富色彩。

实例3-6-6　包菜卷

【原料组成】

主料：包菜叶10张，火腿肠200g。

调料：盐5g，味精3g，胡椒粉少许，蒜油少许。

【成菜特点】色彩丰富、便于造型。

【制作方法】

（1）初初工：将包菜叶洗净后批去叶面上的叶茎，让其面平整，再用刀背将其轻轻拍松后投入沸水锅中焯透；火腿肠切成细丝。

（2）卷包：把切好的火腿肠丝放在摊开的包菜叶上，卷紧后排放在盘中。

（3）调味腌渍：撒上盐、味精、胡椒粉拌匀，腌制20min后淋入蒜油，拌匀即成。

（4）成品待用：改刀，按冷拼需要拼摆。

【操作要领】包菜叶上凸出的叶茎一定先批平再用刀背将其轻轻拍松，否则难卷成形。

【菜肴创新】

（1）冬菇丝、笋丝、鸡丝、蛋皮丝、胡萝卜等原料均可作馅心用，但要注意色彩的搭配。

（2）紫包菜、大叶青菜、紫角叶、生菜等原料也可按些方法进行制作。

实例3-6-7　紫菜蛋卷

【原料组成】

主料：鸡蛋250g、虾胶300g、紫菜100g。

调料：盐 2g、味精 1g。

【成菜特点】紫菜、虾胶、鸡蛋的色泽相间呈螺纹状。

【制作方法】

（1）初加工、调味：将鸡蛋打散，调入盐、味精搅匀。

（2）煎蛋皮：平底锅上火，烧热后用肥肉擦上一层油，倒入一勺鸡蛋液摊匀平底锅，小火煎至凝固，再煎一下取出待用。

（3）卷包蛋卷：将蛋皮修切成长方形，摊放在案台上，抹上一层虾胶，放上紫菜（形状、大小与蛋皮相同），在紫菜上再抹一层虾胶，然后顺长紧紧地卷起来，排放在盘中。

（4）上笼蒸制：用中小火蒸透后晾凉即成。

（5）成品待用：装盘时切片，按要求拼摆即可。

【操作要领】

（1）煎蛋皮时注意控制好火候。

（2）蛋皮的大小、虾胶的稠稀度要根据具体所需紫菜蛋卷的粗细和使用的需要而定。

（3）按需要也可以制成鸡心形、柳叶形、长方形、半圆形等。

【菜肴创新】

（1）豆腐皮、春卷皮等原料均可按此法制作。

（2）可用鸡蓉胶、鱼蓉胶代替虾胶使用，也可以加入胡萝卜素、绿菜汁、苋菜汁、南卤汁、橙汁等原料变化、丰富其色彩。

实例 3-6-8　珊瑚玉卷

【原料组成】

主料：大白萝卜 1 条、胡萝卜 1 条、黄瓜 1 条。

调料：盐少许、糖醋汁（用白糖、白醋、蜂蜜、糖桂花调制而成）适量。

【成菜特点】色泽红白相间，味酸甜适中。

【制作方法】

（1）初加工：将大白萝卜洗净去皮后，批成薄片，胡萝卜、黄瓜切成细丝。

（2）腌渍：将白萝卜片与胡萝卜丝、黄瓜丝分别放入盐水中腌渍约 15min。

（3）卷包：将白萝卜摊开，在其边上顺长放上胡萝卜丝、黄瓜丝，然后卷起，将其排放在盘中。

（4）浸卤：将调好的糖醋汁倒入盘中，使萝卜卷在盘中浸泡 2h 即成。

（5）成品待用：根据冷拼的色彩搭配需要进行切片、拼摆。

【操作要领】白萝卜片要薄，卷得要紧，否则易散不成形。

【菜肴创新】

（1）紫萝卜、心里美萝卜、莴苣、包菜等原料均可按此制作，但要注意两者之间的色彩搭配，要保持色彩的和谐。

（2）稍作变化可以制作“白玉翡翠卷”，并可用冬瓜夹卷包。

实例 3-6-9 如意蛋卷

【原料组成】

主料：鸡蛋 300g、鸡脯肉 250g、火腿 100g、青椒 100g。

调料：盐 3g、味精 2g、水淀粉适量。

【成菜特点】各种色彩搭配呈如意状。

【制作方法】

（1）初加工：鸡蛋打散加盐、味精、水淀粉调匀；鸡脯肉剁成蓉胶调入盐、味精；火腿、青椒切成丝待用。

（2）煎蛋皮：平底锅上火，烧热后用肥肉擦上一层油，倒入一勺鸡蛋液摊匀平底锅，小火煎至凝固，再煎一下取出改成长方形待用。

（3）卷包蛋卷：将蛋卷摊平，抹上一层鸡蓉胶，然后在一端放上火腿丝，另一端放上青椒丝，由两头向中间卷紧，放在平盘中。

（4）上笼蒸制：将蛋卷上笼用中火蒸透取出，涂上麻油。

（5）成品待用：根据冷拼需要改刀，按要求装盘。

【操作要领】两边要卷得均匀，并且要卷紧，成形才像如意状。

【菜肴创新】

（1）蓉胶的原料可以变化，色泽、味型等也可以需要调整和变化。

（2）用同样的方法可制成“如意笋卷”、“如意紫菜卷”、“如意包菜卷”、“如意黄瓜卷”、“如意腐皮卷”、“如意莴笋卷”等菜肴。

实例 3-6-10 脆皮糯米鸡卷

【原料组成】

主料：糯米 250g、熟鸡脯肉 100g、熟火腿 100g、水发冬菇 100g、豆腐皮 250g。

调料：盐 5g，白酱油 3g，味精 3g，料酒、胡椒粉、葱花各少许。

【成菜特点】色泽淡黄、糯香适口。

【制作方法】

（1）蒸糯米：先将糯米淘洗干净后用清水泡透，上笼蒸成饭，晾凉待用。

（2）初加工：将熟鸡脯肉、熟火腿、水发冬菇切成米粒状大小，放入糯米饭中。

（3）调味：将上述材料混合在一起，加入盐、味精、白酱油、料酒、胡椒粉、葱花拌匀。

（4）卷包鸡卷：豆腐皮上笼蒸软后放在案台上，将糯米饭沿着豆腐皮的一端放上一排，而后用豆腐皮把糯米饭卷在中间成长圆条状。

（5）烹调成品：把油锅烧至六七成热，将糯米卷投入油锅中炸制，呈淡黄色时捞起即成。

（6）成品待用：可用于各式冷拼的拼摆、堆砌。

【操作要领】卷包时一定要卷紧了，可在接口处涂上生粉水或蛋液，以免炸制时散开。

【菜肴创新】

（1）鸭肉、鸽肉、虾肉、蟹粉等原料均可按此法进行制作。

（2）可把馅料镶到处理好的鱿鱼筒内再上笼蒸，即成“香糯鱿鱼筒”，但要注意蒸前在鱿鱼上扎几个小孔，以免破裂。

实例 3-6-11　蛋皮牛肉卷

【原料组成】

主料：鸡蛋 4 个、牛肉 200g。

调料：葱末 15g、姜末 5g、盐 3g、糖 1g、味精 3g、卤水 300g、花椒粉 1g，香油、淀粉少许。

【成菜特点】色泽淡黄、牛肉馅滑嫩。

【制作方法】

（1）初加工、调味：将牛肉剔除筋膜，洗干净后切成小粒再把它剁成细末，放入葱末、姜末、盐、糖、味精、蛋清、淀粉调匀，打搅成肉馅。

（2）煎蛋皮：将剩下的鸡蛋加盐、味精打散调匀后煎成蛋皮，改成长方形。

（3）卷包：将蛋皮摊在案板上，在蛋皮的一端放上牛肉馅，向中间卷紧。

（4）上笼蒸制：用大火蒸制 8min 至熟，取出晾凉。

（5）浸卤：把卤水、盐、味精、花椒粉调成卤味汁，将牛肉卷放到卤味汁中浸至入味，取出在表面擦上香油即可。

（6）成品待用：根据冷拼需要改刀，按要求装盘。

【操作要领】

（1）牛肉的筋膜要剔除干净，以免影响口感。

（2）要卷紧，以免散开。

【菜肴创新】可根据需要改变原料做成“蛋皮鸡肉卷”、“蛋皮虾肉卷”等菜肴。

实例 3-6-12　蛋黄鸡腿卷

【原料组成】

主料：鸡腿 500g、咸蛋黄 150g、

调料：姜葱 10g、八角 2 粒、盐 3g、糖 5g、味精 5g、花椒粉 3g、料酒 10g、卤水 1 000g。

【成菜特点】色泽淡黄，味咸鲜。

【制作方法】

（1）初加工、腌味：鸡腿切开剔去骨头，片去肉厚的地方，在里面打上花刀以便入味，用盐、糖、味精、姜葱酒腌入味。咸蛋黄上笼蒸熟后压碎。

（2）卷扎：把咸蛋黄捏成条状酿到鸡腿里面，然后包紧并用细线扎成圆形。

（3）烹调成品：调好卤味水，把鸡腿卷放到卤味水中浸至入味熟透，取出晾凉即可。

（4）成品待用：根据冷拼需要改刀，按要求装盘。

【操作要领】卷鸡腿卷时一定要卷紧，切开后肉片才不会出现空洞。

【菜肴创新】

（1）用此法可制作“松花蛋鸡腿卷”、“咸蛋鸭腿卷”等菜肴。

（2）在卷制时可加入紫菜片做成“鸡腿紫菜蛋黄卷”，加入海苔做成“海苔蛋黄鸡腿卷”等菜肴。

（3）在制熟时也可以改为上笼蒸。

实例 3-6-13　蜜汁桂花扎

【原料组成】

主料：瘦肉 500g，猪后颈肥肉 500g，咸蛋黄 12 只，蜜汁 300g，鲜鸭肠 650g，胡萝卜 2 块。

调料：

① 白砂糖 500g，玫瑰露酒 20g，盐 10g。

② 叉烧盐 200g、玫瑰露酒 10g，南乳汁 30g，老抽 5g、鸡蛋 1 个、香菜 15g、西芹 15g，姜 10g、干葱 10g。

③ 盐 150g、生粉 100g。

【成菜特点】色泽红亮、香甜适口。

【制作方法】

（1）初加工：将鸭肠用味料③揉匀，腌 8min 后搓十几下，用清水洗净，以去掉鸭肠内的黏液与气味，之后用清水浸 1h。

（2）切配与腌渍：猪后颈肥肉冷藏后片成 0.2cm×13cm×25cm 的均匀片状，用调味料①腌 2h 待用；将瘦肉片成与肥肉一样厚薄的片状，用味料②腌 30min。

（3）处理蛋黄：将咸蛋黄压成片状，或捏成柱形条状。

（4）卷扎：将瘦肉放在最底，依次放上肥肉、咸蛋黄，然后卷成一条，以鸭肠内壁向下绕肉卷层层包紧扎实，放入腌料②中腌 30min。

（5）烹调成品：用叉烧针吊环穿好桂花扎，针口末端穿上胡萝卜，挂入烤炉中以中火烧 30min 至熟，取出淋上蜜汁，再回炉以小火烧 10min 取出，待冷却后淋上薄薄一层蜜汁即成。

（6）成品待用：根据冷拼需要改刀，按要求装盘。

【操作要领】

（1）瘦肉和肥肉要选用整块的，才能片成均匀大小一样的薄片。

（2）扎鸭肠时要均匀的扎，一层叠一层，并且要扎紧一些，以免散开。

（3）烤制时注意火候，火不能太大，否则易焦。

实例 3-6-14　富贵鱿鱼筒

【原料组成】

主料：大鱿鱼筒 2 只，卤猪耳 2 只，咸蛋黄 10 个。

调料：盐、味精、糖、酱油各适量。

【成菜特点】截面好看、猪耳脆口、鱿鱼咸鲜。

【制作方法】

（1）初加工：鱿鱼去膜、清内脏，打理干净，放进滚水里烫30s后捞起泡入冰水，抹干水分备用。

（2）填料：把卤猪耳和咸蛋黄镶到鱿鱼里面，扎好封口，用针在鱿鱼上扎几个小孔。

（3）调味汁：用上述调料调好味汁放入到鱿鱼筒上。

（4）上笼蒸制：入笼蒸10min，取出晾凉擦上香油即成。

（5）成品待用：根据冷拼需要改刀，按要求装盘。

【操作要领】

（1）填料时要填满鱿鱼筒，否则切时有空洞。

（2）扎好的鱿鱼筒一定要在上面扎几个小孔，否则蒸时容易破裂不成形。

【菜肴创新】可根据需要在鱿鱼内填入各种不同的材料以丰富制作的品种。

习题与实训

一、主要概念和观念

◆ **主要概念**

抔 卤 烤 刺身

◆ **主要观念**

1. 凉拌菜宜现做现吃。
2. 要学好凉拌菜，重点要学习各类复合调味料的制作。
3. 冷菜的制作技术关键是对各种原料和调料特性的掌握。

二、基本训练

◆ **素质题**

1. 凉拌菜的刀工与一般热菜的刀工在刀法上有何不同？
2. 红卤与白卤在调味料上有哪些区别？怎样保管卤汁？
3. 油炸卤浸的制作流程是什么？应掌握哪些操作要领？
4. 明炉烤与暗炉烤在烹调方法上各有什么特点？

◆ **知识题**

1. 凉拌菜的调味有何规律？
2. 凉拌菜的操作关键有哪些？
3. 简述烤的基本概念。
4. 简述中国烤的形成与发展历史。

三、观念应用

◆ **案例分析题**

某餐厅新聘请的厨师小马为一个大型的宴席制作的小碟中有一道叫“凉拌黄花菜”的

凉菜，他用的是鲜黄花菜，焯水后直接凉拌的，请问小马师傅的这种做法对吗？为什么？应该如何改进？

◆ **分析题**

1. 烤适用于哪些烹饪原料？其制作过程中调味品的选用有何规律？
2. 卤水在使用过程中应注意哪些问题？应如何保存？
3. 卤牛肉与豉油鸡卤水的配方及调制方法有何不同？简要说明其原因。
4. 烤乳猪与广式烤鸭的糖皮水配方一样吗？请说明其原因。

◆ **实训题**

1. 请调查你所在城市的酒店或酒楼目前最流行的烧卤冷菜品种，并写一份调查报告。
2. 建议每次课填写好下面的冷菜与冷拼制作技术操作课实训报告。

<table>
<tr><td>姓名</td><td colspan="2"></td><td>班级</td><td></td><td>学号</td><td></td></tr>
<tr><td colspan="2">实训菜品名称</td><td colspan="5"></td></tr>
<tr><td colspan="2" rowspan="3">主要制作原料</td><td>主料</td><td colspan="4"></td></tr>
<tr><td>辅料</td><td colspan="4"></td></tr>
<tr><td>调料</td><td colspan="4"></td></tr>
<tr><td colspan="2">成品特点</td><td colspan="5"></td></tr>
<tr><td colspan="2">制作工艺流程</td><td colspan="5"></td></tr>
<tr><td colspan="2">操作关键及注意事项</td><td colspan="5"></td></tr>
<tr><td colspan="2">营养与功效</td><td colspan="5"></td></tr>
<tr><td colspan="2">装盘设计</td><td colspan="5"></td></tr>
<tr><td colspan="2">菜肴变化与创新</td><td colspan="5"></td></tr>
<tr><td colspan="2">实训心得</td><td colspan="5"></td></tr>
<tr><td colspan="2">指导教师评语及成绩</td><td colspan="5">指导教师签字：</td></tr>
</table>

第四章 冷盘制作方法

学习目标

1. 了解冷盘拼制的艺术要求。
2. 掌握一般冷盘、花色冷盘拼制的特点和要领。
3. 熟练掌握一般冷盘、花色冷盘的造型、拼制方法和技巧。
4. 掌握冷盘造型中色彩的运用方法和技巧。
5. 掌握冷盘拼制的基本要求、步骤与手法。
6. 通过实验理解冷盘拼摆的基本原则。

第一节　冷菜拼摆的类型与造型式样

一、冷菜拼摆的类型

冷菜拼摆按装在盛器的形式大致可分为单盘、拼盘（两种或两种以上的冷菜拼装在一个盘内）和艺术冷盘 3 种类型。

1. 单盘

单盘又称独盘、独碟，是以一种可食性的冷菜为主拼摆出的冷盘。这是最普通的一种装盘类型。单盘虽然只用一种冷菜，但这并不意味着简单地把冷菜放在盘内，往往需要运用多种刀法，加工成一定形态，摆成各种式样，如馒头形、菱形、桥形、花朵形等。

（1）叠排单拼

原料：卤牛肉。

拼制方法：

1）碎的卤牛肉切成薄片垫在盘中间，码成半圆桥形初胚。

2）完整一点的卤牛肉切成长方块，上面两个角切圆，按序切成薄片，整齐叠排成长方形覆盖在桥形初胚上即可，如图 4-1 所示。

（2）排围单拼

原料：油爆河虾。

拼制方法：

1）选择大小基本一致的油爆河虾，剥去头壳。

2）大的虾放在底层，整齐地排围一圈，中间排围第二圈，上面排围第三圈，最上面用一个虾结顶，也可以用一个小番茄来装饰，如图 4-2 所示。

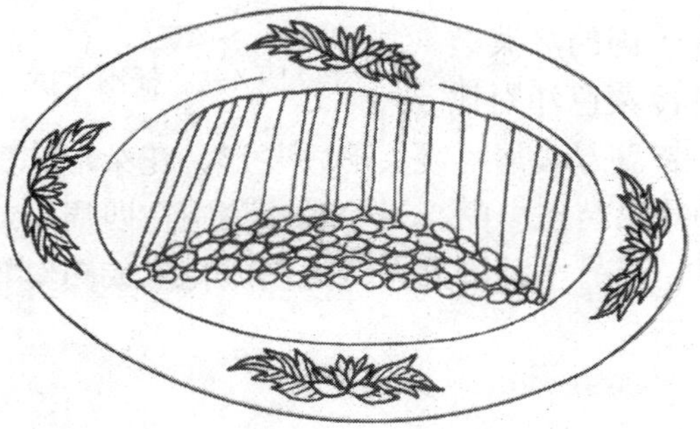

图 4-1　叠排单拼

图 4-2　排围单拼

（3）叠围单拼

原料：西式红肠或烤肠。

拼制方法：

1）选择直的红肠或烤肠，斜切成长圆形的薄片。

2）把部分红肠或烤肠片垫在盘底，堆成半圆形。

3）一片片叠围成半圆形的旋式单拼，如图 4-3 所示。

（4）盘旋单拼

原料：姜汁黄瓜。

拼制方法：

1）选择直的黄瓜，切成两瓣，切成梳子形浸汁。

2）把梳子形黄瓜嵌扁后盘旋围一圈，中间垫平；再围第二圈，中间再垫平；再围第三圈，依次围至结顶，如图 4-4 所示。

图 4-3　叠围单拼

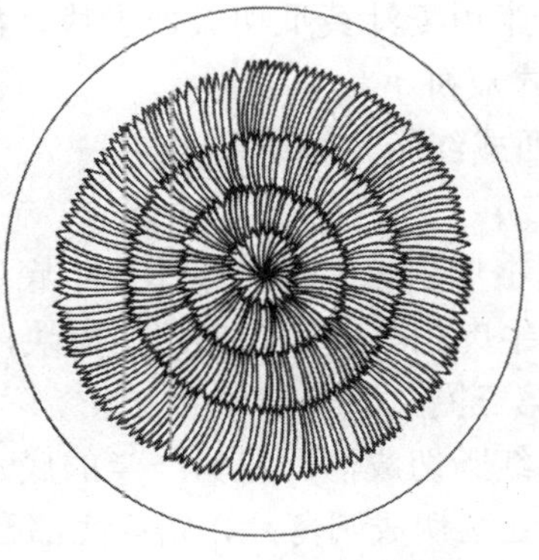

图 4-4　盘旋单拼

（5）插围单拼

原料：糖醋胡萝卜白菜卷。

拼制方法：

1）将长条的胡萝卜白菜切成梭子形。

2）胡萝卜芯朝上整齐排放第一层，接下来插上第二层、第三层、第四层直至结顶，如图 4-5 所示。

图 4-5　插围单拼

2．双拼盘

双拼盘又称对拼、两拼等，就是把两种不同的冷菜装在一个盘里。双拼装盘讲究刀工整齐，两种冷菜色泽对比明快和谐，口味要有差异，形式多种多样。装盘方法常用馒头形、菱形、花朵形等。有的将两种冷菜各装一半，相对称；有的将一种冷菜装在中间，另一种冷菜围在四周，或摆在上面；还有的先将一种冷菜像单盘一样装好，以另一种冷菜在旁边围成花形或图案等。

（1）对称式双拼

原料：卤牛肉、白切猪肉。

拼制方法：

1）把小块卤牛肉切成薄片垫底，小块白切猪肉切片垫底，垫底时必须把两种原料分开。

2）卤牛肉改刀成长方块，再切成薄片，码成半圆形盖在牛肉垫底的一边，另一边用相同的方法，用白切猪肉切成薄片，码成半圆形盖在白切猪肉垫底的一边。

3）卤牛肉和白切猪肉改刀成长方块，两边切圆，然后都切成长方片整齐地叠好，放在各自的原料上，用手码整齐即成，如图 4-6 所示。

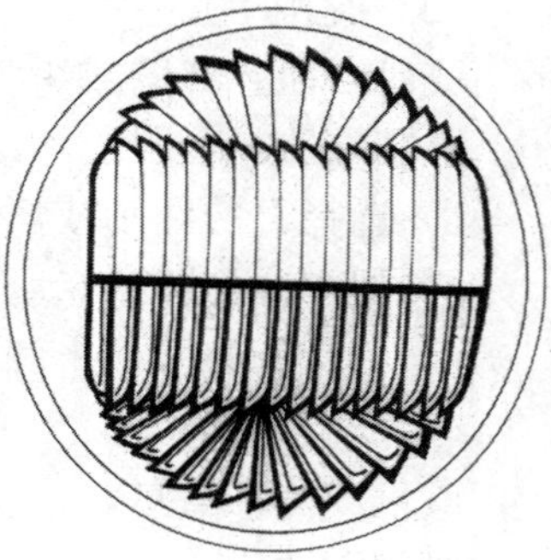

图 4-6　对称式双拼

（2）非对称式双拼

原料：卤牛肉、姜汁黄瓜。

拼制方法：

1）把小块卤牛肉切成片，堆在盘的一边垫底，再把卤牛肉切成薄片，叠成半圆形，盖在牛肉垫底的一边。卤牛肉改成块，两角切圆，然后切成长方片整齐地叠好，放在牛肉上作刀面，半边就算完成了。

2）另一半用姜汁黄瓜切成梳子片，盘旋成一圈又一圈，直至结顶，如图 4-7 所示。

（3）围式双拼

原料：西式红肠、烟熏牛肉。

拼制方法：

1）先把小形烟熏牛肉切成薄片垫底。

2）烟熏牛肉先改成长圆形的牛肉块，然后切成薄片，先从底部叠围成半圆形，依次叠围第二圈和第三圈，直至结顶。

3）西式红肠切成薄片垫另一半的底。

4）西式红肠切成圆薄片，先从底部叠围成另一半圆形，依次叠围第二圈和第三圈，直至结顶，如图 4-8 所示。

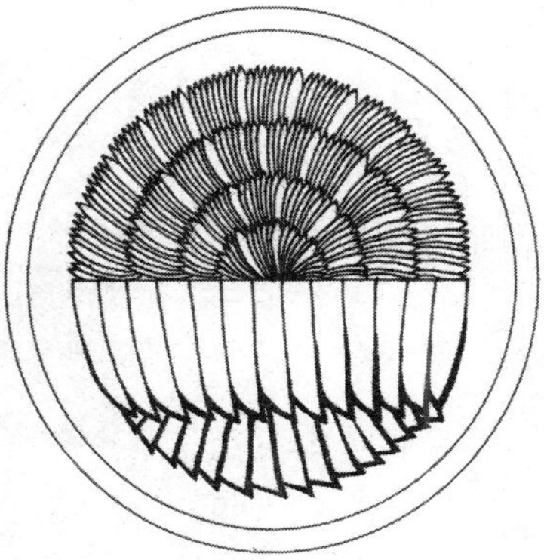

图 4-7 非对称式双拼

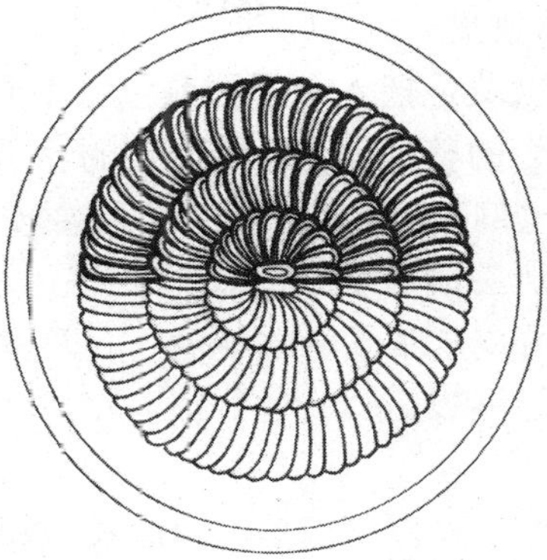

图 4-8 围式双拼

3. 三色拼盘

三拼盘就是把 3 种不同颜色、不同口味、不同原料制成的冷菜装在一个盘内，形成一个完美组合的整体。它要求冷菜的色彩、刀工、口味、数量的比例、拼摆的角度等方面要安排恰当，其技术难度要比双拼更复杂一些，其式样有三角形、馒头形、桥梁形、菱形、花朵形等。

（1）非对称式三拼

原料：白切鸡脯、五香牛肉、西式方腿。

拼制方法：

1）将白切鸡脯碎料、五香牛肉小块、西式方腿边角料都切成片垫底，每种原料要分开。

2）将白切鸡脯切成长圆形薄片，五香牛肉切成长圆薄片，西式方腿切成长方片。鸡脯和牛肉分别叠围在盘的两边。中间用方腿叠排成长方形，作为刀面，如图 4-9 所示。

（2）围式三拼

原料：姜汁茭白、水晶肴肉、五香牛肉、葱油萝卜丝、凉拌青椒。

拼制方法：

1）将葱油萝卜丝垫底，摆成半圆形。

2）将姜汁茭白、水晶肴肉、五香牛肉分别改刀，切成长圆形薄片，在盘子一端按逆时针方向旋排三层。中间用凉拌青椒点缀，如图 4-10 所示。

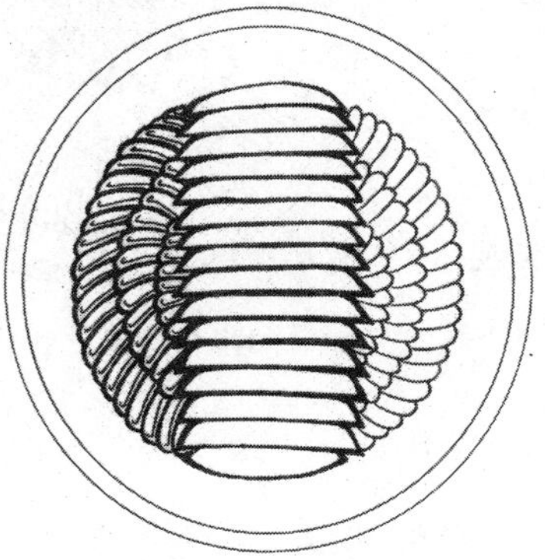

图 4-9 非对称式三拼

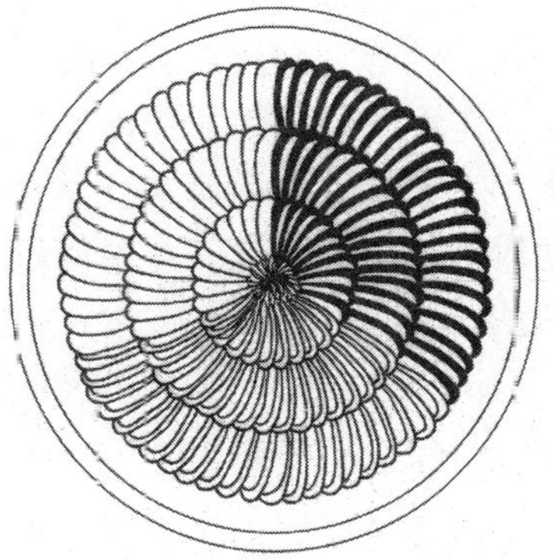

图 4-10 围式三拼

4. 四味拼盘

四味拼盘就是把4种不同颜色、不同口味、不同原料制成的冷菜装在一个盘内，形成一个完美组合的整体。它要求冷菜的色彩、刀工、口味、数量的比例、拼摆的角度等方面要安排恰当，其技术难度要比三拼更复杂一些。

原料：蛋皮紫菜卷、雪菜毛豆、五香牛肉、白切羊肉、黄瓜、橘瓣。

拼制方法：

（1）五香牛肉和白切羊肉改成长短相同的块，再切成薄片，分别垫在对称的两边，作为垫底。上面同样用这两种原料切成薄片，一片片叠整齐放平，放在垫底的原料上，成为对角方形。

（2）将蛋皮紫菜卷切成薄片，稍碎的原料垫底，上面用蛋卷片一片片整齐排叠好。

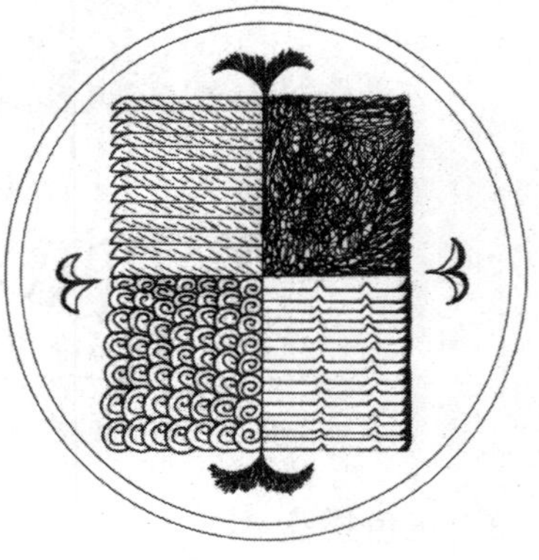

图4-11　四味拼盘

（3）最后把雪菜毛豆放在另一方形的地方，整个四面要求平整美观，以黄瓜、橘瓣点缀，如图4-11所示。

5. 什锦拼盘

什锦拼盘就是将多种不同的冷菜，通过荤菜合理搭配，经过刀工处理，根据盛器的造型特点而拼装出的冷盘。这种拼盘比前几种拼盘技术难度更大，这种冷盘讲究外形整齐，刀工精细，色彩协调，口味搭配合理，数量比例恰当，器皿选择合适，拼盘图案悦目，造型美观。其式样有圆形、几何图形、五角星形、花朵形等，给人一种心旷神怡的感觉。

实例4-1-1　一般什锦拼盘

原料：西式方腿、拌黄瓜、蛋黄糕、素火腿、糖醋胡萝卜、蛋白糕、红肠、五香牛肉、油爆河虾、拌海蜇丝。

拼制方法：

（1）将8种原料分别改成10cm长、2cm宽的块，块的一边角切圆，每块切薄片不得少于15片，按扇形排列，每个扇形的等分必须一致。改刀下来的原料一般垫底，垫底一定要平整，为放扇面原料打好基础。最后把8个扇面整齐叠放在垫底原料上。

（2）油爆河虾剥去头盖，在中间围一圈，中央堆入拌海蜇丝即成，如图4-12所示。

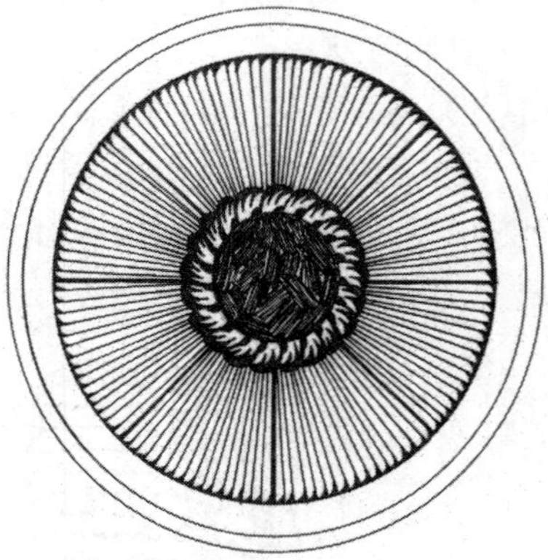

图4-12　什锦拼盘

实例4-1-2　葵花满园

原料：蒜泥黄瓜、红卤墨鱼、卤水茭白、蛋黄糕、糖醋胡萝卜、色拉青豆、生甘蓝丝、盐水河虾。

拼制方法：

（1）将蒜泥黄瓜、红卤墨鱼、卤水茭白、蛋黄糕分别切成片，放在四瓣叶片处垫底，再分别切成长方片，并分别交叉摆成叶瓣形，然后放在四个垫底的原料上，如图 4-13 所示。

（2）将糖醋胡萝卜改成小叶瓣形，切成薄片，生甘蓝丝放在叶子的中间作为垫底，如图 4-14 所示。然后把胡萝卜小叶瓣依次围在中间，如图 4-15 所示。

图 4-13 “葵花满园”摆叶瓣

图 4-14 “葵花满园”中间垫底

图 4-15 “葵花满园”中间摆小叶瓣

（3）将色拉酱放在生甘蓝丝上面，并用刀刮平，然后在色拉酱上放青豆粒，如图 4-16 所示。

（4）最后把盐水河虾的头和尾切平，竖立放在色拉酱周围，如图 4-17 所示。

图 4-16 “葵花满园”中间放色拉酱

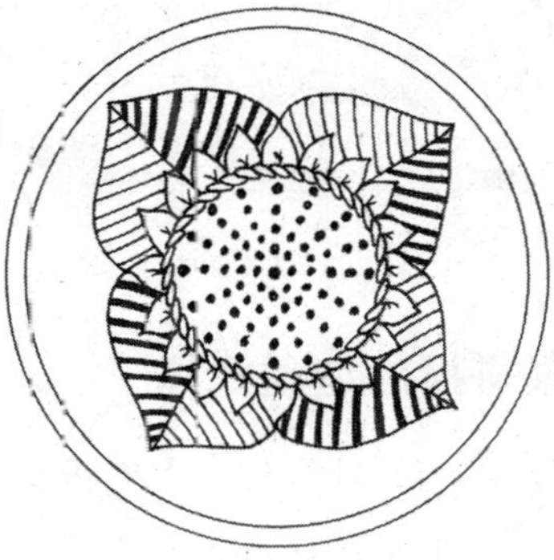

图 4-17　葵花满园

6. 花式冷盘

花式冷盘亦称花色拼盘、象形拼盘、艺术拼盘等。从本意理解，花色指形态和颜色，冷盘指食用的盘面，也就是说花色冷盘是经过精心构思后采用多种质优、味好、色艳的冷菜原料，运用不同刀工和技法，拼摆成为各种动物类、植物类、器物类、景观类等图案形状的美观、可食的盘式。

花式冷盘是冷菜拼摆的高级形式，其制作难度大，艺术水平高，技术性强，要求色彩鲜艳，形态逼真，口味多样，图案新颖，食用性强，也是冷菜拼摆的一种艺术手段，一般多用于高级宴席。它能让人在饮食的同时，享受到一种艺术的美，这对烘托宴席气氛，增进食欲起到积极的作用。作为一名冷菜制作者，必须掌握花色冷盘的拼制，如图 4-18～图 4-21 所示。

图 4-18 马俊蝶艳

图 4-19 巧舌鹦鹉

图 4-20 一帆风顺

图 4-21 牡丹凤凰

二、冷菜拼摆的造型式样

随着科学技术的不断发展，人们审美观念的增强，冷盘的拼摆造型式样越来越多。但由于地区不同、菜系不同、饮食习惯不同，表现的手法也不尽一样，最常见的有如下几种：

1．馒头形

馒头形又称半圆形，就是将冷菜装入盘中，形成中间高、周围较低，似馒头的形状，这是宾馆饭店最常见的一种装盘式样，多用于单盘，如装“油鸡”、“拌干丝”等(见图 4-22)。双拼、三拼也可装成馒头形，差别在于用料不一样。

图 4-22 馒头形

2．四方形

四方形又称官印形，就是将冷菜经过刀工处理后在盘内拼摆成线条清晰的正方形，有的将原料拼摆成大小不等的几个正方形重叠起来，好似古时的官印。一般常用于单盘或双拼、四拼等，如“镇江肴肉”、“拌四季豆”均装成四方形（见图 4-23）。

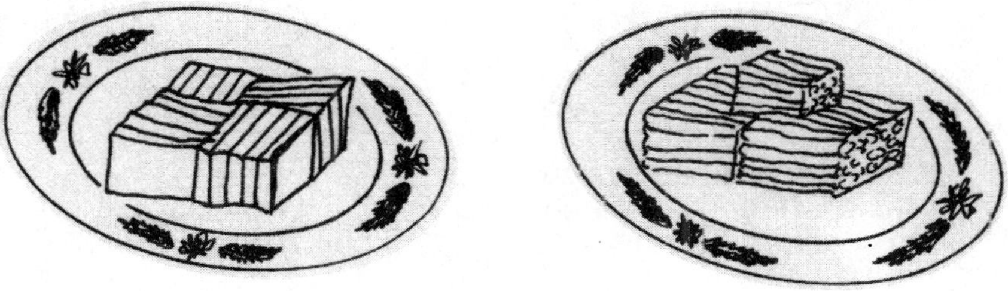

图 4-23　四方形

3．菱形

菱形就是将冷菜切成片、条、块等形状后整齐地排列在盘中，呈菱形状，也可用几种不同的冷菜原料拼摆成小菱形后，再合成一个大的菱形，其难度较大。一般用于单盘、拼盘，如“冻羊糕”、“叉烧肉”等均可装成菱形（见图 4-24）。

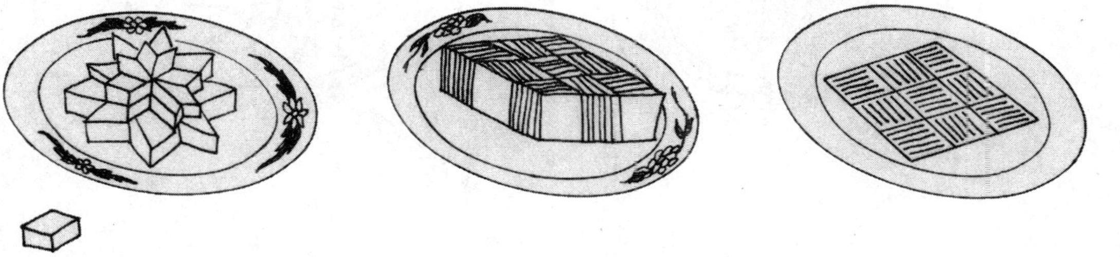

图 4-24　菱形

4．桥形

桥形就是将冷菜切成片、条、丝等形状，在盘中摆成中间高、两头低，像桥梁一样的形状。一般常用于单盘、拼盘，如装“干切火腿”、“柴把冬笋”等（见图 4-25）。

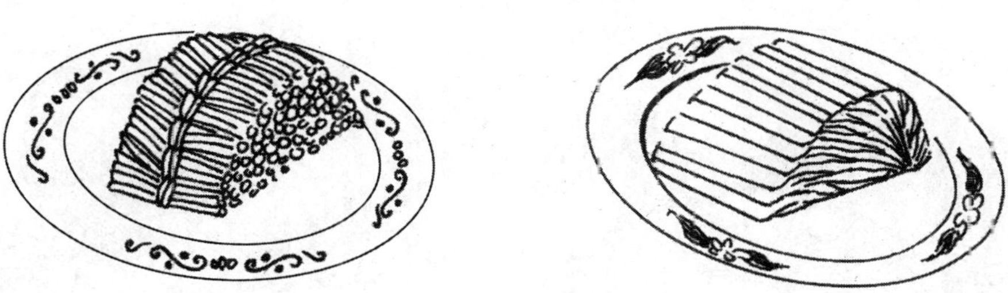

图 4-25　桥形

5．螺蛳形

螺蛳形又称螺旋形，就是将冷菜切成片状，在圆盘内沿着盘边，由低向高，由外向里盘旋，形成螺蛳状拼摆在盘中。一般常用于单盘，如“拌黄瓜”、“素鸡”等原料均可摆成此形状（见图4-26）。

图 4-26

6. 花朵形

花朵形就是将冷菜切成小菱形块、象眼块、片段等形状，拼摆成各种花朵状。一般常用于单盘、双盘、什锦拼盘等，如“咸鸭蛋”、“糖醋萝卜卷”等（见图4-27）。

图4-27 花朵形

7. 艺术冷盘

艺术拼盘就是用多种原料拼摆成各种动植物、器物景观等造型，其式样千变万化，有立体、半立体和平面等造型。这种拼盘技术要求高，造型优美，如“荷塘月色”、“蝶恋花”等（见图4-28～图4-31）。

图4-28 荷塘月色

图4-29 蝶恋花

图 4-30　迎客劲松

图 4-31　熊猫食竹

三、冷盘拼制的设计

冷盘拼制的设计好坏，直接关系到成品是否有艺术性、食用性，这是冷盘拼制的重要一环。具体要抓好以下几方面工作：

1．构思

构思是冷盘拼制的初步设想，尤其艺术冷盘的构思要具有丰富的想象力，要从立意、题材、形象、色彩、构图、选料、烹制、刀工等方面周密思考。没有很好的构思，要想使冷盘拼制达到很高层次是不可能的。

（1）根据宾客的对象来构思　宾客的对象来自国内外，因民族、宗教信仰、饮食习惯、生活爱好不同，对冷盘拼摆要求也不一样。例如，日本人对仙鹤、乌龟很喜欢，寓意长寿，而对荷花不太喜爱；而中国人对乌龟却比较反感，对荷花较喜爱；法国人对黄色菊花反感，认为不吉利；而荷兰人对黄色花较喜欢。所以在构思冷盘拼制时，宜选用人们喜闻乐见的花木鸟兽以及象征吉祥、幸福，给人带来美好、欢喜感受的艺术形象，切忌选用宾客忌讳、视而不快、食之乏味的冷菜和内容。

（2）根据宴席的主题来构思　冷盘拼制一般多用于宴席，而宴席种类繁多，要根据宴席的主题和形式来构思。例如，婚宴可用“喜鹊登梅”，寿宴可用“松鹤献桃”，迎送宾客可用“百花齐放”等图案，这样对活跃宴席的气氛会起到良好的效果。

（3）根据费用标准等因素构思　无论是一般小聚还是不同标准的宴席，在构思时要全面考虑，既要分清档次，又要做好成本核算，还要考虑原料的供应情况、人力和时间等多方面因素，决不能只追求美观，而不考虑食用价值、经济效益、技术力量及时间是否允许等，尽量做到艺术性和现实性两者的统一。

2．构图

构图就是设计图案。它是在构思之后，主要解决造型中的形体、结构层次等问题，要根据美学的观点将所要表现形态巧妙地展示出来，使人看上去赏心悦目。具体要做好以下几点：

（1）要考虑到图案的整体结构和特征　冷盘拼制在构图时必须明确主题，还要考虑图案整体结构上的艺术效果。如“海底世界”这一题材，鱼类应为主题，珊瑚、水草等为辅，以达到衬托主题的目的，否则会杂乱无章，没有层次感。在构图的主要特征上，如“蝴蝶飞舞”这一主题，蝴蝶特征是翅大身小，如果在构图时把蝴蝶变成身大翅小，便很难惹人喜欢了。

（2）要考虑器皿的形状和色彩　器皿是盛装拼盘原料的工具，常用的有圆形、椭圆形、方形等。器皿运用是否得当与整个拼盘效果有着重要关系。要全面考虑器皿的大小、式样、颜色，一般来讲，图案在器皿中所占的比例约占3/5，图案大则使用器皿相应也大，图案小则使用器皿相应小一些，否则不是造成臃肿不堪，就是显得空洞而不丰满。冷盘的拼制在器皿颜色的选择上以浅白色的为好，这样易与原料在颜色上对比明显、清晰，使图案更为突出。

除此以外，构图还要考虑宾客的饮食特点、忌讳爱好、图案的主色调等因素，只有这样才能拼制出层次清晰、主次分明、造型生动、色彩和谐、形态美观的冷盘。

3．布局

在冷盘拼制过程中，解决布局是至关重要的。一般在主题确定后，就要进入布局的环节。在创作新的冷盘时，可以先用图稿的形式进行布局设计，同时在布局过程中，冷盘的色彩和原料也可以一起考虑，从而使冷盘更加完美，具有较强的艺术感。

4．虚实

虚实是指主体和陪体、实体与空白、近物与远物的有机结合。这是冷盘拼制中的关键之一。在把握冷盘虚实关系时，必须处理好轻与重、主与次等的协调，使构图有新意、有层次、有欣赏价值。例如，山的层次的摆布、白云的位置，在图案中必须有一定的规律，虚实有度。在整个冷盘中，实体与空白的比例要掌握恰当，以免图案失去明快的艺术感。

5．完整统一

冷盘拼制要求内容完整统一，结构上要有规律，不可松散、零乱，决不能重左忽右、重下忽上。

四、冷盘拼制图案的造型法则

冷盘拼制图案时使用的造型法则很多，有时仅用一种造型法则来制作某一图案的冷盘是不够的，还要从实际出发，灵活掌握冷盘拼制图案的规律，运用各种造型法则来指导制作，这些造型法则主要体现冷盘的形式美。基本造型法则如下：

1．整齐一致

整齐一致是冷盘拼制图案的最基本法则。无论什么冷盘，在拼制时必须注意这一法则，如拼制鹰的翅膀，每一片原料都必须有规律地排放。“酱牛肉”制成单拼冷盘，每一片原料都必须整齐均匀，起伏平整。这样的冷盘使人有一种美的感觉。所以在拼制冷盘过程中，要做到冷盘原料整齐一致。这一法则的运用往往在单拼冷盘、平面什锦冷盘中最为常见，如图4-32、图4-33所示。

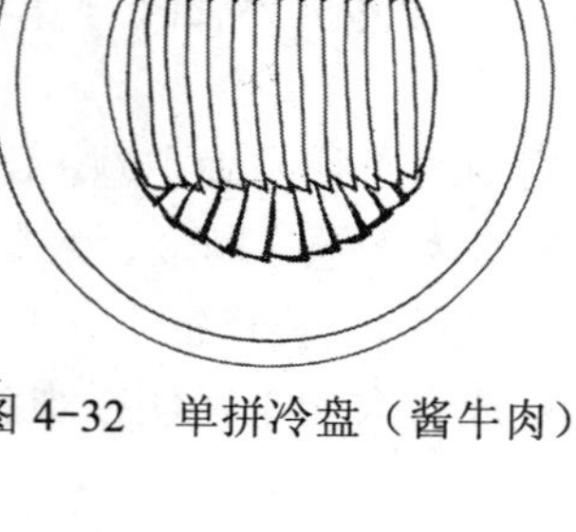

图4-32　单拼冷盘（酱牛肉）

图4-33　平面什锦冷盘

2．对称均衡

对称与均衡是冷盘拼制图案的又一基本法则，也是冷盘造型重心稳定的结构形式。所谓对称，是指以中心线或中心点为基点，在其周围作同形同等的变化。稳定、整齐是对称的特点。所谓均衡，即在变化中掌握重心，使之不失常态，感觉良好。在冷盘拼制时，运用这一法则的不计其数，如图4-34、图4-35所示。

图4-34　荷花拼盘

图4-35　荷叶拼盘

3．节奏韵律

节奏是一种规律的反映，是事物正常发展规律的体现。在冷盘拼制过程中，原料的有规律排列、盘边图案的有规律延长等，都是节奏的一种反映，如图4-36所示。

韵律则是指能体现一种情调的节奏，是节奏的一种升华。用到冷盘拼制上，是指在有节奏地排列原料时，能间插一些美的手段，如小型原料的排列，中间插上其他原料，从而使图案达到更美的效果，如图4-37所示。

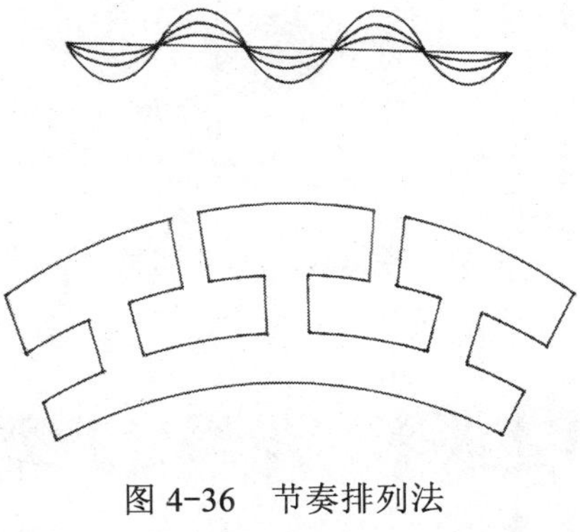

图4-36　节奏排列法

图4-37　韵律排列法

在冷盘构图中，除了以上3种基本法则外，还常常运用条理反复、对比调和等法则。

4．主题一致

在实际工作中，要根据各种宴会的性质、宴席的标准、客人的喜好等来设计和制作冷盘，在中高档宴席中，常常要围绕宴会的主题制作一组冷盘，以显示宴席的档次，如图4-38～图4-43所示。

图 4-38 桃李满天下

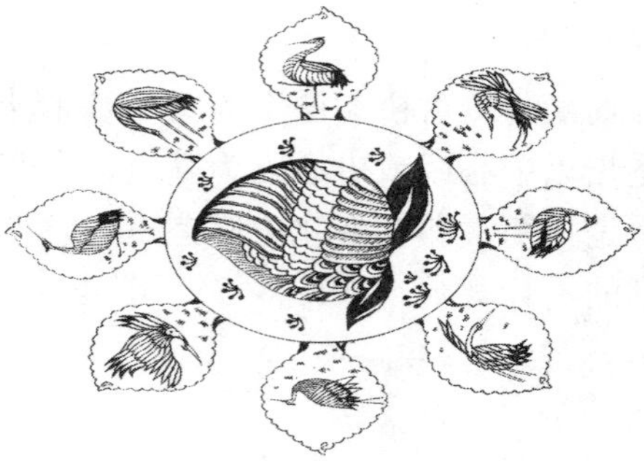

图 4-39 群鹤献寿

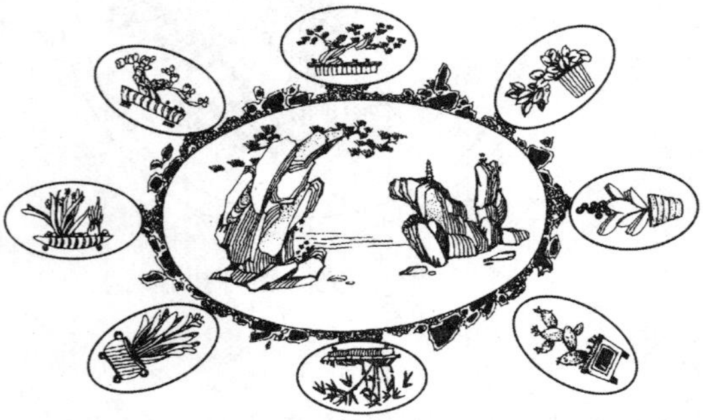

图 4-40 盆景集萃

图 4-41 动物世界

图 4-42 万紫千红

图 4-43 百鸟朝凤

第二节 冷盘拼制的基本要求、步骤与手法

冷菜、冷拼的制作就是将加工整理的原料经过烹调或腌渍制成冷菜，有的还需再经过刀工处理后，按一定的规格要求，整齐美观地装入盛器。这不但要求制作人员有精湛的冷菜烹调技术，还需要有熟练的刀工技术和装盘技巧，既要有一定的艺术素养，又要考虑冷菜、冷拼制作过程中的科学性，要根据就餐人数、价格标准、饮食习惯等因素设计冷菜，使冷菜、冷拼在色、香、味、形、器等几方面俱臻完美。

一、冷菜拼盘的原则和基本要求

冷菜的拼摆是将冷菜按一定规格要求组装在一定形状的盛器中的一项技艺。这不但要有熟练的刀工技术和装盘技巧，还要有一定的艺术素养。要想使冷菜拼摆在色、香、味、形、器等方面都完美，就要掌握冷菜拼摆的原则和基本要求。

1. 观赏和食用相结合

观赏和食用相结合，是冷菜拼摆的首要原则。冷菜拼摆必须以食用价值为主，观赏价值为辅。在冷菜拼制过程中，两者要有机地结合，要注重可食性，切忌单纯追求观赏性，同时要避免单纯考虑食用价值，忽视冷菜拼摆的艺术美。在拼摆时，要根据冷菜的属性，以美的造型展示出来，既有观赏性，给人一些种视觉的美感，又能给人以味觉、嗅觉、触觉等立体、全方位的美感，这样才能很好地满足人们的生理和心理的需要。

2. 形状美观

冷菜拼摆的形状应以使人赏心悦目为原则。要根据宾客的国籍、所在地区、年龄、宗教信仰、饮食习惯及宾客的喜好和禁忌等情况，有针对性地选用冷拼图案。切忌将国家禁用的有关图案拼制在冷盘上。

3. 刀工精细

冷菜拼摆是否美观，取决于刀工精细与否。刀工精细就是要根据冷菜的不同性质、不同的造型，正确运用不同的刀法，对切制各种原料形状都应长短、粗细、厚薄均匀，做到整齐划一、干净利落，切忌有连刀现象，既使原料成形又要便于食用。

4. 色彩艳丽

冷菜拼摆的色彩艳丽，就是将各种不同色彩的冷菜原料，运用色相对比、明暗对比、冷暖对比、补色对比等合理搭配出色彩鲜艳、素雅大方、和谐悦目、自然协调的图案，给人以色彩分明、舒适愉快的感觉，以刺激人们的食欲。对于不同原料色彩间的搭配和映衬，切忌使用人工色素和原料的重复使用。

5. 选用好盛器

俗话说“美食不如美器”，冷菜拼摆首先要选好盛器。盛器的选择应与冷拼的类型、式样相配合，应与冷拼的色泽相和谐，应与冷拼的形状相协调，应与冷拼的数量相适应。这样才能使拼出的图案形象清晰、悦目，富有艺术性。

6. 防止菜与菜之间“串味”

冷菜拼摆是各种凉菜组装在一个盛器内，较容易出现菜与菜之间相互串味而影响成品的质量。所以要采用不同的拼装手法，将浓味的菜品与淡味的菜品相隔、无汁菜品与有汁菜品相隔、味型相近菜品相拼装，使同一盘冷拼内的各种菜品各呈其味，突出风味特色。

7. 注重营养、讲究卫生

饮食的主要目的是摄取营养，满足人体生理需要。随着社会科学技术的不断发展，人们对饮食营养成分的需求将会更趋于科学化、系统化、合理化。冷菜拼盘的目的，最终是为了人们的食用，因此在冷菜拼摆制作时，要根据饮食对象的年龄、性别、身体状况不同，合理设计出含有不同营养成分的冷菜。注意荤素之间的搭配，以及各种原料之间营养成分的合理搭配。

在拼装过程中要特别注意卫生，讲究原料卫生、个人卫生、环境卫生，工具、盛器要消毒，做到冷菜原料要新鲜。冷菜拼摆应随拼随食，拼制过程要尽量缩短时间，以免菜品受污染。不可生食原料绝不能与熟菜混摆，以免引起食物中毒。冷盘成品最好使用保鲜膜封好上桌。

8. 节约用料

冷菜拼摆用料虽然十分讲究，但不能浪费原料。在拼摆过程中要合理用料，在保证质量、形态的前提下，应尽量减少不必要的损耗，做到大料大用、小料小用、碎料充分利用，对哪些原料可用来垫底，哪些原料可用来盖边或盖面等都要心中有数，做到物尽其用。

9. 构思新颖、勇于创新

构思新颖、勇于创新就是在传统冷菜拼摆的基础上继承和发展，不断变革创新，与时俱进。随着人们的审美意识的不断增强，对美的追求与日俱增，应大胆开阔冷拼构思思路，创新拼制出符合现代饮食卫生、满足人们现代饮食需求的冷菜拼盘。

二、冷菜拼摆的步骤

冷菜的拼摆步骤分为一般冷菜拼摆步骤和花色冷菜拼摆步骤。

1. 一般冷菜拼摆步骤

一般冷菜拼摆步骤通常分为 4 个步骤，即垫底、围边、盖面、点缀。

（1）垫底　一般冷菜拼摆过程中表面图案变化较为简洁、明快，垫底无须过高要求，就是把刀工处理过程中出现的边角碎料或较次的原料放到盘底垫成拟定图案形状的雏形。冷盘的垫底要做到平整、服帖，为盖面成形打好基础

（2）围边　围边也称群边、码边、盖边，就是把经过刀工处理较为整齐的片、块、条等形状的原料拼装在垫底的碎料边沿上。围边时片与片、条与条之间的距离要匀称，否则会直接影响下一步的盖面和拼盘的线条。围边在拼装中起着承上启下的作用。

（3）盖面　盖面又称装面、封顶、装刀面，是将原料最优质部位切成最整齐、均匀的片、条、块等形状后相叠，一般用刀铲起托着盖在垫底的碎料上面，并压住围边的原料一端，使整个拼盘显得格外整齐美观。

（4）点缀　点缀是在拼装结束后，根据冷菜的特点要求，在冷盘的适当部位放置一些可食的装饰菜品，做适当的美化，对整个拼盘起烘托和渲染作用。

2. 花色冷菜拼摆步骤

花色冷菜的拼摆步骤比一般冷盘要复杂得多，一般冷盘注重实用价值，讲究整齐美观。而花色冷盘不只讲究实用价值，还要追求艺术效果，使人们从精神上获得美的享受，其步骤有构思、命题、选料、垫底、盖面、点缀等。

（1）构思　构思就是在拼盘制作前通过设想或绘图的方法，设计冷盘的图案。花色冷盘讲究造型逼真、形态美观，在构思中要明确主题，选定题材、内容和表现手法。要根据宴席的主题、规模和标准，宴席的季节性，就餐时间长短，就餐环境，就餐宾客特点及冷菜厨房的技术状况进行构思。

（2）命题　命题就是根据构思形成的图案进行命名。在命名时要紧扣主题，注意名称与实际相符合，突出喜庆、吉祥气氛，既通俗又典雅，不能过于夸张。

（3）选料　选料就是根据构思及命题确定的主题图案进行选择冷菜。在选料过程中，要合理搭配图案部位的色彩、质地，要依照色彩、质地、刀工成形的标准，确定冷菜的品种，要协调各部位的冷菜口味，要选好盛器的大小及式样，使整个冷盘组合完整、合理。

（4）垫底　花色冷盘垫底，就是摆出构图雏形。雏形的好坏，直接影响整个冷盘的美观程度。垫底的原料要用可塑性较强的、细小、质软的冷菜。要注意雏形轮廓的象形与平整度。

（5）盖面　花色冷盘盖面是根据垫底雏形，把不同颜色、质地、口味的原料加工成一定形状，按图案的要求分部位拼摆成一个完整的整体。一般拼摆程序是先拼底后装面，先拼边后拼中间，先拼尾后拼头，先拼主题后拼空间，先拼下部后拼上部。

（6）点缀　花色冷盘的点缀，是为了突出整个冷盘的完整效果，弥补冷盘只求美观性而食用性不强的欠缺，以求获得冷盘造型的可观性与可食性俱佳的效果，起到画龙点睛的作用。要注意点缀的位置要恰当、颜色要协调、点缀饰品形状大小要适宜。同时，要注意卫生要求，不可将非食用原料用来点缀。点缀一般在拼盘主体部分完成后进行。拼盘的装饰点缀要视盘子的空间大小进行，空间太大不加以装饰，则盘景显得空洞；而空间太小，再过多地装饰，又会使整个拼盘显得杂乱无章，主题不突出。点缀装饰物要注意与主体形状之间的比例，体积不能太大，否则会喧宾夺主。

三、冷菜拼摆的手法

1．排

排就是将经刀工处理好的片、块、条及小型原料整齐而成行地排在盘中。排应视盛器、原料的形状不同而有各种不同的排法，如“镇江肴肉”，羊糕切成厚片宜排成锯齿形；“盐水虾”应剥去头壳，两只颠倒排摆成腰圆形，再排成行；有的适宜配色间隔排；有的适宜逐层排。排的方法多种多样，应根据原料的形态及拼摆要求灵活掌握。

2．堆

堆就是将丝、片、丁和一些规则的冷菜原料堆放在盘中，多适用于单盘或围碟。堆的手法虽很简单，但也讲究艺术性，可堆出多种形态，如假山、宝塔状等，给人以丰满、实惠、富有立体的感觉。

3．叠

叠就是把切好的冷菜一片一片叠起来，形成各种形态的一个过程。叠的手法是一种精细的操作过程，往往需与刀工紧密配合，随切随叠，要求切得厚薄、长短、大小一致。叠好后略经修改，用刀铲起，叠盖在垫底的原料上面，用来叠的原料以韧性、脆性且不带骨者居多。

4．围

围就是把冷菜切成一定的形态，在盘中排列成环形，可排多层，层层围绕。围的手法有多种，在主料的四周围上一些不同颜色的配料，这叫“围边”；有的将主料排围成花朵形，中间用色彩鲜艳的配料点缀一下，就叫“排围”。用围的方法，可以烘托主料，增添色彩。

5．摆

摆又称贴，就是将冷菜切成各种象形的片状，拼摆在已大体成形的轮廓上。一般多用于各种艺术拼盘上，如拼摆树叶形、羽毛形、翅膀形，均采用摆的方法。采用这种手法必须具有熟练的技巧和一定的艺术素养，才能摆出形象逼真、生动活泼的形象。

6．扣

扣又称覆，就是将加工成形的冷菜，先整齐排列在一只较深的盛器中，再翻扣入盘内或菜面上，多是半球形，如“粉皮鸡丝”，先将拌好的粉皮放入盘内，再用鸡丝盖面，以达到突出主料的目的。

以上冷菜拼摆的步骤和手法是冷菜制作中最基本的方法，需根据冷拼的式样、原料灵活运用，特别是拼制艺术冷盘时要做到“先主后次、先大后小、先尾后身”。只有不断创新、不断总结，才能拼制出各种类型冷盘的理想作品。

习题与实训

一、主要概念

单拼　双拼　三拼　什锦冷拼　花色冷拼（工艺冷盘）

二、基本训练

◆　素质题

1. 三色拼盘在拼摆过程中运用的是哪一种拼摆方法？
2. 冷盘拼制的设计应抓好哪几方面工作？
3. 一般冷盘拼制特点与形式有哪些？
4. 花色冷盘拼制有什么特点？其拼制形式可分几大类？举例说明。
5. 平面什锦冷盘在拼制时应注意哪些要点？

◆　知识题

1. 冷盘拼摆的基本原则有哪些？在制作冷盘时如何运用？
2. 冷盘拼摆的基本方法有哪些？各适用于哪类冷盘造型的拼摆？举例说明。
3. 冷盘的基本拼摆步骤是怎么样的？各步骤之间有什么联系？
4. 冷盘常用的手法有哪些？各适用于哪类冷盘造型的拼摆？

三、观念应用

◆　分析题

1. 某酒店有一位冷菜师傅在拼制花色冷盘：

（1）共选用冷菜原料6种，其中有5种原料色泽是酱黑色。

（2）中途走出冷菜操作间接了一个手机电话后又继续接着拼摆。

（3）边拼摆边唱流行歌曲。

（4）同一砧板，先切带汁原料，后切水果。

请分析该师傅违反了哪些厨房操作要求？

◆　实训题

1. 设计一个五彩拼盘，要求装成梅花形。

2. 选用10种不同的冷菜，拼制成一个什锦冷盘，其造型、色彩、刀工处理要符合拼装要求。

第五章

花式冷盘拼制造型实例

学习目标

1. 了解冷盘拼制的艺术要求。
2. 熟练掌握花式冷盘的造型拼制方法和技巧。
3. 掌握冷盘造型中色彩的运用方法和技巧。
4. 能够根据所学的冷盘造型拼摆的方法，重新变化组合创新出各类主题冷盘。

第一节　花式冷盘的拼制形式

花色冷盘品种繁多，运用科学方法对其复杂多变的形式进行分类，有助于划清它们之间的异同关系，深入探讨花色冷盘造型的规律和拼摆技巧，促进花色冷盘造型的发展。在花色冷盘分类中，因各地依据的分类标准不同，分类的类别也不一样，大致有如下几种形式：

1. 按花色冷盘造型的空间构成分类

（1）平面造型　平面造型是类似浮雕式的造型，是在盘子的平面上拼摆凹凸起伏不大的造型形象，造型凹凸的高低与盘面的大小成一定比例，适合于从特定的角度进行审美欣赏。该类作品图案简洁，整体感较平整，要求刀面整齐、线条清晰、色彩协调、主题突出，如“一江春水”等。

（2）半立体造型（又称卧式造型）　半立体造型在花色拼盘制作中较为普遍，它介于立体和平面造型之间，通常将可食的冷菜切成小型形状，凸起地堆叠在盘内，造成一定形状，然后用各种整齐的冷菜原料按设计的要求覆盖，形成一定的图案。该类作品图案较复杂，半立体感明显，要求刀工精细，色彩鲜艳，形象逼真，既可食用，又可欣赏，如“前程似锦”、“起舞”等。

（3）立体造型　立体造型类似整雕式造型，是在盘子的平面上塑造三度空间的形象，可以以任何一面进行审美欣赏，该类作品图案较复杂，立体感明显，制作工艺难度大，艺术性强，要求刀工精湛，色彩鲜艳，造型美观逼真，立体感强，能食用，有观赏的价值，给人以一种真实感，如“春笋”、“雏趣”等。

2. 按花色冷盘造型所用盘碟的多少分类

（1）单盘造型　就是运用多种冷菜，拼装在一只大盘中，以达到造型的目的，如“松鹤延年”、“燕归”等。

（2）多盘组合造型　就选用多只盘碟（有大有小或一大几小的盘碟）把各种冷菜分别拼装在每一只盘碟中，并具有一定的图案造型，组合成一组大型造型图案，如“如愿”、“荷境”、“田园小景”等。

第二节　花式冷盘的拼制形式分步图解

实例5-1　一江春水

【原料组成】胡萝卜、松花皮蛋肠、红辣椒、鲜香菇、心里美、川式香肠、腊肉、红肠、黄瓜、烟熏牛肉、西兰花和火腿肠等。

【技术要领】两个山的比例要协调。

【操作步骤】

（1）胡萝卜、松花皮蛋肠、心里美、川式香肠、腊肉、红肠、黄瓜、烟熏牛肉、西兰花和火腿肠等改刀成形，拼摆出山形。

（2）鲜香菇、红辣椒和黄瓜改刀成形，拼摆出柳树和枫叶树。

实例5-2　蟹趣

【原料组成】胡萝卜、土豆泥、心里美、烟熏牛肉、川式香肠、松花皮蛋肠、西芹、南瓜、黄瓜、红肠、卤牛肉、火腿肠、冬瓜皮和西兰花等。

【技术要领】蟹脚的走向和结构要正确。

【操作步骤】

（1）土豆泥码底，胡萝卜、烟熏牛肉、心里美、川式香肠、西芹、南瓜、黄瓜、红肠、卤牛肉、火腿肠、冬瓜皮和西兰花等改刀拼摆水底和水草，烟熏牛肉改刀，拼摆出蟹。

（2）松花皮蛋肠改刀成形，拼摆出另一只蟹。

实例5-3　春笋

【原料组成】胡萝卜、西芹、红肠、心里美、黄瓜、莴笋、土豆泥、松花皮蛋肠、烤里脊肉、火腿肠和冬瓜皮等。

【技术要领】三根春笋要相错竖立。

【操作步骤】

（1）土豆泥码出春笋雏形，胡萝卜、心里美和莴笋改刀成桃形片。

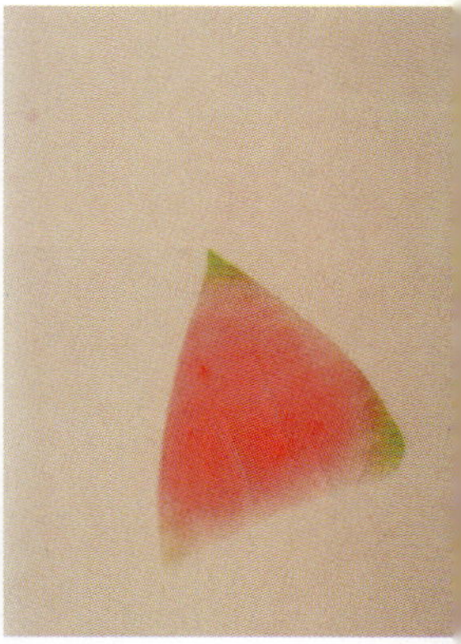

（2）西芹改刀作笋须，从上往下一层层将胡萝卜、心里美和莴笋的桃形片包裹在土豆泥上。

（3）黄瓜、松花皮蛋肠、烤里脊肉、红肠、火腿肠和冬瓜皮等改刀拼摆出地坪。

实例5-4 马蹄香

【原料组成】胡萝卜、心里美、南瓜、白萝卜、莴笋、黄瓜、西芹、蒜薹、烟熏牛肉、土豆泥、火腿肠、卤牛肉、鲜虾、卤猪舌、蛋黄糕、金银猪肝、卤猪耳、紫甘蓝等。

【技术要领】马蹄莲叶子边缘有自然弯曲弧度。

【操作步骤】

（1）胡萝卜、心里美、南瓜、白萝卜和莴笋等改刀成柳叶形片，土豆泥码底，拼摆出马蹄莲叶子。

（2）白萝卜和莴笋等改刀成柳叶形片，拼摆出马蹄莲花形，南瓜改刀成花心。

（3）西芹作叶梗，蒜薹作花枝，心里美、莴笋、烟熏牛肉、火腿肠、卤牛肉、鲜虾、卤猪舌、蛋黄糕、金银猪肝和冬瓜皮等改刀并拼摆出地坪。

（4）用胡萝卜、心里美、南瓜、白萝卜、莴笋、黄瓜、土豆泥、火腿肠、卤牛肉、鲜虾、卤猪舌、蛋黄糕、金银猪肝、卤猪耳和紫甘蓝等拼摆出4个围碟。

实例5-5 孔雀迎宾

【原料组成】胡萝卜、心里美、南瓜、黄瓜、土豆泥、卤猪耳、烟熏豆腐干、松花皮蛋肠、烤里脊肉、鲜虾、火腿肠、川式香肠、红辣椒、西芹、蒜薹、红肠、西兰花和冬瓜皮等。

【技术要领】羽毛展开得规整、自然。

【操作步骤】

(1) 用南瓜事先雕刻出孔雀头，土豆泥码底，红辣椒、黄瓜、胡萝卜和南瓜等改刀成形，拼摆出羽毛。

(2) 土豆泥和冬瓜皮搭出翅膀骨架，胡萝卜、心里美、皮冻肉、黄瓜和烟熏豆腐干改刀拼摆出翅膀。

（3）用胡萝卜雕刻脚和羽毛，西芹和蒜薹作竹子，卤猪耳、烟熏豆腐干、松花皮蛋肠、烤里脊肉、鲜虾、火腿肠、川式香肠、红肠、西兰花和冬瓜皮等改刀拼摆出地坪。

实例5-6　茁壮成长

【原料组成】胡萝卜、西芹、南瓜、白萝卜、黄瓜、土豆泥、莴笋、红肠、蛋黄糕、卤牛肉、金银猪肝、卤猪耳、鲜虾、鲜香菇、火腿肠和高笋等。

【技术要领】春笋要饱满。

【操作步骤】

（1）土豆泥码出春笋雏形，黄瓜改刀拼摆出竹子。

（2）西芹改刀作笋须，胡萝卜、南瓜、白萝卜和莴笋改刀成桃形片。从上往下一层层包裹在土豆泥上，白萝卜、黄瓜、莴笋、红肠、卤牛肉、蛋黄糕、金银猪肝、卤猪耳、鲜虾和高笋等改刀拼摆出地坪。

（3）西芹、南瓜、黄瓜、卤猪耳、鲜虾和鲜香菇等改刀拼摆出4个小围碟，将围碟放在中盘周围。

第三节 花式冷拼精品欣赏

蝶舞

争鸣

凤舞八桂

起舞

燕归

百年好合

荷境

金玉满堂

雏趣

春归

田园小景

前程似锦

如愿

松鹤延年

嬉戏

乡野情趣

马蹄香

国色天香

荷韵

习题与实训

一、主要概念

花色冷拼（工艺冷盘） 主题拼盘的设计

二、基本训练

◆ 素质题

1．花色冷盘拼制的设计应抓好哪几方面工作？

2．花色冷盘的垫底料可以选用哪些原料，对花色冷盘的造型有何影响？

三、观念应用

◆ 分析题

1．“一江春水”与“春笋”在拼摆手法上有哪些异同？

2．在拼摆“孔雀迎宾”造型时应掌握哪些造型上的个性？哪些方面可以夸张？为什么？

3．在设计多碟组合造型时，主碟与围碟的题材之间有怎么样的联系？应如何使其吻合和协调？举例说明。

◆ 实训题

1．根据花色冷盘拼制的特点和形式，试拼制“蝴蝶戏花”、“雄鹰展翅”、“孔雀开屏”、“鲤鱼戏水”4种花色冷盘。

2．试拼装6个单盘，要求色泽、原料、烹调方法、形状均不一样，但要求围绕一个主题来进行设计。

第六章

冷菜、冷拼的创新与应用

学习目标

1. 明确冷菜、冷拼创新的原则。
2. 懂得冷菜、冷拼创新开发的思路和方法。
3. 熟悉大型宴席冷盘的设计与组织。
4. 掌握常规冷菜创业产品组合分析与促销策略。
5. 能明白宴席冷盘的设计原则，并会根据这些原则来指导冷盘的创新。

第一节　冷菜、冷拼创新

一、明确冷菜、冷拼创新的方向与原则

冷菜、冷拼的创新就是根据冷菜、冷拼制作的一般规律，在原料选择运用、烹调方法、味汁味型、装盘技法、盛器选用等方面，超越前人做法的一个过程，使产品更加符合现代人的需求。冷菜、冷拼的创新不但符合社会经济发展的需要，而且是冷菜、冷拼制作技术自身发展的必然之路，只有通过改革、创新，才能使冷菜、冷拼这朵鲜艳的奇葩在烹调百花园中永放光彩。

1. 明确冷菜、冷拼创新的方向

冷菜、冷拼的创新也属于产品研发的范畴，首先应该明确正确的方向、目的，再采用科学、行之有效的策略技巧，遵循科学严谨的制作步骤，才会卓有成效。同时，冷菜、冷拼的创新还应该以符合社会公德、丰富消费者产品选择、提高人民健康水平为前提，进行积极有益的尝试。

冷菜、冷拼的创新目的是为了激发顾客的购买欲望、引导顾客的需求、满足顾客的需要。随着社会文明的进步和经济的不断发展，人们生活水平的日益提高，以及旅游业的蓬勃兴起，人们越来越注重改善饮食结构，追求食用和营养价值，同时人们的审美意识也在

日益提高，对美的追求与日俱增，餐饮顾客的需求也在不断地发生变化。早期人们追求的是温饱，要求菜肴分量足、实惠，所以大鱼、大肉制作的冷菜很受欢迎。后来人们富裕了，上档次的餐饮就成了主流。当经历过高等教育的年轻白领成为餐饮市场上的新贵后，当有毒食品风暴不断呼啸而过后，人们开始反思与自然的关系。当前具有号召力的口号是“吃出安全，吃出健康”，提出了“绿色环保”、“低碳生活”等消费理念。然而，当今冷菜制作的现状却没能适应这种变化，主要表现在以下3个方面：一是有些传统菜肴不能适应现代营养科学的要求，且有濒临失传的危险；二是在各种宴席上冷菜、冷拼数量显得太多，大大超出赴宴者营养需求量；三是有些冷拼造型过于繁琐，既不符合当今快节奏时代需要，也不符合现代饮食卫生。

以上这些反映了冷菜、冷拼面临着如何适应时代变化的问题。因此，冷菜工作者必须在继承、发扬以及振兴中国传统冷菜制作的基础上，不断关注、研究低脂肪、低盐、低糖、低味精的创新冷菜，把握市场需求方向，使用更多的绿色食品原料、有机食品原料进行创新。

2．遵循冷菜、冷拼的创新原则

随着社会消费者的需要，创新冷菜、冷拼在各地餐饮企业中发展迅速，相当一部分企业通过创新冷菜获得了较好的经济效益，但也有不少企业的创新菜肴存在不合理的现象，理解以下创新原则，可能会让创新变得比较轻松，比较容易成功。

（1）继承传统与改良相结合　传统的冷菜是我国烹饪文化的瑰宝，凝聚着历代厨师的智慧和创造力，是一个地方经济、物产、喜好的综合积淀。这些菜大多有出处、有典故、有内涵，不仅具有历史性还具有地方性和文化性，如江苏镇江肴蹄、广东白云猪手、四川五香熏鱼、海南白切东山羊等。传统菜大多选料精细、制作考究、注重火功、强调质感。分析好这些冷菜的产生、发展、兴衰的原因，掌握其制作程序和工艺特色，对冷菜、冷拼的借鉴与创新都有不可忽视的作用。充分把握传统冷菜的“讲究”，创新菜也会有“神韵”；同样，厨师有了传统菜的功底，创新也会很扎实，有把握。在继承、挖掘传统菜的同时，要适应时代要求，善于吸取传统的优秀部分进行改良，尤其在原料的运用上、烹调方法的改进上、调味品的使用上等方面应当打破常规，不断改良，大胆创新，如“水晶肴蹄”这一道冷菜是我国传统名菜，根据这一制作原理，人们可制作“水晶鸭舌”、“水晶羊蹄”等。

（2）循序渐进与苦练基本功相结合　创新不是变魔术，也不是无中生有，创新菜也不是重大发明。菜肴创新很难像发明蒸汽机那样，成就具有跨时代意义的奇迹。如果把创新菜肴想得神乎其神，只能使厨师望而生畏，不敢或不愿意参与创新。当然，创新也绝不是毫不费力的差事，胡乱搭配也不可能被市场认可。创新是有规律可循的，一般是将原料、调味品以及烹调方法等重新组合；或根据顾客的需求，借鉴某些菜品，进行修改、添加、拆分、组合；或在生产制作工艺上，触类旁通，形成新的方法，进而做出新的菜品。创新就是在传统基础上的发展、改革，如果对一般的冷菜、冷拼制作方法和原理都不会，又不去分析、鉴别其优劣，很难在技术上有所突破，更谈不上什么创新，所以人们一定要在工作中不断学习，做到多想、多看、多练、多问，反复实验，不断总结，苦练基本功，才能达到“从心所欲不逾矩”的水准，使创新的品种符合时代发展的需求，才能创造出受欢迎的品种。

（3）必须以市场需求为目标　创新是为了满足消费者的需求，菜品要随着市场潮流而变动，但并不意味着每时每刻都要变化。高节奏、快频率地推出新菜点，大面积地调整菜单，反而可能让客人无所适从。每天都有变化、每天都有新菜，不是创新的目标。要让顾客了解、把握餐饮企业的经营风格、特点，发现、记住其与同类餐馆的区别。

创新不能故弄玄虚，而必须从市场需求出发，研究消费者的价值取向、消费观念的变化趋势，可以设计、引导消费，但总体应朝着消费者感兴趣的方向走。明白这个道理，就会形成有条理的创新机制。例如，现代人讲究“平衡膳食”，在设宴席菜单时，冷菜就不能以荤菜为主，而要做到荤素合理搭配。再如，腌制冷菜时要科学地使用添加剂，对那些发色剂（如亚硝酸盐）、人工合成色素就不宜放得太多，最好使用天然色素，要注意“绿色”、“环保”。

（4）科学地运用中外先进制作技艺　随着改革开放的深入，国际间交往的频繁，世界仿佛正在缩小，人们走进了“地球村”。近几年人民币不断的升值，购买力日益增强，过去从未有过的新食材、新厨艺、新口味，纷纷进入国人视野，从排斥到喜欢，从照搬到随心所欲地应用，从眼花缭乱到习以为常。西式沙拉、韩国泡菜、日本寿司、日本刺身等都来到人们身边。

正是这种物资的大交流、信息的大交换、思想的大碰撞，带来了观念的大转变、眼界的大开阔。未来“混血冷菜”的趋势必然是继续走“合资”道路，本地口味依然“控股”，依然是消费的主流。我国冷菜的制作有几千年的历史，各大菜系都有自己特色的冷菜制作方法，人们应当在继承传统的制作技艺的基础上，吸取各大菜系的优点，大胆改革，为我所用，同时还要吸取国外制作冷菜的方法的精华，如各种调味品应用和各种西餐设备的应用等，来改变冷菜、冷拼制作的模式，从而达到创新的目的。要使外来饮食文化真正符合我国消费者的需求，就应充分使我国冷菜、冷拼的制作的优秀技艺（如烹饪方法中的酱、卤、腌、糟、拌等几十种方法，拼摆的手法中的排、堆、拼、叠等多种方法，装盘形态中的图案式、象形式、抽象写意式、多碟组合式等）与引进饮食文化相结合，形成自己的烹饪文化，这样才能真正创新出符合国人需求的优秀菜品，才能推陈出新，给客人一种新、奇、特的感觉。

二、找准冷菜、冷拼的创新思路

1. 原料创新

市场上每年都会有新的烹饪原料出现，这些新原料可以带出一批新菜肴。原料创新，就是通过正规、安全可靠的渠道获取新的原料，并将其制作成具有新意的菜肴。原料创新可以从以下两个方面考虑：

（1）西料中用　就是把西餐原料运用到中餐冷菜制作中来，对增加冷菜、冷拼花式品种，适应市场需求，是一条不可舍去的途径。随着我国加入世贸组织后，西方的烹调原料如荷兰豆、西兰花、鸵鸟肉、澳洲龙虾等大量涌入我国，调味品中的西式香料、各种调味酱如番茄酱、咖喱酱、沙爹酱等广泛应用到中餐，只要认真研究西餐的一些制作方法，完全可以做到“他山之石”为我所用。在保持我国传统冷菜制作精髓的基础上，通过不断挖掘，将不断丰富冷菜品种。

（2）土料洋用　就是将乡土气息浓郁的原料制作成精细菜肴，如南瓜、山芋、菜干、核桃花、马齿苋等，通过烹制方法、组合手段、造型方式等方面的变化，可以营造不一般的口感，家常土菜中融合高档菜肴的口味，让食客看起来似曾相识，尝起来若有所思，离开后念念不忘。

2. 技法创新

根据烹饪原理及成菜特点，在我国传统烹饪技法的基础上，打破面点、冷菜、热菜等泾渭分明的固定格局，积极改良组合，通过借鉴、联想，以推出采用新思路制作的菜肴。具体技法可从以下几方面考虑：

（1）巧妙借鉴　借鉴法就是将某一菜系中的某一菜肴或几个菜系中较成功的技法、调味方法、装盘技巧等应用到某一个冷菜、冷拼中的一种方法。例如，“鱼香素烧鸡”这一冷菜是按“素烧鸡”制法，加上四川菜系的“鱼香”味创新而成的，改变了过去“素烧鸡”口味单一的现象。这种借鉴其他菜系的做法，使其在原料、制法、调味、装盘等方面兼容别人长处，来促进技术进步和新品种的开发，无疑是一条好途径。

（2）发散联想　对某一菜肴的制法及装盘等方法，有意识地改变思维的定势，设法对已有的原料、烹调方法、装盘等从新的角度去想象，从而获得独特新颖的效果。例如，“荷塘蛙鸣”这一艺术拼盘，整个画面只有一张荷叶、一只青蛙，朴实无华，使人感到夏日田园、蛙声满堂，充满生机，向人们展示一幅充满生活气息的图画，这一创造以形象逼真而被众人所称道。如果照样模仿就谈不上什么创新，但只要我们略作想象，除了荷叶，还有哪些植物叶片易惹人喜欢，就可进行创新，如“荷境”、“田园小景”等就是通过有意识的联想而创新的，还有古人所描绘的“龙”、“凤”、“虎”等都可成为人们喜欢的作品。

（3）形象捕捉　捕捉法就是直接从自然世界中吸取“营养”而获得冷菜、冷拼创作的灵感，如创造花色拼盘时，就要对各种生物、景物的结构、形态或功能特征认真观察，加以必要的夸张、缩影等手法，就能创制出“不似自然，而胜似自然”的艺术效果，如花色拼盘中常见的“孔雀开屏”、“雄鹰展翅”、“百花争艳”等作品就是从大自然中捕捉而创制出来的。

3. 口味创新

无论多么好吃的菜肴，如果几年一成不变，也会逐渐走向没落。所以，应不断调整、丰富冷菜口味，对调料品种、用量进行不断改良，是创新菜肴最简单也是最常用的方法。

（1）西味中烹　将西餐烹饪的调味料、调味汁或调味方法用于中式冷菜，这种中西合璧冷菜是当今冷菜创新的一个流行思路。其成品既有传统中式冷菜之情趣，又有西餐菜点风格的别致，既丰富了冷菜的口味特色，又丰富了冷菜的质感造型，如千岛石榴虾、沙拉海鲜卷、XO 酱拌百合、咖喱汁卤凤爪、芥末拌青笋等。

（2）水果菜烹　将水果、果汁用于冷菜的主料或辅料或调味中。近几年来这种运用水果、果汁制作菜肴之风愈演愈烈。新鲜水果酱、水果汁营养丰富，果香浓郁，清鲜爽口，在宴会中如果穿插 1～2 道水果或果汁冷菜将是一种非常好的选择，如凉拌梨丝、橙汁瓜条、时果酱鱼柳、西瓜冻等。

4. 组合创新

一份美味可口的冷菜，如在装盘的方法与盛器和菜肴的组合上进行调整，运用合理而得当的装饰手法，同样可以推出新的视觉、新的质感的菜肴。具体方法有：

（1）盛器变化 在冷菜拼装时，不能只局限于用陶瓷作盛器，应根据冷菜自身的特点，可用一些玻璃制品、镜子、竹子、大理石、贝壳、面粉制品、巧克力制成的盛器，或将各种水果的外壳等做成盛器来装盛冷菜，这种不拘一格的装盘方法，会使冷菜、冷拼的菜肴特色更为突出，如“烧鸭”、“烧鸽”、“烧鹌鹑”等品种的装盘方法可以考虑选用不同的盛器进行装盘。

（2）搭配多变 冷菜的制作方法与热菜、点心制作方法有机结合是冷菜制作的又一风格，走出一条冷菜创新之路。热菜和冷菜除在特点上有所差别外，在调味上、烹调方法上可相互借鉴。例如，冷菜中的“小葱拌豆腐”，可借用热菜“麻婆豆腐”的调料拌入豆腐，可创新出“麻婆拌豆腐”。又如，“鱼松”本是一道冷菜，但很碎小、食用不方便，可将鱼松摊在面点的油酥皮上卷好，下油煎制，再改刀成块。这种将冷菜制作特点与热菜、点心制作方法相结合，对开拓冷菜新品种，优化菜肴组合，无疑是具有深远意义的。

5．改革创新

（1）数量上的改革与创新 习惯上传统宴席冷菜的数量均在 8～12 道不等。有的高规格的宴席还设计花色拼盘、10 个围碟、4 个干果、4 种调味等，讲究气派，这种按照传统习惯来安排冷菜制作，常导致客人暴食暴饮有损健康，造成食物资源浪费，这样的做法是不可取的，应当彻底改变这种现象，提倡冷菜数量控制在 4～6 道或实行每客装盘制，讲究节约，去繁求简，不尚虚华，把好质量关，吸收国外宴席之精华。

（2）造型上的改革与创新 有的宴席冷菜、冷拼过分追求造型，一个花色拼盘从准备到制作要花几个小时，如果档次高的宴席，整个冷菜都以花色拼盘展示，这种制作复杂、费工费时的冷菜，一旦处理不当，会给客人有种中看不中吃、华而不实的感觉。人们必须改革在冷菜、冷拼制作中过分讲究艺术性而忽视可食性的做法，创造出既有观赏性又有食用性的艺术拼盘。

（3）营养搭配的改革与创新 我国传统宴席比较追求原料的名贵，崇尚奢华宴席，荤食较多，这种不注重营养平衡的安排往往影响人的正常消化、吸收和新陈代谢功能，长期下去易导致高血压、冠心病、营养缺乏症等。所以要改革传统宴席营养过剩的习俗，提倡荤素搭配合理，营养趋向平衡，做到低糖、低脂肪、低盐和高纤维、高维生素、高蛋白，这种“三低”、“三高”的饮食结构，有利于人体健康。不断开发新品种，如“乡土菜”中野菜的广泛利用，有利于宴席菜肴结构的创新。

（4）饮食方式上的改革与创新 我国目前传统的宴席饮食方式普遍采用集体用餐，这种用餐形式，从卫生角度来看，是不科学的，容易得传染病，因此是一种不良的进食习惯，必须加以改革。我们提倡冷菜“单上式”，把几样冷菜装在一个盘内，略有造型，每人一份，这样既有利于食用，又有利于卫生；也可实行“分食式”或“自选式”等。这样的上菜方式既高雅又卫生，是一种发展趋势。

（5）菜肴组配上的改革与创新 随着我国改革开放的深入，外国人来中国旅游、工作的越来越多，为了适应中外宾客的饮食习惯，我们应当在体现中国烹饪特色的基础上，吸收国外宴席之精华，在菜肴组配上，可选用一些国外的原料、调料和烹调方法来改良我国传统的部分菜肴，使宴席菜肴更有适应性、变化性和吸引性，使菜肴风味、装盘艺术互相穿插、融为一体，为中国宴席改革与创新创出又一条道路。

三、科学设计新冷菜、冷拼的开发程序

开发受大众欢迎的新菜肴，是企业在激烈市场竞争中获胜的法宝。冷菜、冷拼的开发程序包括从收集创意到销售创新产品所经历的全过程。一份优质的冷菜、冷拼菜肴需要经收集创意、遴选创意、孵化创意 3 个阶段。

1. 收集创意

冷菜、冷拼创新品种的开发首先是从寻求、收集创意开始。创意是传统的叛逆，是打破常规的哲学，是破旧立新的创造与毁灭的循环，是思维碰撞、智慧对接。简而言之，创意就是具有新颖性和创造性的想法。虽然并不是所有的创意都可变成新的菜肴，但寻求、收集尽可能多的创意思路与设想却可为开发冷菜、冷拼创新品种提供更多的选择。因此，所有冷菜、冷拼创新品种的产生都是通过收集创意思路与设想开始的。

2. 遴选创意

遴选创意就是对第一阶段收集的思路与设想进行筛选，首先应考虑的是生产价值，即该创意冷菜有无生产制作的必要。有些冷菜过于简单、省事，甚至不需要厨艺就可以完成；有些只是原料组合或原料名称有点新意，这些冷肴在餐饮企业中就没有什么生产价值，如在酱油里放一块豆腐，用筷子捣烂即可食用等。其次要看是否有推广价值，即是否适宜较大规模的推广生产。有些冷菜过于精细、繁琐，有些冷拼菜肴仅仅有观赏价值，有些需要相当复杂的技艺才可完成的新菜就没有推广价值。再次，还应关注其经济价值，即看其盈利空间。如果一些原料成本较高，制作成冷菜后虽然有一定的新意，但升值空间不大也不宜选用。

注意：不能选用国家禁止捕杀、加工、销售的保护动物作为烹饪原料，如熊掌、果子狸、娃娃鱼等；加工方法也尽量不要选用营养损失过多或有害人体健康的烹调方法，如老油重炸、传统烟熏等。

3. 孵化创意

通过筛选，确定选用某一种新菜肴的创意后，接下来的一项工作就是要将创意变成产品，这就需要一步一步地试制、修改、完善。

（1）确定菜肴名称　菜肴命名，就是根据一定的情况给菜肴起名，它在一定程度上反映菜肴的某些特征，是人们能根据菜名初步了解菜肴特色的首要依据。菜肴名称是否合理、贴切、名实相符，是给人留下的第一印象。因此创新冷菜命名的总体要求是：名实相符、便于记忆、启发联想、促进传播。菜肴名称是由大量的表意词汇组成，大部分词汇表达的意思是人们熟知的，也有仅为专业厨师能理解的专业术语，还有各地方言的差异。确定菜肴名称的具体规律见表 6-1。

表　6-1

<table>
<tr><th>属　性</th><th>类　别</th><th>具体分类</th><th>菜肴命名规律特点</th></tr>
<tr><td rowspan="4">实指</td><td>一、菜肴原料词汇</td><td>1. 主料　2. 配料　3. 调料</td><td rowspan="5">1. 有 14 类词汇组成
2. 以“主料”使用率最高
3. 有两个词汇组成四字的菜名最多，约占 90%
4. 采用夸张、比喻、象形等词汇，可表达菜肴的气氛</td></tr>
<tr><td>二、菜肴属性词汇</td><td>4. 色泽　5. 香味　6. 味型　7. 造型　8. 盛器（炊具）　9. 质感</td></tr>
<tr><td>三、菜肴制作词汇</td><td>10. 加工方法　11. 烹调方法</td></tr>
<tr><td>四、菜肴纪念词汇</td><td>12. 人名　13. 地名</td></tr>
<tr><td>虚指</td><td>五、菜肴美称词汇</td><td>14. 典故、成语、诗词、谐音等</td></tr>
</table>

（2）强化营养卫生　吃得“安全”、“健康”是每个消费者的希望，也是餐饮企业菜肴创新不可忽视的环节。因此作为创新冷菜应做到不同营养物质的合理搭配，菜肴的营养构成比例要符合人体的消化吸收规律，在烹调加工中符合保留营养不易流失的原则。在原料选择、洗涤、切配、烹调、装盘、销售等过程中要保持清洁，包括原料处理是否干净、盛菜器皿是否消毒等。

（3）尽显外观色泽　外观色泽是指为人们肉眼能观察到的颜色和光泽。菜肴色泽是否悦目、搭配和谐，是创新冷菜能否成功的一项重要因素。赏心悦目的色泽可以使人们产生某些奇特的感觉，从而产生消费心理作用。因此，菜肴的色彩与人的食欲、情绪等方面存在着一定的内在联系。一份色彩配置和谐得体的冷菜，可以产生诱人的食欲；若乱加配伍，色彩凌乱，则会使人产生不悦之感。

（4）注重香气　香气是指令人感到愉快舒适的气息的总称，它是通过人们的嗅觉器官感觉到的，是不可忽视的一个因素。好的香气可对消费者产生巨大的诱惑力。在创新菜肴制作过程中不能忽视对香气的要求，嗅觉所感受的气味会影响人们的饮食心理和食欲。因此，要取得创新冷菜的畅销就必须使菜肴的香气突出。

（5）提升味感　味感是指食物在人的口腔内对味觉器官感受系统的刺激并产生的一种感觉。这种感觉即菜肴的滋味，主要包括菜肴原料味、调料味等，它是评判菜肴质量高低最重要的一个因素。味道的好坏，是人们评价创新菜肴的最重要的标准。因此，好吃也就自然成为消费者对厨师烹调技艺的最高评价。创新冷菜的味道应适当、滋味纯正、无不良呈味物质等。

（6）精湛刀工　刀工处理成型（如原料大小、厚薄、长短、粗细等）是菜肴装盘造型必不可少的一个环节。中国烹饪厨师的刀工精湛，花样品种繁多，在充分利用鲜活原料和特色原料的基础上，通过包卷、捆扎、翻扣、裱绘、镶嵌、捏挤、拼摆、模塑等造型方法的运用，构成了活灵活现的“艺术品”。创新菜肴的造型风格是视觉审美中先入为主的重要一项，是值得厨艺工作者去思考、实践的。

现代菜肴的造型要求形象简洁、自然；选料讲究，主辅料搭配合理；刀工细腻，刀面光洁，规格整齐；盛器得体，装盘美观、协调。凡是装饰原料尽量要做到是可以直接食用的（如黄瓜、萝卜、香菜、生菜等），特殊装饰品要与菜肴的特点协调一致，并符合食品卫生安全的相关规定。

（7）恰当火候　火候是指菜肴烹调过程中所用的火力大小和时间长短。烹调时，一方面要从燃烧烈度鉴别火力的大小，另一方面要根据原料性质掌握成熟时间的长短。两者统一，才能使菜肴烹调达到标准。火候控制好了才能使菜肴显示一定的质地，如成熟度、爽滑度、脆嫩度、酥软度等。

中国地域面积广，气候、物产、口味均有差异，导致各地区人们对菜品的评判有异，但总体要求是要利牙齿、适口腔、诱发食欲，使人们在咀嚼品尝时，产生可口舒适之感。不同的菜点会有不同的质感，要求火候掌握得当，菜肴原料多种多样，有老、有嫩、有硬、有软，烹调中的火候运用要根据原料质地来确定。软、嫩、脆的原料多用旺火速成，老、硬、韧的原料多用小火长时间烹调。通过火候的控制可创造出有“质感之美”的菜肴。

（8）关注试销　创新冷菜在经过可行性分析，遴选创意，并根据优选的创意方案开发出了一份理想的样品之后，就进入了开发的最后阶段——商品化（或称市场化）阶段。这一阶段的特点就是新菜品被推向市场，直接与消费者见面，实际检验其效果，以观察菜肴的市场反映，通过餐厅的试销得到反馈信息，供制作者参考、分析，以便完善，根据完善情况及市场反应情况决定是保留还是放弃。

四、强化创新冷菜、冷拼的后续管理

强化创新冷菜、冷拼的后续管理，是指对餐饮企业中厨师所创新制作出来的冷菜、冷拼，采取科学、系统、完善的措施，以保持、巩固及提升新菜肴的质量水平、销售数量。菜肴产品和其他产品一样要经历 4 个生命周期，即引入期、成长期、成熟期、衰退期，随着时间的延续，新菜肴会变成旧菜点，直至淘汰。如果成长期和成熟期过短，对创新菜肴的餐饮企业就越不利，所获得的经济利益就越少，也会打击人员创新的积极性，因此要强化其后续管理以延长其生命周期。

1. 强化冷菜、冷拼的后续管理的作用

强化创新冷菜、冷拼的后续管理，无论从企业所获得的经济利益上，还是增强餐饮企业在社会行业中的竞争优势上，无论从稳定企业的经营管理上，还是保护人员创新的积极性上，都具有相当重要的实际意义。

（1）餐饮企业节约创新成本，提高经济效益的有力措施　餐饮企业在收集创意、遴选创意、孵化创意、市场试销推广等环节都需要投入大量的财力、人力、物力，如果创新出来的菜肴其生命周期越长（即销售的时间越长），为餐饮企业创造的经济利益回报就会越多。这样就使得单位菜肴投资的成本下降，也能满足企业的“低成本，高效益”的生存法则。

（2）维护人员创新积极性的需要　企业的发展需要员工的支持。管理者应懂得，员工不是一种工具，其主动性、积极性和创造性将对企业生存发展产生巨大的作用。而要取得员工的支持，就必须对员工进行激励，调动、维护员工积极性是管理激励的主要功能。因此维护员工创新出来的菜肴的长久生命力，得到消费者的认可，这是对创新人员的肯定和鼓舞，是维护、激发创新人员热爱自己工作岗位，维持工作积极性，提升创新激情的需要。

（3）赢得消费者认可，塑造优良餐饮企业形象的必要工作　餐饮企业形象是指人们通过企业的各种标志（如菜肴风格、菜肴口味、菜肴造型等）而建立起来的对企业的总体印象，是企业文化建设的核心。企业形象是社会公众与企业接触交往过程中所感受到的总体印象。这种印象就决定着消费者是否认可企业菜品，影响到顾客的忠诚度。因此强化创新菜肴的后续管理，保持菜肴口味、造型、色彩、香气等的一致性，是赢得消费者认可的必要工作。

2. 创新冷菜、冷拼的质量控制

创新冷菜、冷拼菜肴的质量包括食品本身的质量和外围质量两个方面。好的产品质量指提供给客人食用的产品无毒、无害、营养卫生、芳香可口且易于消化，菜肴的色、香、味、形俱佳，温度、质地适口，客人用餐结束后能感到高度满足。创新冷菜、冷拼由于自身具有的新意，往往在作为推介经营、折扣品尝时会有较多客人点食。然而当新菜经营数日后，其口味、造型、色彩、香气可能就会出现波动，甚至让食用者大失所望。创新冷菜、冷拼质量如此急剧下滑，消费者扫兴，承受名誉损失和经营利益损失最大的仍然是餐饮企业。而产生这种现象的原因，大多来自于以下几个方面：

（1）新冷菜、冷拼刚创作出来时，餐饮企业各管理层和制作人员都很重视，制作人员有条件、有耐心精雕细刻，因此出品质量高。

（2）经过一段时间的生产经营，制作人员及各岗位人员新鲜感减退，尤其是列入菜单进行常规生产、销售之后，各管理人员工作繁忙，无暇对新菜肴精心呵护，产品质量迅速下滑。

针对上述原因，创新冷菜、冷拼的质量长效管理可以通过以下几种方法加以控制：

（1）严格遴选创意，以使孵化出来新菜品具有相当强的实用（适于食用）性，优选适宜高效率制作的菜肴。

（2）分析新菜肴所用原料的特点、生产制作的难易程度，科学地组织原料采购、验收、保管、加工等，采用先进设备，简化复杂的生产工艺流程，为方便生产、持续经营提供保障。

（3）将试销阶段较为理想的新菜肴制作成食谱，如日常菜单，按厨房菜肴生产流程和正常工作岗位分工，使厨房员工分工协作完成菜肴的生产。

3. 创新冷菜、冷拼的销售管理

销售管理是为了实现企业的目标，创造、建立和保持与目标市场之间的有益交换和联系而设计的方案分析、计划、执行和控制。通过计划、执行及控制企业的销售活动，以达到企业的销售目标。创新冷菜、冷拼作为企业产品入市销售，无论销售情况是好是坏都应加强管理。其管理内容包含以下几个方面：

（1）统计新冷菜、冷拼的销售状况，积累销售数据

1）对同批次新冷菜、冷拼的销售数量进行统计，以掌握同批次创新冷菜销售的总体效果，以发现不同冷菜的受欢迎程度。

2）统计顾客对点取新菜肴的食用率（食用率是指消费者点取某新菜之后对此菜肴的食用重量与菜肴重量的比值）进行食用情况统计，以发现不同菜肴的受欢迎程度。

3）统计顾客的回点率（回点率是指消费者当餐或下餐重复点取某一款菜的比率）。对回点率进行统计，主要目的是为了了解客人对新菜是否认可及其钟爱程度。

（2）统计销售态势，分析个中原因，以供管理决策

销售量低，即点食新菜肴的消费者不多，新菜肴销售形势不理想，低于预期目标。分析其原因：是不是新菜点定价过高且没有折扣；是不是菜肴名称没有特点，菜肴的特色没有吸引力；是不是新菜肴在菜单里不突出，难以引起消费者的注意；是不是餐厅点菜人员没有主动向客人推介等。

销售量高，即新菜点销售形势看好，达到或超过预期目标，这种情况需要冷静进行分析：是不是菜肴名称哗众取宠、标新立异，而误导客人点菜；是否服务员强势推销，客人在服务员的强大攻势下点食；是不是菜单内菜肴品种少，顾客选择范围小，而无奈点了新菜。

第二节　宴席冷盘设计

一、明确宴席冷盘设计的原则与要求

1. 宴席冷盘设计的原则

（1）宴席冷盘设计要有针对性　所谓针对性，一是要反映宴席的主题思想，二是要

适应就餐者的饮食特点、忌讳、爱好。宴席的内容与主题思想是多种多样的，如结婚、祝寿、迎宾、庆功、答谢等各种类型，在设计时，从菜品确定到冷盘造型都要精心策划，使人感到亲切、贴意，从而达到增添宴会的气氛、激荡人们情趣、满足就餐者感情上需求等。另外，还要根据宾客的国籍、所在地区、职业、年龄、宗教信仰等情况进行设计，如印度教徒不吃牛肉，信伊斯兰教的人不吃猪肉，佛教僧侣和一些教徒不吃荤菜，非洲人大多数不爱吃海味。对老年人不宜多用质老、油炸的冷菜，而对年轻人较适宜；妇女人数较多的宴席不宜用刺激性较强的冷菜，宜用一些口味平和的菜肴。在冷盘的造型方面也要考虑到宾客的爱好，如在通常情况下，日本人喜欢樱花，美国人喜爱山茶花，法国人喜爱百合花，西班牙人喜欢石榴花，尼泊尔人喜欢杜鹃花等。对妇女较多的宴席，多用一些色艳形美的花朵和孔雀开屏、凤凰等图案的冷盘，少用一些凶猛的蛇、虎、狮子等。大型宴席的冷菜，应考虑来自多方面的客人，冷菜的数量和质量都应相适宜，不能简单认为高级宴席非用山珍海味不可，其实有些外国客人并不喜欢。有时可用当地的土特产制作的冷菜来招待，别具一格。在冷盘设计时应投其所好，才能收到良好的效果。

（2）宴席冷盘设计要突出地方性　所谓地方性，主要是指冷菜设计要有地方特色。我国冷菜的地方风味丰富多彩，在设计宴席冷菜时绝对不能千篇一律，南北一个味，各菜系、各地方甚至各饭店都应有自己的风味冷菜，才能吸引宾客，提高企业声誉，增加经济收益。这就要求我们在设计宴席冷菜时在原料的选用、烹调方法、食用方式、装盘形式、口味的变化上保持地方特色。例如，南京盐水鸭，四川的泡菜、陈皮牛肉，广东的叉烧肉、卤水冷菜，山东的盐水虾、清腌醉蟹等都深受客人欢迎。

（3）宴席冷盘设计注重季节性　宴席冷盘设计的季节性应突出两个方面：一是根据季节的变化选用时令原料制作冷菜。尽管目前交通运输较发达，保鲜方法科学先进，有些原料打破了季节性和地方性，但俗语讲“物鲜为贵”，正常上市的原料，不仅质量好，而且给人一种新鲜感，尤其是蔬菜、水产品等。二是在烹调方法和装盘形式上应随季节的变化而有所变化。冷菜和热菜一样，其品种既有常年可见的，也应有四季不同的。冷菜的四季性有“春腊”、“夏拌”、“秋糟”、“冬冻”等特点，这是根据季节变化对冷菜烹调方法的要求。因为冬季腌制腊味，待开春时食用，始觉味香；夏季瓜果比较丰富，适宜凉拌；秋季的糟鱼是理想的冷菜佳肴；冬季气候寒冷，有利于羊糕、冻蹄类菜肴的烹调。但这不是绝对的，还要根据具体情况灵活掌握。通常夏季气候炎热，宜制作一些清淡冷菜；冬季气候寒冷，宜做一些色深味浓的冷菜。在造型盛器等方面也应随季节变化而有所改变，总给人一种新奇变换的感觉。

（4）宴席冷盘设计要遵守科学性　所谓科学性，就是说冷盘设计在整体安排上要统一和谐，而不是杂乱无章；在原料结构搭配上要平衡合理，讲究营养互补。宴席冷盘的设计不仅要在色、香、味、形、器等方面有所变化，搭配合理，合乎科学，还要对原料的供应情况、技术人员的水平、厨房中的设备条件等方面作出科学的分析：

1）要了解原料的供应情况。如果对食品原料供应情况不太了解，冷盘设计就是很科学也无法实施。所以我们必须了解市场货源和饭店库存情况，各种原料的价格情况，以及原料的涨发率和拆卸率等情况。

2）要根据技术力量来设计。要发挥每个厨师的技术水平，对他们能做哪些冷菜、雕刻水平怎样、冷菜的拼摆水平是否达到设计水平等都应心中有数，只有这样才能使方案得到顺利实施。

3）要根据设备先进程度来设计。设备的好坏、多少直接关系到冷盘制作的速度及质量，有些冷菜若没有好的设备则无法达到设计要求，如“烤乳猪”没有好的“烤猪炉”就无法保证质量，所以在设计宴席冷菜时，必须考虑设备的因素。

（5）宴席冷盘设计要讲究效益性　宴席冷盘的设计必须按经济规律办事，一定要搞好成本核算，讲究经济效益。应根据各种宴席规格和毛利率的幅度与冷菜成本在整个宴席中所占的比例进行核算，由于各种宴席的价格标准有高有低，毛利率又不一样，但每桌宴席冷菜数量基本相似，要使每桌宴席冷菜的成本不超过规定范围，必须在冷菜使用原料上、品种上作必要调整。例如，根据宴席的一般、中档、高档规格，价格标准不一样，在保证宴席冷菜数量不变的情况下，主要在菜肴冷菜比例、所用原料价格高低等方面来调整。

2. 宴席冷盘设计的要求

在设计不同规格的宴席时，除需要掌握上述5项原则外，还要做到以下几点：

（1）要选用不同的原料　根据规格、标准的高低，一桌宴席冷菜数量均不一样，通常在4～8个。要求一桌宴席冷菜无论多少个单盘，所选用的原料要都不一样，如鸡、鸭、鱼、肉、蔬菜、豆制品等，这样才能显得丰富多彩，否则会显得十分单调。

（2）要采用多种烹调方法　采用不同的烹调方法，可使冷菜形成不同的风味。如果一桌宴席冷菜只采用1～2种烹调方法，尽管所用的原料不同，其口味基本差不多，因此设计宴席菜单时，应根据客人和所用原料性质，采用多种烹调方法，如酱、拌、卤、醉、煮等，这样才能形成多种风味。

（3）要有多滋多味的味感　在设计一桌宴席冷菜时，首先要考虑味的变化。如果一桌宴席有5个冷盘，只有两种味道，吃起来必然乏味，所以要根据宾客的饮食习惯，设计出多种多样的口味，如酸、甜、苦、辣等各种复合味，使客人食之“五滋六味”，回味无穷。

（4）要搭配恰当的颜色　菜肴的色彩最能影响宾客的食欲，在设计宴席冷盘时，要尽量利用原料的自然色彩和加热调味后的色彩，使一桌宴席的冷菜色泽有多种色彩，要避免用近色冷盘组合，以达到清爽而绚丽多彩的感觉。

（5）要有各式各样的造型　一桌宴席的冷盘造型应富有变化，不仅能给客人多姿多彩的感觉，同时又使客人得到艺术的享受。为此在设计宴席时要注意两个方面：一方面做到经过刀工处理后每个单盘的原料、形状要不一样，有块、段、片、条、丝、丁等；另一方面，根据宴席的形式和规格及客人的对象，将冷菜组成各种图案造型，如“百花齐放”、“喜鹊登梅”等。

（6）要有变换多样的质感　一桌宴席冷盘除在口味、色彩、形状等方面不同外，在设计中还要注意每道冷菜通过烹调后在质感上要有变换，如有酥、脆、软、嫩、爽等方面差异。

（7）要有多种营养成分　饮食的主要目的是摄取营养，满足人体生理需要。我们应根据饮食对象的年龄、工作、身体状况不同，设计出含有不同营养成分的冷菜。对于一些特殊职业和对营养有特殊要求的客人，必须作适当的调整来满足饮食者的要求。

此外，在设计宴席冷菜时，对盛器的选择、各盘碟的点缀等方面也要有一定的要求。

二、熟知各种宴席对冷盘的要求

随着我国加WTO之后，与国际交往日益增多，旅游业不断发展，国民经济日益增长，宴席的种类和形式也发生着变化，对冷盘制作也有不同要求，现简述如下：

1．国宴（正式宴会）

国宴是国家领导人或政府首脑，为国家庆典或为外国元首、政府首脑来华访问而举行的宴会，其规格最高，一般多以我国传统的正宗宴席形式举行，对冷盘制作的要求也很高。在设计冷盘时应根据宴席的规模，当时季节，宾主的饮食习惯、忌讳和喜好，原料的供求情况等因素来设计，要求在色、香、味、形及卫生等方面认真考虑，要突出我国的民族特色。冷盘的规格通常用一只大的艺术拼盘，周围放上 8～10 只小单盘或小的艺术拼盘组成。主宾席（称主桌）的冷盘要求更为精细，由于人数要比一般餐桌多 2～3 倍（约 16～35 人），所以常用最大圆桌，中间不设转台，而摆上“花台”。花台的摆设要符合宴席的主题，常用鲜花、松柏和食品雕品的花、鸟、鱼、虫等装饰，冷盘的组合也不同于一般餐桌，要求 4～6 人一组冷盘，每组的碟盘要小于一般餐桌（但盘数不能少），做到少而精，使主宾的冷盘摆设显得悦目多姿，有所突出，以此表达对主宾的尊敬。冷菜的总成本应控制在整个宴席成本的 20%左右。

为了适应外国人的饮食习惯，有时宴席冷盘采用“中菜西吃”的做法，也就是把若干冷菜分装在每个盘碟中，并作必要造型，按每人一盘的方式用餐，这种做法比较卫生，便于食用，免得主人分菜及服务员派菜。

2．便宴

便宴即非正式宴会，这类宴会形式较国宴简便一些，可以不排席位，不作正式讲话，气氛亲切和谐，便于交谈。

便宴的冷盘规格，按宾主的要求和价格标准在冷盘的数量和质量上可以上下浮动。装盘形式多种多样，有的用一个大艺术拼盘或一个大的主菜冷盘（如“烤小猪”、“盐水鸭”）再围上 6～10 只单盘；有的用 6～8 只对拼盘组成；也有的用 8～12 个单盘等。但装盘的要求基本上同正式宴会一样。在冷菜的点缀和装饰上没有正式宴会讲究，主宾席的冷盘与一般餐桌不作区别。冷菜的总成本控制约占整个宴席总成本的 18%左右。

3．家宴

家宴即在家中以私人名义举行的宴会，一般适用于老朋友聚会，特点是人数较少，不拘形式，菜肴可多可少，中、西方人均喜欢采用这种形式，以示亲切友好。

家宴的冷盘，一般以家乡的土特产及鸡、鸭、鱼、肉、新鲜蔬菜、豆制品等原料制作，并具有家庭式的风味，冷盘数量一般 4～8 只不等，也可用拼盘或什锦拼盘，冷盘具有整齐、实惠、新鲜的特点。

4．陪餐

陪餐即非正式宴会，常用于迎送外国专家、文艺团体、体育团体等，是由有关人员陪客人就餐的一种形式。其特点是不拘形式，比较随便，气氛比较活跃。

陪餐对冷菜的要求，通常在便饭菜的基础上酌情加几道冷菜，亦可根据主宾的意见和要求把标准提高到便宴的水平。一般每桌宜用 4～8 只单盘或拼盘组成。冷菜的成本控制在总成本的 15%左右。

5．招待会

招待会也是一种宴客的酒会。规模大小不一，有时同国宴相同，如国庆招待会；有的规模较小，如各部门或地方政府所举行的各种招待会。

招待会对冷盘要求在规格和形式上与便宴基本相似，但是招待会不是为某一客人或某一团体所举行的，由于来宾广泛，生活习惯不同，所以在冷盘设计时，在口味、形状及原料选用等方面尽量考虑全面周到，做到统筹兼顾。

6．冷餐酒会

冷餐酒会是国外流行的一种宴会形式，现被我国部分人士所接受，规模视所邀请的人数而定。其特点是不设席位，菜肴以冷菜为主，热菜、点心、水果为辅，没有一定的上菜次序，一般是预先把冷菜等其他菜点全部陈设在餐桌上（酒水也可陈置在桌上，由服务员端送或客人自取），开宴时由客人自取，客人可以多次取食、自由活动和相互交谈。

我国举办的大型冷餐酒会，往往在陈设的酒菜桌旁还设一些小圆桌、座椅、主宾席排席桌卡，其余不设固定座位。冷餐会开始后自由进餐。

冷餐酒会对冷盘的要求比较高，冷菜的数量多，必须提前准备，一般按每人500～600g净生料准备，所用的原料贵贱和荤素的比例，应根据冷餐会的价格标准调配。装盘的方法也不同于其他宴席，通常30～50人为一组，每组用冷菜的品种为15～30种不等。宜用大的盛器装盘，但块形不宜太大，以便于食用；装盘时还要注意冷菜的造型、色彩、口味、原料等方面的搭配。为了烘托宴席气氛，往往用一些大型的食品雕刻（包括冰雕、黄油雕、糖雕等）及艺术拼盘来装饰桌面，有的冷菜还作一些必要的点缀。冷餐酒会制作的冷菜不应全部装盘上桌，要留有余地，待客人进餐中，看哪种冷菜客人最喜欢，吃得最快，就要作必要的添加。冷餐酒会冷菜的成本根据冷菜在宴会中所占比例来确定，一般约占总成本的80%左右。

7．鸡尾酒会

鸡尾酒会是以鸡尾酒（是用两种或两种以上的酒，并配以各种果汁而成的）为主，略备小吃。不设主宾席，不设座椅，仅置小桌，以便客人随意走动，大多数客人站着进食，这种鸡尾酒会特点是形式活泼，与其他的宴会比较更为自由，便于广泛接触交谈。国际上鸡尾酒会多用于贸易交易会、庆祝活动、迎送宾客等。

鸡尾酒对冷菜要求不高，以点心、小吃为主，如“面包托”、“三明治”、“炸春卷”等，同时也配备冷菜，常用“小香肠”、“叉烧肉”、“酒醉鹌鹑蛋”等，以牙签取食，所以冷菜必须干爽形小，不能有连刀现象。有时为了烘托酒会气氛，往往用一些大型的食品雕刻来装饰场面。

8．特色宴席

特色宴席就是在原料运用、烹调方法和宴席形式上具有一定的特色，往往用一种或同类的原料采用不同的烹调方法，制作出口味各异的菜肴，以宴席的规格要求组合起来，如全羊席、全鸭席、金鱼席、全素席、野味席等。

这种宴会对冷菜有特别要求，如用一种原料制成8个单盘，在色、香、味、形等方面都有所不同，做到口味多样、色彩各异、刀工整齐美观，既要突出地方特色，又要显示出烹调技艺的高超，这种冷盘没有一定的冷菜制作的功夫是很难实现的。

另外，“满汉全席”、“红楼宴”、“金梅宴”等复古宴席，对冷菜制作要求更高，要先了解其古代宴席冷菜的菜名，研究其制作方法，才能制作出合乎要求的冷菜。

9．地方风味

地方风味是随着旅游业的发展而出现的一种非正式宴会，其特点是客人自己组织，自己拿钱来品尝当地的风味菜肴。品尝风味的客人往往是消费层次较高的旅游者、商人等，所以价格标准高，菜肴讲究新、奇、特的吃法，客人有时还自己点菜。

地方风味对冷菜的要求要有地方特色，要有地方名菜，要求品种多，要挖掘当地风味菜肴，装盘时要讲究艺术，注重造型，往往用食品雕品来增加宴席气氛。冷盘一般在4～8个，有的用一个大艺术拼盘，围上8～10个围碟；有的用多碟组合，形成大型图案，如“百鸟朝凤”、“百花齐放”等。总之，地方风味的冷盘制作，一要注重食用性，二要讲究艺术性。

三、科学组织大型宴席冷盘的设计

大型宴席特点是人数多、影响大、要求高，所以必须精心设计，环环紧扣，预先准备，以免临场忙乱，影响整个宴席的进程和质量。具体主要抓好如下几方面的工作：

1．设计

（1）菜单内容的设计　制定菜单是整个宴席设计中的一个重要组成部分，菜单内容设计得科学与否，直接关系到冷菜制作乃至整个宴席的成败。冷菜菜单内容的确定主要根据宴席用餐的人数、对象、标准、原材料的供求情况、厨师的技术水平和设备条件来制定。具体要明确冷菜的名称、烹调方法、数量、荤素搭配比例及装盘的类型和形态等。

（2）用料质量的设计　菜单内容确定后，要对每一款冷盘所需的原料作出具体的分析。例如，每一盘冷菜需要多少熟料方能装成，然后推算生料经过加工、烹调后，它的拆卸率或涨发率、成熟率均是多少，通过对每只冷盘所用原料的分析和预算，并根据大型宴席的桌数，折算出共需要多少原材料和重量，并加以成本核算，如达不到所规定的标准，要及时更换菜单内容，以保证冷菜的质量和数量。

（3）人员安排的设计　菜单内容一旦决定后，首先要确定总负责人，各项工作按厨师的技术水平作具体分工，做到分工明确，责任到人，使各项工作按设计要求，有条不紊地进行。

2．组织

（1）原材料的组织　从原材料的采购到初步加工、腌制都要精心组织，尤其是冷菜的腌制品，应根据季节变化，需要提前3～7天进行，对大型的雕品和干货涨发也得在开宴前的1～2天开始。

（2）冷菜制作的组织　大型宴席人数多，需要的冷菜数量特别多，如果集中在开宴的当天进行烹调制作，就显得太紧张，很可能耽误开宴的时间。所以必须根据季节、设备和冷菜的性质，在气候、设备条件允许的情况下，有些荤菜可在开宴前1～2天提前烹调，如“盐水鸭”、“五香牛肉”、“羊糕”等。对一些需要保持脆嫩和颜色的蔬菜，应在开宴当天进行制作，过早制作质量难以保证。

（3）盛器的组织　大型宴席所用的碟、盘等盛器特别多，必须在装盘前彻底清洗、消毒、擦干或烘干。凡是宴席所用的碟、盘都要求大小适宜，无破损现象，是成套统一的，同时对其他辅助工具如桶、盆、抹布、刀具、砧板等必须经过严格消毒，防止食物中毒。

（4）装盘过程中的组织　装盘是宴席冷盘设计中最后一环，要根据宴席的桌数、技术力量和装盘的繁简来具体控制。大型宴席冷盘较多，可以在开餐前就装好盘存放于冰箱中，待开餐时从冰箱取出就可以直接后上桌。每一桌冷盘的多少及各碟的数量应相同，做到整齐划一。装盘完毕后，还要做好点缀工作，形成整体美的效果。使整个宴席的冷盘达到设计的要求，同时还要做好清洁卫生等收尾工作。

第三节　常规冷菜的创业应用

大学生创业群体主要由在校大学生和毕业生组成，由于近年来大学扩招引起大学生就业等一系列问题，一部分大学生通过创业形式实现就业，这部分大学生具有高知识、高学历的特点，具有对传统观念和传统行业挑战的信心和欲望，有着年轻的热情、蓬勃的朝气。大学生创业逐渐被社会所承认和接受，在高校扩招之后越来越多大学生走出校门的同时就开始创业，作为学习烹饪、餐饮的大学生而言更倾向于选择自己熟知的创业项目。本节就从常规冷菜创业的前景、产品组合及生动实例来进行介绍。

一、分析常规冷菜的创业机会

1．产业背景

常规冷菜是指为消费者提供日常基本生活需求服务的大众化卤味、凉拌菜、烤鸭、烤鸡、叉烧、烧排等烧腊、卤味类冷菜。这类冷菜具有制售快捷、食用便利、质量标准、营养均衡、服务简洁、价格低廉等 6 大特点。我国烧腊、卤味产业经过近 20 余年的快速发展，特别是在中国加入 WTO 之后发展更加迅猛。到 2009 年全国烧腊、卤味经营网点约有 300 多万个，年营业额达 2 500 亿元，占到整个餐饮业的 16%左右，烧腊、卤味菜肴产业的规模将继续扩大。

2．市场机会

（1）烧腊、卤味行业准入门槛低，资金回流快速　中国历来有“民以食为天”的传统，烧腊、卤味作为我国餐饮产业中的一个支柱，一直在社会发展与人民生活中发挥着重要作用。特别是最近几年，我国餐饮业呈现出高速增长的发展势头，使得烧腊、卤味成为很多创业者首选的“热门”行业之一。烧腊、卤味销售呈现出迅速发展、繁荣兴旺的景象。

进入这一领域相对来说，在变换品种和经营形式方面都不需要投入很多的资金和花费大量的时间。因此，在竞争中比较容易找到出路，也不至于陷入低价竞争的泥潭拔不出来。餐饮业有“百业以烧腊、卤味为王”之说，且一向被视为一枝独秀，也是最具吸引力的行业之一。它具有利润高，资金回流快，每天经营收入的都是现金的特点。而货源方面，可以用赊账方式购入原材料，定期结账，胜于其他行业。开一间特色烧腊、卤味小吃店，投资不多，店面不大，员工也不需要很多。它既能满足顾客的口味，价钱又便宜，往往很受欢迎。

（2）烧腊、卤味行业市场巨大，为创业者提供了发展前提与空间　想以烧腊、卤味创业的大学生、下岗工人，有不少人在自己开餐厅之前都未必对将要跻身的这个行业有充分的了解。我们不妨看一看来自世界各地的有关餐饮业的状况。据了解，中高收入国家平均每 268 人就拥有一间烧腊、卤味店，而在我国约 2000 多人才拥有一家烧腊、卤味店。这一数字表明，中国的餐饮市场远远没有饱和，潜力很大，巨大的商机在等着准经营者们去施展自己的聪明才智，沉睡的金山等待着他们去挖掘。

同时烧腊、卤味以其方便快捷、口味多样、价格低廉、松软浓郁、细腻鲜嫩等特点吸引着消费者。据中国烹饪协会调查数据显示，80.56%的公众经常食用烧腊、卤味。另据国家部委有关数据显示，全国每天大约有不少于 7 000 万人次在不同地点、时段来消费烧腊、卤味菜品或烧腊、卤味小吃，按人均 8 元消费计算，一年就是 2 000 多亿。

3．政府对大学生创业的政策扶持

一是放宽市场准入，包括放宽注册资本的登记条件、放宽经营场所限制、实行优质高效便捷的准入服务。

二是加大财税支持，包括设立高校毕业生创业专项资金、减免有关行政管理费用、享受税收减免优惠、给予创业补贴、实行创业吸纳就业奖励办法。

三是加大金融扶持，包括实行小额担保贷款优惠、鼓励社会资金参与。

四是加强创业教育培训，包括建立创业教育培训、给予创业受训资助、保证培训质量、建立创业孵化基地和创业园区。

二、制定常规冷菜创业产品组合

1．产品组合

产品组合，也称"产品的各色品种集合"，是指一个烧腊、卤味店或企业在一定时期内生产经营的各种不同产品的全部产品的总称。产品组合往往包含若干条产品线。

产品线是指烧卤店或烧卤企业中相类似的一组产品。根据烧腊、卤味行业的特点，我们可以把凉拌类菜肴、卤水类菜肴、烤制类菜肴、冻制类菜肴、炸酥类菜肴、挂霜类菜肴等不同特点形式的烧卤制品看作产品线，在其上的都可以有一系列类似产品，如凉拌类菜肴产品线可以有不同风味的产品形式，包括由不同菜系、不同档次、不同风格等组织起来的菜品，如粤式凉拌菜、川式凉拌菜、鲁式凉拌菜、京式凉拌菜、高中低档的凉拌菜等。

产品项目是指构成产品线或产品组合的最小单位，如卤味类产品线上的扒鸡、卤水大肠、豉油鸡、豉汁凤爪、精卤牛肉、川味卤鸡翅、潮州卤水拼盘就是不同产品的项目。

2．产品组合类型举例

（1）烧卤套餐型　烧卤套餐是指为满足消费者的需要把采用烧卤方法制作而成的凉菜与主食、青菜、汤品等巧妙地组合成一套突出烧卤菜肴特色的营养餐。烧卤营养组合套餐在两广的快餐厅中已经出现，经实践检验，其大大简化了顾客点餐所需要的时间和精力，食客可以根据自己的口味需要选择适合的烧卤品种。这不仅提高了经营者的经济效益，而且节省了顾客的时间，还避免了很多不必要的麻烦。这种烧卤套餐因其简便快捷、经济实惠的特点，一经面世便受到大众的接受与喜欢，完全可以面向全国各快餐企业推广。套餐品种参考：烧卤双拼套餐、蜜汁叉烧套餐、白切鸡套餐、烧鸭套餐、澳门烧肉套餐、油淋鸡套餐等。

（2）"冷淡杯"型　"冷淡杯"一词，原本是成都老百姓的俗语，也就是人们平常所说的"夜啤酒"。自 20 世纪 90 年代初开始，每年初夏到晚秋，成都都有数不胜数的饮食店铺和摊点把生意做到了街头院坝、河边绿荫。这些食摊大多销售一些煮花生、胡豆、毛豆角、豆腐干、卤鸡翅、卤鸭脚、卤猪耳、卤猪肚、泡凤爪、炒田螺、炒龙虾等家常小菜，供应一些"泡酒"、啤酒、扎啤等酒水。这种饮食消费方式深受老百姓的欢迎，由此传到了全国各地，近十几年来全国各地凡人口密集的地段都出现了以经营夜宵为企业盈利点的"大排档"、"烧烤城"、"扎啤城"等。这些"冷淡杯"型的个体或企业所销售的产品都以凉菜为主，因此烧腊、卤味类冷菜完全可以在其中大放光彩。

（3）风味烧卤型　烧卤的风味就是食品中的风味物质刺激人的嗅觉和味觉器官产生的短

时的、综合的生理感觉。人们在经营烧卤过程中就应根据目标群的口味来合理安排。例如，在两广地区经营烧卤店，那么产品的选择就应以两广人耳熟能详的烧卤品种为其主打营销菜品，如以脆皮烤乳猪、烧鹅、烧鸭、脆皮叉烧、白切鸡、潮州卤味等品种为主打。总之风味烧卤组合型就应当体现其地方特色。

3. 产品组合经营策略与理念

（1）满足市场需求的产品组合经营策略

以服务质量来赢取市场，烧腊、卤味行业本来就是服务行业，消费者吃的是优质服务，企业卖的也是服务，好的服务是创业成功的立足之本。

以快捷销售来赢取市场，烧腊、卤味的特点是“快”，快的服务、快的销售才能满足顾客，占据市场，获得利润。

以合理的价格赢取市场，过高的价格虽然能获取高额利润，但只是短期的获利，针对不同消费等级的人群来说，高消费只会让中等和低收入者望而却步，影响利润。因此应针对所经营产品的目标顾客群的消费心理和消费水平，做到价格合理，经营有道。

以质量和信誉来赢取市场，安全卫生是大众关心的问题，安全卫生才能让顾客放心，才能有“回头客”，才能有稳定的市场份额，才能推动创业的成功。

（2）产品组合服务经营理念　烧腊、卤味店主要是为消费者提供安全、营养、卫生的冷菜菜肴或小吃，因此对顾客的服务应严格遵守以下经营理念：

Q（品质）：每天第一份产品到最后一份产品，质量味道都是坚持不变的。

S（服务）：给予顾客物超所值、最满意的服务。

C（清洁）：让顾客在放心、安心的卫生用餐环境。

F（快速）：把最好的品质在第一时间呈现在顾客的面前。

H（健康）：提供顾客营养均衡的健康餐饮。

V（价值感）：结合品质、服务、清洁、快速、健康所呈现出来的综合价值。

4. 产品组合促销方式

促销是促进销售的简称，是现代市场营销策略的重要组成部分之一。在餐饮行业中，产品必须依赖销售去连接消费。在烧卤行业中这一点的表现同样很突出，因为消费者购买烧卤产品除了得到功能上的满足外，还必须得到心理上的满足。

（1）烧卤促销作用

1）散布信息。销售产品是经营烧卤店的中心任务，信息散布是烧卤产品顺利销售的首要保证。在烧卤店开业，以及烧卤店做各种促销的时候，烧卤店经营者通过有效的手段及时向消费者提供产品信息，引起目标顾客对烧卤产品的广泛关注。

2）诱导需求。在向目标消费者散布菜品信息时，不仅可以诱导购买，而且可以创造出新的需求。促销的重要作用就在于通过介绍新菜品、特色菜品，展示符合潮流的消费理念，提供满足消费者对菜品的需求，从而唤起消费者的购买欲望。

3）突出特点。在市场竞争激励的环境下，面对烧卤市场上琳琅满目的菜品，消费者往往很难区分这些产品的风味和特色。烧卤工作人员通过各种有效方式开展促销活动，如通过在店内张贴招牌产品的风味介绍、新产品的免费品尝、发放宣传单等方式，让顾客了解所经营的烧卤食品风味特色和优势，从而增加消费者的购买欲望，以达到刺激销售的目的。

4）稳定销售。由于烧卤行业自身的特点，以及激烈的市场竞争和季节性的影响，烧卤产品的销售可能起伏不定，烧卤市场地位会出现不稳定的状态，市场份额有时候甚至会出现较大幅度的下滑。通过一定的促销方式，开展及时有效的促销活动，提高原有消费者对烧卤产品的信任感，使较多的消费者对其烧卤产品由熟悉到偏爱，促使消费者产生对本烧卤店的惠顾动机，从而稳定烧卤店菜品销售，巩固市场地位。

（2）烧卤常用促销方式

1）宣传单（DM 单）。烧卤店将其产品的信息制作成印刷品向消费者发放，如在宣传单上展示烧卤店的历史、经营组合的特色、菜品价格、风味等。宣传单是投入少、效果显著的一种广告宣传手段，正越来越广泛地被烧卤市场的经营者所使用。将宣传单制作好后随报纸发行也是常用的方式。

2）卖场广告（POP 广告）。卖场广告是指在烧卤店或其相应的店铺销售现场的门口、走道、柜台、墙面等地以顾客为对象的彩旗、海报、标贴、招牌等宣传物。作为一种推销手段，POP 广告的作用是为了弥补媒体广告的不足，通过强化销售现场对顾客的影响力，来刺激顾客增加烧卤产品的购买量。一般来说，烧卤企业的 POP 广告有创造形象、推销烧卤产品、推销烧卤新品种、增加烧卤产品的销售、减少人工费等作用。

3）实惠促销。利用顾客喜欢追求实惠的消费心理，开展一些如赠送、折扣推销、免费品尝等活动吸引消费者。但应注意，实惠促销时应找出一个合适理由，不能让顾客认为是菜品卖不出去，或质量不好才降价。现实中商家降价的名目、理由通常有：节日降价酬宾、新店开张、开业一周年、开业 100 天、销售突破若干元以回馈消费者等。

4）直邮推销。直邮推销是一种“古老”的推销手段，虽然不能够同消费者直接交流，但它可以将大量的有关餐饮产品的信息传递给消费者，刺激消费者的购买欲望。烧卤直邮广告的内容可以包括商业信函、宣传册、明信片、贺卡等。这种营销方式特别适用于烧卤套餐店、高端人群烧卤送货上门等企业的经营形式的需要。

5）电话推销。电话在烧卤企业中起的作用越来越大，包括接听电话（电话购买）和主动拨打电话（电话推销）。不同销售方式的共同努力，如广告、公共关系、人员推销，很多都要通过电话订餐的形式最终实现交易。电话不仅仅是一种通信工具，还是一种重要的促销工具。为提高促销效率，在促销时应注意，避免让客人等待、接通电话要自报家门、询问和回答要简明扼要、及时完善预定程序、使用恰当的结束语等。

三、大学生创业策划范文

巴西烤肉创业策划书

一、前言

如今，自助餐已不局限于各种宴会。在日益加快的现代生活节奏里，到经济实惠的自助餐馆大快朵颐，俨然成为人们休闲生活聚友的首选之一。自助餐由传统的客人取食，餐桌成品发展到客前现场烹制、现烹现食，如今还发展为由顾客自助食物原料，自烹自食“自制式”自助餐。巴西烤肉正以雷霆之势向中国大陆发展。

巴西烤肉店将聘请巴西专业厨师，引进正宗韩国巴西烧烤工艺和配方，注重保持原汁原味，并配以富有浓厚巴西文化特色。导入有餐饮界有“葵花宝典”美誉的酒店、餐饮“六常法”精确管理，标准化操作。遵循美食无国界，跨越传统美食，以巴西烤肉为主，配以凉菜、面点、水果、沙拉、酒水饮料等共150余个品种。针对消费者不同爱好，选用不同烤具，不同烤制工艺，无烟烧烤，采用串烤、炭烤、铁板烤、自助烤等不同烤法。

二、市场研究及竞争状况

正是人类对烤制食物无比执著的馋爱，造成了烧烤在今天的火爆。君不见在今天的城市，烧烤可谓遍地开花，大街小巷到处都是，即便这样，家家户户都生意兴隆。

市场调查：烧烤行业每年有300亿的市场份额，并且还以20%的速度逐年递增。近年来，伴随着休闲消费的崛起，烧烤更是蒸蒸日上，人们不光夏天吃，春夏秋冬，一年四季都在吃，看一看周边的烧烤店、烧烤摊，总是那么人潮涌动，无数的成功先例，让人们眼红。

30年改革开放，国外餐饮美食不断进入中国，使中国成为国际美食的汇集地，如何在激烈竞争的市场中寻得立足之地？“卖”点很重要。中国传统烧烤大多以街边大排档等方式经营，韩国烧烤一改中国传统烧烤的经营模式，加入中国元素，以一种全新、时尚、高雅的经营模式引领市场。

竞争不激烈，利润高：中国人大多数不懂巴西烤肉的技术，所以要开巴西烤肉餐厅很难，在中国的巴西烤肉餐厅还很少，竞争并不激烈。而中式餐厅竞争白热化，运营成本越来越高，利润却在降低。巴西烤肉的原料费比中餐低。因为巴西烤肉制作方式简单，不需要很多厨师，所以经营费用要比中餐低很多，利润比中餐要高。

三、经营优势

统领市场：空白+创新=以一当十。

吸引消费：新鲜+刺激=无人能敌。

自助烧烤和传统烧烤的主要区别在于：传统烧烤由后厨烧烤技师将烤制好的食物，经由服务员传递到顾客手中，而自助烧烤，则是将餐桌与烤炉结合一体，将食物交给顾客，由顾客自己动手烤制。

自助烧烤与传统烧烤相比的主要优势在于：不需要后厨；不需要烧烤技师；顾客参与烤制；不需要等餐。这种模式，既方便了经营者，也娱乐了顾客，所以深受欢迎。

四、主要产品介绍

1. 烤西冷牛肉

采用鲁西黄牛A外脊（西餐烹调叫西冷）用巴西现酿啤酒腌制后炭火烤炙，可根据自己的口味选择成熟度和配制调料，在巴西烤肉店品尝到原汁原味的牛肉。

2. 南美烤羊腿

采用内蒙古海拉尔牧场产羔羊后腿，用巴西大麦啤酒带骨腌制加工而成，保持其原味和营养，口味咸鲜微辣。

3. 烤猪梅头肉

精选猪梅头肉（绿色猪身的最好部位——第四、第五肋条部位颈背脊肉，又叫一号肉），用本店自制烧烤混合酱汁腌制10h，烤制后色香味俱全，口味香甜、微咸。

4. 烤肠

精选雨润早餐肠（猪肉、牛肉）加入十几种香草调料，烤炙后外焦里嫩，口味鲜、微咸。

5. 南美烤羊肉

选自内蒙古海拉尔羔羊肉，用巴西大麦啤酒和香草混合腌肉汁腌制，肉质细腻，咖喱风味浓郁，微咸。

6. 烤火鸡腿

纯正美国进口速冻保鲜火鸡腿，与日产酱油混合腌制 12h 后方可出品，口味咸鲜、酱油香味。其特点是鸡腿烤炙后呈金黄色，酱香浓郁，肉质鲜嫩。

7. 烤肉卷

熏制过的腌肉切成薄片，卷松软的德国小麦啤酒鸡柳，配黑胡椒烤炙，口味咸鲜香，略带胡椒香味。

8. 烤猪腿

带骨猪腿，选自正规养殖场，绿色环保无污染。用巴西大麦啤酒腌制 12h 以上，带骨烤炙，外焦里嫩，保持了猪肉的原味，配自制烧烤混合酱食用。

9. 啤酒烤鸡心

上等鸡心，与混合盐、辛辣香草和本店现酿啤酒混合腌制 12h 后方可烤炙，口味甜，微有孜然味。

10. 烤鱿鱼

上等鱿鱼整只烤炙，利用鱿鱼自身的鲜美，并保留其营养品成分，烤炙后涂抹自制啤酒混合酱食用，口味甜咸适中。

11. 烤鳕鱼

选自大连产鳕鱼，本店现酿啤酒腌制 12h 后，配辣椒粉、孜然、混合香草调料烤炙，口味微辣，咸度适中，有孜然香味。

12. 啤酒烤牛舌

鲁西黄牛牛舌，加各种西式调料和本店现酿啤酒煮熟后炭火烤炙，刷本店自制烧烤混合酱食用，口味咸鲜微辣。

13. 烤大虾

精选大连产速冻保鲜大虾，用本店现酿啤酒酵母腌制 1h 烤炙，保持了虾的鲜味，口味外酥、咸鲜，鲜味十足。

14. 烤香蕉

精选进口香蕉，带皮炭火烤炙，皮变黑后即可食用，不伤原有的营养和口味，使其更加香甜，是养胃美容佳品。

15. 菠萝

国产新鲜绿菠萝，刷蜂蜜烤炙，外甜内酸，是开胃佳品，饭后食用，可解除油腻。

五、推广计划

1. 广告宣传策略

针对产品定位与目标消费群，决定要表现的主题，利用报纸、杂志、电视、广播、传单、户外广告等，使产品的特色与卖点深入人心，吸引人流量 5 万人次。广告表现计划：运作期间通过南宁电视台、《南宁日报》、南宁公交移动平台等投放整版报纸广告，在“南宁时空网”、“南宁交通广播”连续投放广告，以本地客源带动广州客源。

2．促销价格策略

这一策略包括商品购买陈列、展览、示范、抽奖、赠送样品、品尝会、折扣等。

3．公关活动策略

这一策略包括发布公司消息稿、公司内部刊物、员工联谊会、爱心活动、与传播媒体的联系等。

习题与实训

一、主要概念和观念

◆　**主要概念**

创新　原料创新　国宴　产品组合　POP广告

◆　**主要观念**

1．创新菜肴开发程序中的"试制完善"包含哪些步骤？

2．大型宴会冷菜、冷拼设计与组织的程序？

3．学习烧卤、冷拼是否应加强在实际当中的运用？为什么？

二、基本训练

◆　**素质题**

1．宴席冷盘的设计原则与要求？

2．宴席冷菜、冷拼的改革与创新包含哪些内容？

3．烧卤组合营销常用的营销方式有哪些，各具有什么样的优点？

◆　**知识题**

1．冷菜创新过程中应遵循一定的原则，具体是哪些原则呢？

2．烧卤产品营销组合当中的营销理念包含哪些方面的内容？

三、观念应用

◆　**分析题**

1．在进行冷菜、冷拼的创新时，为什么首先应该明确正确的方向、目的？

2. 冷菜、冷拼的创新思路除了书上所介绍的外，你是否还能思考出其他的一些创新思路，如果能请简要说明？

◆　**案例题**

某酒店承办马先生（今年已60岁）与蒋小姐（今年23岁）举行的90桌大型婚宴，该酒店的冷菜师傅精心设计了一组主题为"松鹤延年"、"万年长青"、"岁寒三友"、"古瓶新花"、"老牛吃嫩草"等拼盘，上菜时就遭到宴客主人马先生的指责，并提出退菜要求。而该酒店冷菜师傅与客人当场争吵起来。假如你是该餐厅的经理，请问你应如何处理此事？

◆　**实训题**

1. 根据文中所介绍的创新思路，并遵循创新原则，设计一款冷拼菜肴并说明它的创新之处在什么地方？

2. 大学生创业现已成为很多学生毕业时的选择，请你找好你的团队做一份以烧卤菜肴为主线的创业策划书。

参 考 文 献

[1] 赵惠源．食品雕刻与冷拼艺术[M]．北京：中国商业出版社，1991．

[2] 周妙林，夏庆荣．冷菜、冷拼与食品雕刻技艺[M]．北京：高等教育出版社，2002．

[3] 陈传．烧烤卤熏食品大全[M]．北京：世界图书出版公司，2004．

[4] 陈照炎，赵丕扬，胡烈夫．厨师及烧腊师手册[M]．北京：世界图书出版公司，2004．

[5] 朱云龙．冷菜工艺[M]．北京：中国轻工业出版社，2006．

[6] 冯秋，黄嘉东，关志敏．广东烧卤[M]．广州：广东科技出版社，2007．

[7] 朱云龙．中国冷盘工艺[M]．北京：中国纺织出版社，2008．

[8] 韦昔奇，王琼，葛惠伟．图解花色冷拼[M]．成都：四川科学技术出版社，2008．